互联网安全建设从0到1

林鹏 编著

机械工业出版社
China Machine Press

图书在版编目（CIP）数据

互联网安全建设从 0 到 1 / 林鹏编著 . —北京：机械工业出版社，2020.5（2023.1 重印）
（网络空间安全技术丛书）

ISBN 978-7-111-65668-5

I. 互…　II. 林…　III. 互联网络 – 网络安全 – 研究　IV. TP393.08

中国版本图书馆 CIP 数据核字（2020）第 089566 号

互联网安全建设从 0 到 1

出版发行：机械工业出版社（北京市西城区百万庄大街 22 号　邮政编码：100037）
责任编辑：赵亮宇　　责任校对：殷　虹
印　　刷：北京捷迅佳彩印刷有限公司　　版　　次：2023 年 1 月第 1 版第 4 次印刷
开　　本：186mm×240mm　1/16　　印　　张：20.25
书　　号：ISBN 978-7-111-65668-5　　定　　价：99.00 元

客服电话：（010）88361066　68326294

本书赞誉

林鹏作为一名安全老兵，一直奋战在第一线，执着地探索最佳的企业安全实践。这本书也是他对企业工作的思考和经验的总结、提炼，这些经验是非常宝贵的，相信大家通过阅读此书，会有很多可以付诸于实践的收获。

——杨勇（coolc） 腾讯安全平台部负责人

万物互联时代，企业网络的暴露面在不断增加，新的威胁层出不穷，网络安全问题可能造成的损失也越来越大。虽然网络安全防护产品也在随之增长，但网络安全产品就像是一支支不同兵种的部队，最终还是需要企业的网络安全工程师排兵布阵，结合企业业务构建安全体系。作者在书中将自身多年从事安全攻防与构建企业网络安全体系的经验与心得完整地呈现在读者面前，深入浅出，对于安全新人来说，可以一览安全行业全貌，不再无从下手，对于有经验的安全从业人员，也可以查漏补缺，并了解未来业务安全、AI 安全的演进方向。希望本书可以帮助安全行业培养更多优秀的从业人员，共同守护生命和资产的安全。

——马坤　四叶草安全创始人

感谢林鹏先生邀请我阅读此书。这些年我的主要精力都花在“以攻促防”的安全体系建设上，过去两年多创建的慢雾科技虽然是在区块链生态安全领域，但服务的许多项目方实际上都非常需要这部分的安全体系落地经验。这本书给了我一个成体系的安全建设指引与启发——从 0 到 1 地构建，很值得大家阅读。

——余弦（cos） 慢雾科技创始人

从网络安全行业的无序时代开始，林鹏先生差不多与我们一起成长了 15 年，在这 15 年里我们这群人中也出现了很多技术专家或组成了顶尖的攻防团队。其中，林鹏先生是一个非常特殊的存在，他是唯一一个研究防御性技术的专家，经历了轮番上阵的磨练，也从一败涂地到一夫当关。

与防御技术相比，攻击技术的复杂度要低得多，信息化安全建设是一个体系性、周期性、长期性的工程，内容繁杂且耦合性强，本书在多个方面提供了从0到1的技术及方法论，有助于读者尽早发现安全隐患，尽快发现威胁事件，尽速避免资产受损。

——苗盛茂（Miao）梦之想科技创始人

有幸提前拜读了林总著作中风控相关的章节，感觉这对业务安全从业者是很有帮助的，我自己也有不少收获。

本书风控章节介绍了典型的黑产事件、黑产作弊工具和常见的攻击手段，从攻击者视角介绍了黑产的危害。在此基础上，进一步介绍包括设备指纹和各类数据画像在内的风控系统建设思路，并通过实战案例对风控系统的作用和价值进行了展示。

本书是作者多年实战经验的总结和升华，是一本不可多得的诚意之作。

——马传雷（Flyh4t） 同盾反欺诈研究院负责人

欣闻林鹏（lion-00）同学出书了，第一时间拜读了一下。书如其人，朴实无华，是一本互联网企业信息安全管理实操方面很好的参考手册。作为业内知名的白帽黑客出身的企业信息安全负责人，林鹏结合他在不同规模及不同形态的互联网业务中的经验和教训，完整、全面地阐述了互联网企业在不同的发展阶段，在信息安全方面面临的各种问题与挑战，并给出了可操作的建议。本书对于各类企业人员，尤其是从初创型互联网企业发展到中大型企业的信息安全管理人员和技术人员来说，是一本可供借鉴的不可多得的好书。林鹏不仅是工程师，也是程序员，再加上近几年来打怪升级到企业信息安全负责人的角色，使他写的这本书非常适合各类技术人员阅读。

——王雷　万达集团信息安全负责人

作者是我多年的老同事，其本身在安全行业深耕细作近十年，在共事的两家公司均实现了安全团队、安全业务的从无到有，并且通过自身敏锐的洞察力、卓越的专业能力为公司多次规避相关风险、挽回损失。

本书是其多年知识的积累、精华，相信通过阅读本书，可以使读者更好地了解安全相关的知识，更好地规避安全风险。

——张宏勇　丙晟科技平台支撑部总监

本书完整地将业务风控与攻防对抗的关键技术一一进行了讲解，能够很好地帮助读者学习和理解安全技术及安全业务上的必备技能，是安全体系建设方向非常不错的必读书之一。在当前纷繁复杂的网络安全背景下，一本纲领完善的安全学习材料对从业者在技术学习、深入研究和体系建设上有着非常大的帮助，林鹏将多年在安全技术研究和安全业务对抗中总结的大量实践经验凝聚在本书中，非常值得大家学习。

——张作裕（bk7477890）阿里安全

本书介绍了网络安全的方方面面，穿插了作者大量的实践工作经验和案例，对企业安全建设从业者具有非常好的学习借鉴意义。

——聂君　奇安信网络安全部总经理

企业安全建设是一个系统化的工程，从安全管理、安全研发甚至安全研究，几乎会涉及安全行业的各个领域。相对于传统企业，互联网企业的环境更加复杂。另外，互联网企业普遍掌握大量的用户数据，成为黑灰产觊觎的对象。面对风险大、基础差、任务重的环境，建设互联网公司的安全体系更是任重道远。林鹏的这本书系统地介绍了安全建设的各个领域，内容由浅入深，是一本难得的指导手册。

——兜哥　国内著名安全专家
百度安全高级架构师《AI 安全之对抗样本入门》作者

我们开始了移动支付，开始了直播带货，各种业务都开始高度依赖互联网。然而互联网给企业带来的不仅仅是机遇，也会带来诸多新的问题与挑战，安全问题便是其中之一。虽然网络安全越来越受到关注与重视，但是对于大多数企业而言，该怎么开始做安全，怎么做才能实现安全，却是十分模糊的。本书给我们提供了一个很好的解读与参考。不论是企业管理者，或是甲方安全建设的实践者，均可成为此书的读者。粗读可解大惑，细品可答小疑。

——童永鳌（gainover）无糖信息 CTO

认识鹏哥好多年了，或许是因为我们两个年龄相仿，也或许是因为我们都有着一颗骚动的心，不管怎样，我们彼此惺惺相惜。就在前些日子，我们还聊过以后退休了写本书。没想到，他的书都已经要出版了。

这是一本蓝队技术方面的专著，可以说是作者从业多年来智慧和经验的结晶。从运维安全、办公网安全到安全日志分析、体系建设，作者用 12 章的篇幅涵盖了蓝队技术的方方面面。也许你会说，我一个红队选手为何立蓝队的 flag？好吧，虽然我跟鹏哥一红一蓝、一矛一盾，看似毫无关联、针锋相对，但没有盾焉有矛，没有矛又何来盾？攻与防本来就是对立统一的，没有纯粹的攻，也没有纯粹的防。所以，我不仅要把这本书推荐给蓝队选手，还要把它推荐给红队选手，因为知己知彼，方能百战不殆。这个浅显的道理大家既然知道，那就赶紧开始阅读吧！

——Moriarty 网络安全自由职业者

在安全领域有着丰富安全体系建设实践经验的鹏鹏，终于将自已的心得写了出来，为安全事业贡献了力量，帅气！有幸拜读此书，深感这本书内容深入浅出，理论与实践、技术与管理相结合，让安全从业者有了相应的参考，对于建立正确的安全价值观，同时根据实践形成自已的安全知识体系有着很大的启发与帮助。

——马金龙 新浪网网络安全部经理 安全架构师

如果想要一本拿来就用的安全建设类书籍，我想就是这本《互联网安全建设从0到1》了。企业安全建设工作千头万绪，有了这本书会让读者少走很多弯路。作者凝练十余年的安全建设经验，打造了一本非常实用的工具书，给我们带来很大的帮助和启发，值得每位安全从业者拥有。

——黄乐 央视网 网络安全部副总监

这是一本适合从安全小白到企业安全负责人阅读的全阶段的安全书籍，作者将自己多年丰富的安全经验融入此书，通俗易懂，雅俗共赏，既可以作为安全工程师的工具手册解决各类常见安全问题，也可以指导安全负责人如何从0到1系统地建设企业安全体系，非常值得推荐。

——王任飞（avfisher）公众号“安全小飞侠”作者

林鹏于我是哥们，更是良师益友，他拥有十余年甲方安全体系建设经验，长期从事金融安全、电商安全领域工作，本书凝聚了作者十余年来企业安全建设成果的精华，为推动企业安全建设提供有力支撑，也为安全从业者提供了更广阔的视野，我既是安全从业者，也是受益者，推荐这本书，希望更多的企业团队及个人能从本书获益。

——杨蔚（301）北京众安天下科技有限公司创始人

序　一

好友林鹏约我为他的新书作序，诚惶诚恐，犹豫再三，才落笔写下这段文字。不是别的原因，而是从业十余年，一直作为一个默默无闻的后台工作者，从未有过动笔的念头。也正因如此，一些书约都被我婉拒。而恰有一天，在停车场偶遇林鹏兄弟，他详细介绍了本书的内容，从国家大势到企业利弊给我一番“洗脑”，竟让我想起曾经所经历的企业动荡和各种暗流中的“腥风血雨”，一阵触动，晚上到家落笔作成这段小序。

近几年，新技术不断崛起：公有云、私有云、大数据、无人车、人工智能、区块链……每一项创新似乎都给企业发展带来了新的机会。但每次技术革新带来的机会背后，总是出现新的黑天鹅事件：各种交易所被盗，某全球领先社交网站涉嫌数据滥用，Deepfake（AI换脸）……如果认真去分析，这些事件绝大部分都属于信息安全大学科范畴。这些信息安全问题正给各类企业带来巨大的挑战，全球的互联网公司都想斥巨资解决。而近几年，各国更是从国家角度出发，自上而下推动一系列的立法。欧盟的GDPR甚至牺牲了一成以上的商业效率去保护用户的数据隐私。

而信息安全本身的发展也是从原先单点攻击防守发展到了大到政策落实，小到业务落实的层层逻辑和流程。如果说原先是黑白帽、安全技术之争，今天则是不同公司、不同组织的安全意识之争。企业主没有安全意识，就有可能要承受黑天鹅事件的打击；技术人员没有安全意识，就有可能要承担被攻击、被追责的风险；销售人员没有安全意识，就有可能要承担预算、标书泄露的风险。当今时代，信息安全比的是意识。

林鹏兄弟作为数家大型企业整体信息安全的负责人，有着丰富的经历和知识。所涉面也极广：从技术攻防到政策理解，从产品部署到攻防数据分析，从攻击溯源到国际级调查项目，从公司流程制定到各类安全标准认证。相信本书不仅能让专业人士查漏补缺，也能给当今获取新领域竞争力的各位同行开启一扇门。

最后想说，没有绝对的安全，只有步步为营、小心谨慎、开放学习，在不断的攻防实践中升级自己的安全手段、安全装备，提升自己的安全意识，这样才能在未来的信息安全之争中立于不败之地。

孙明焱　猎豹移动高级副总裁

序　二

随着5G、AIoT、区块链等新技术的发展和普及，未来不仅仅是电脑和手机在线，而是有更多的智能设备在线。这些智能设备打通了物理世界和虚拟世界的边界，我们面临的不再是信息安全而是网络空间安全，未来的黑客攻击影响是真正可以从网络边界落地到现实世界的。

时代的发展催生新的产品形态，越来越多的企业将要或者正在开展面向互联网的业务，这些业务24小时在线，可以被互联网上的任何IP访问，这些业务面临比过去更大的安全风险。业务的发展迅猛，但是一些企业的安全保障能力却没有跟上，于是产生了各类见诸报端的安全问题，给企业自身和用户带来严重影响。

以上情况势必将让网络安全行业更加蓬勃地发展，网络安全从业者显得更加重要。那么，作为一个网络安全从业者，应该从何处入手来保障企业安全？在我看来，从业者应该有扎实的一线技术，知道黑客是如何攻击的，进而理解如何防御，逐渐积累经验和能力，提高防御水平。

本书就很好地阐述了企业安全建设的方方面面，基本涵盖了企业安全所涉及的网络、运维、主机、研发、办公及业务等领域的安全风险和防御手段，既有可落地的技术实践指导，也有宏观的安全方法论，实在是不可多得的网络安全工作的案头必读之物。作者林鹏本身是一位资深的白帽子，精通各类黑客攻击手法，又主导过多家企业的安全防护工作，攻防视角兼备，其集十余年功力写成的本书是多年企业安全建设经验的总结，大力推荐。

胡珀（lake2）　腾讯安全平台部总监

序　三

和林鹏没见过，但不算陌生，毕竟，他作为安在的“座上宾”，曾上过我们的“人物”报道。所以，印象里他是个牛人，而现在，牛人百忙中居然出了一本书，那就更牛了。我是写过书的，深知其味，与林鹏也就有了更多共鸣。

其实，当他让我写推荐序时，我是很为难的，毕竟，一没仔细读过，二是脱离专业工作日久，怕说得不妥而带偏读者也错会了作者。等到林鹏给我发来大纲，以及他的一些用意和心得，我说，这推荐序我写定了。

很多时候，一本书你未必要通读正文，只看摘要和目录，就大概能领会一二了。那么我对林鹏新书的这一二领会在哪呢？

其一，这是真正来自“甲方”一线从业者实打实的经验之谈。我们知道，从事网络安全的，向来“低调”，自己做一分，便不多说半分，尤其是在企业中做内部安全的，很多时候就像扫地僧，本事不小，可从不张扬，甚至都很少表达。有人问，那市面上那么多网络安全的书都哪来的？这几年的我不了解，但至少多年前，比如我写书那会儿，厂商居多，高校居多，职业攒书者居多，来自企业一线专家的著作太少。这导致一个问题，就是诸多的网络安全书籍，大多还是沿用传统的攻防思维和技术脉络，很少有从企业最佳实践和日常运营角度去展现和表达的。而在林鹏新书的大纲中，安全平台建设、安全部门组建和日常工作、监控体系建设以及工作开展、数据和隐私安全，尤其是业务安全和风控、安全体系和度量，恰恰都是企业安全工作最核心的部分。由此可见，此书多干货，用户尤可鉴。

其二，当我和林鹏从他的新书引申开去聊得更多时，我才知道，林鹏不是突然间以写一本书的方式来做分享的，在他长达十年的一线工作中，他经常在一些著名的国际会议上做议题演讲和技术分享，写过大量文章，也录过视频课程，是个名副其实的知识“网红”。一个人只有乐于分享，他才能把分享当成习惯乃至日常，而只有当分享成为习惯和日常，才能将分享打磨成真正的擅长。这样一个乐于分享、习惯分享又擅长分享的人，所写的书是否值得一读，自然明了。

如上两点，权作我对林鹏新书的一二领会。

期待林鹏新书早日付梓并出品面世，届时，我会第一时间讨来研读，看看是否能够印证此刻判断。

话说，迄今为止，在选书和读书这件事上，我大抵是没有看错过的。

张耀疆　安在创始人

前言

笔者从事安全行业工作近10年了，也参加过大大小小的安全会议，并担任过一些会议的演讲嘉宾，听到最多的问题是如何在甲方进行安全工作。确实，笔者刚加入当当网进行安全工作时，也是一头雾水，不知道该从哪里下手。对于一个刚进入安全行业，尤其是加入甲方工作的安全从业者来说，该怎么去做，该从哪里开始，是一件比较棘手的事情。因此笔者才想借此机会，将自己的工作经验写出来，也希望给安全行业做点微小的贡献。

笔者认为，安全行业有一个特别之处：直接与人对抗，不仅需要非常扎实的技术及理论基础，而且需要对人性有所认识。因此需要不断地学习，不断地实践。对于理论知识的学习而言，现在互联网十分发达，可以非常容易地找到需要学习的内容（不过网上内容良莠不齐，需要通过实践进行辨别）；对于实践，网上也有很多靶机，亦可以很方便地使用。除此之外，笔者也推荐使用VMware和dynamps等模拟器，灵活使用这两个工具，几乎可以组建所有类型的网络环境，本书里的实验内容大多用到了以上两个工具。

除了学习外，笔者还认为做安全应深入一线，在对抗中发现问题，这样才能保持对安全的敏感度。

另外，在安全的攻防对抗中，尽管攻方容易成为耀眼的明星，但防守方也可以非常出色。既然选择了防守，便意味着担当了守卫的责任，我的身后便是信任我的人、我的公司，我当尽全力去守护。本书结合了笔者多年的防御经验，从各个方面讲述了如何做好防守工作。

全书共12章：第1～8章为基础安全部分，主要介绍日常的安全工作，建立防御系统，抵御黑客入侵；第9～11章为业务安全部分，主要介绍互联网常见业务安全相关内容；第12章介绍如何构建安全体系。

每章内容简介如下：

第1章　网络安全，介绍运维涉及的网络安全的基础内容，包括流量镜像、抓包、网络入侵检测系统等。

第 2 章　运维安全，介绍运维涉及的常用组件、云上安全，以及一些安全建议。

第 3 章　主机安全，包括 Windows、Linux 系统方面的安全内容，同时也介绍了主机入侵溯源分析、入侵检测系统及使用方法。

第 4 章　办公网安全，介绍办公网方面的一些安全技术，包括准入、隔离、DHCP Snooping 等相关技术。

第 5 章　开发安全，介绍与开发安全相关的内容，包括 SDL、OWASP、自建扫描器等。

第 6 章　日志分析，介绍日志分析相关的技术与工具，以及日志分析的一些思路和建议。

第 7 章　安全平台建设，介绍如何组建安全平台部门及部门的日常工作内容。

第 8 章　安全监控，围绕监控体系建设展开，还介绍了个人对 ATT&CK 的一些看法。

第 9 章　隐私与数据安全，介绍 GDPR 及相关工作，以及数据安全方面的内容。

第 10 章　业务安全，主要介绍账号、支付、内容等互联网常见应用的安全技术。

第 11 章　风控体系建设，介绍设备指纹、风控系统搭建，以及与羊毛党对抗的案例。

第 12 章　企业安全体系建设，介绍如何建立一个符合公司业务发展需求的安全体系，以及如何衡量安全体系的好坏。

由于笔者在移动安全方面涉及不深，本书内容缺少了这个部分，也算是一个小小的遗憾。

致谢

在这里要衷心地感谢我的领导、我很敬佩的安全圈前辈孙明焱（CardMagic），他在日常工作中给了我很大的信任并提供了很多帮助与支持，在百忙之中，还给本书写了序。感谢胡珀（lake2）@ 腾讯，腾讯安全在业内称得上是行业标杆，也是我学习的榜样，感谢他给本书写了序。感谢张耀疆 @ 安在为本书作序，我们虽然暂未谋面，但可以看到安在在他的带领下不断为安全领域输出各种有价值的内容，祝愿他的平台越来越好。感谢饶琛琳（三斗室）@ 日志易，在我初学 Logstash 时，不厌其烦地解答我提出的很多问题，也算是我学习 ELK 的启蒙老师。感谢我的 CCIE 老师秦柯（现任明教教主）@ 乾颐堂，我在网络安全方面的技术，很多都是跟他学的，同时他也被誉为“CCIE 制造机”。

感谢机械工业出版社的吴怡编辑，她非常仔细地修改了我写的每一个字，提出了很多修改建议，她是一位非常认真负责的好编辑，感谢赵亮宇编辑对本书进行编辑工作，也感谢出版流程中的所有工作人员。

感谢所有我任职过的公司以及我的团队，是他们给了我锻炼、学习、成长的机会，也给了我帮助与支持。

还要感谢同行对我的帮助，他们分别是（排名不分先后）：郑歆炜（Cnhawk）、马传雷（Flyh4t）@同盾、张坤（bloodzer0）@毕马威、黄乐（企业安全工作实录）@央视网、靳晓飞@VIPKID、聂君（君哥的体历）@奇安信、赵弼政（职业欠钱）@美团、王永涛（Sanr）、马金龙（吗啡）@新浪、秦波（大波哥）@滴滴、王任飞（avfisher）@华为、王昱（猪猪侠）@阿里、游小波@西海龙湖、黄梦娜（Mils）@兴业银行、凌云（linkboy）@携程、张迅迪（教父）@阿里、杨勇（coolc）@腾讯、向红阳，等等。

另外，感谢北洋舰队的朋友，在我刚入门安全领域时，他们把攻击的经验分享给我，我才可以从防御角度思考问题出在哪里，如果是我做防御该去如何应对。感谢“蓝星最强技术扯淡公益群”的所有群友及所有给过我帮助的朋友们。同时要声明，本书的一些素材来源于互联网，在此对原作者一并表示感谢。

最后感谢我的家人，尤其是我的妻子，在我写书的漫长时间里承担了繁重的家务，默默地支持着我，让我可以专心写完此书，兑现了我要写一本书的承诺。也感谢我的女儿，小家伙在我写书的过程中很乖巧、听话，为我提供了良好的写书环境。

尽管笔者尽量保证书中不出现错误，书中每个实验都是自己完成后再编写内容，但是由于技术水平和能力有限，难免会有错漏之处，在此，笔者恳请读者不吝指正。关于错误内容可以反馈至 lion_00@163.com 中，笔者也会通过微信公众号“安全防御”（anquanfangyu）发布勘误。欢迎读者与笔者一起交流安全技术。

献给特别的朋友们

2017 年，我组建了一个梦之队，这个团队的成员几乎都是安全行业内的高手，我们一起完成了一个又一个挑战——从无到有建立了安全防御系统、风控系统，在一次活动中挽回了 9 亿活动币，避免了近百万元的损失，等等。但是，由于公司业务不佳，大家最后各奔东西，这也让我深刻地理解到安全团队的定位——为业务服务，否则一切都失去了意义。虽然目前梦之队的队员们分散在不同的公司，但是在我写这本书时他们都非常支持我，给了我很多帮助，感觉又一次在一起合作了。本书中也包含了这个团队的实战经验，因此我将这段回忆写在这里，献给这群特别的朋友们。

2017年还有一天就结束了，这也是我发的第一个朋友圈，是为了我的团队兄弟们发的。你们每个人在我看来都是非常棒的！大牛（宗悦：rootsecurity@京东），就好比一个屏障，在运维安全和系统配置方面独当一面；董川，以前只写运维脚本，现在是Storm、Spark、实时处理大数据全能；土豪（陈锋卫@民生），优秀的前端和超级的PHPer，每个系统都有你的功劳；奇哥（陈奇@宜信），没有你就没有我们的基础数据，一再地改善抓包性能，使丢包率更少，你功不可没；超哥（吴业超@360）的贡献为我们创造了非常大的便利，也让咱们的漏洞平台看起来很专业；感谢小侯（侯芳芳），从没入职的时候到现在一直帮我改PPT，还有27000的项目也非常尽责；神奇的猫爷（王振飞：加菲猫@道享）总能给我们带来非常实用的工具，比如扫描器、扫码登录；神一样存在的梁大神（梁宛生：花生@道享）简直就是漏洞发掘专家，你对飞凡的贡献我不会忘记；马老板（马鑫@锦江），优秀的产品经理加数据分析师，你的PRD写得非常专业；玄妹子（玄银星@道享）的月报写得也是越来越好，跟踪漏洞也不让我操心；还有吴总（吴淳@百度），虽然你的Kibana是后学的，但也发现了很多异常，在对刷单的识别方面已经算火眼金睛了，希望有机会还能一起打球；小妹（王小妹@京东云）和小杨（杨智@政采云），你们虽然来的时间短，但是也能很快适应工作，发挥自己的作用，为咱们补了短板；还有邱大神（邱永永@华为）也算是飞凡盾的创始人了，一个人完成了那么复杂的逻辑功能；当然也感谢县长（张宏勇@丙晟）对我们的帮助和照顾。虽然我们受到一些众所周知的情况影响，但和大家在一起共事真的非常开心。你们任何一个人的离开都是公司的损失。感谢你们每个人的付出。感谢你们每个人对我的支持和理解，不管将来怎样，我都会永远记得大家。

目　录

第 1 章 网络安全

我们在使用互联网提供的便捷服务的同时，黑客也在利用网络对企业进行攻击，因此，网络就是没有硝烟的战场，企业的安全人员必须与黑客展开安全对抗。本章将从几个角度介绍网络安全的问题，分析如何识别黑客的攻击。

1.1 网络流量的收集

如果想识别网络中黑客的攻击，需要先了解网络流量，以及如何对网络流量进行收集、分析。本节将介绍针对网络流量的收集，为后续的攻击识别进行铺垫。

流量镜像（SPAN）也叫端口镜像，一般是指在交换机上将一个或多个源端口（或 VLAN）的数据流量转发到某一个指定端口，目的是方便对一个或多个网络接口的流量进行监听和分析（通过 IDS 产品、网络分析仪等）。可以通过配置交换机实现流量镜像，如图 1-1 所示。

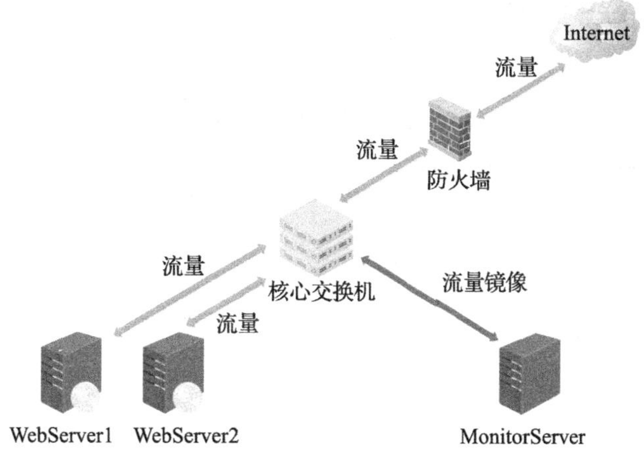

图 1-1 流量镜像

WebServer1 和 WebServer2 接在核心交换机上，通过防火墙映射至公网，提供 Web 服务，可以通过流量镜像的方式将两台 WebServer 的流量镜像至 MonitorServer，这样 MonitorServer 即可对访问 WebServer 的所有流量进行分析。相关命令如下（Cisco）：

```
monitor session 1 source interface Fa0/13-14 both
```

其中，Fa0/13-14 为 WebServer 接口，both 参数表示收集双向流量，也可以指定 rx、tx 参数，设置只收集入方向流量或出方向流量。

```
monitor session 1 destination interface Fa0/15
```

其中，Fa0/15 为 MonitorServer 接口。

当然，也有可能出现被收集流量服务器不在同一台交换机的情况，这时就要使用远端镜像（RSPAN）技术，不过建议还是在规划的时候尽量将被监控服务器放在同一台交换机，毕竟流量穿过一台或者多台交换机对带宽及交换机性能还是会造成一定的损耗。

获取到镜像流量之后，将流量接入服务器接口，便可以在服务器网卡上抓到流量包。下面介绍几种流量收集方式。

1.1.1 最传统的抓包方式 libpcap

提起抓包工具，在 Linux 环境下大家最先想到的是 tcpdump，Windows 环境下常用的是 Wireshark。而这两个最流行的抓包软件底层使用的是 libpcap（Packet Capture Library）。

libpcap 是 UNIX/Linux 系统下最流行的抓包 C 库。libpcap 提供了链路层数据包抓取、链路层数据包发送、包过滤规则。

1. 下载安装

官方网站（http://www.tcpdump.org）最新的 libpcap 版本为 1.9.0。下载安装即可：

```
wget http://www.tcpdump.org/release/libpcap-<version>.tar.gz
tar xvf http://www.tcpdump.org/release/libpcap-<version>.tar.gz
./con©gure
make
sudo make install
```

2. libpcap 抓包流程

libpcap 典型的抓包流程如图 1-2 所示。

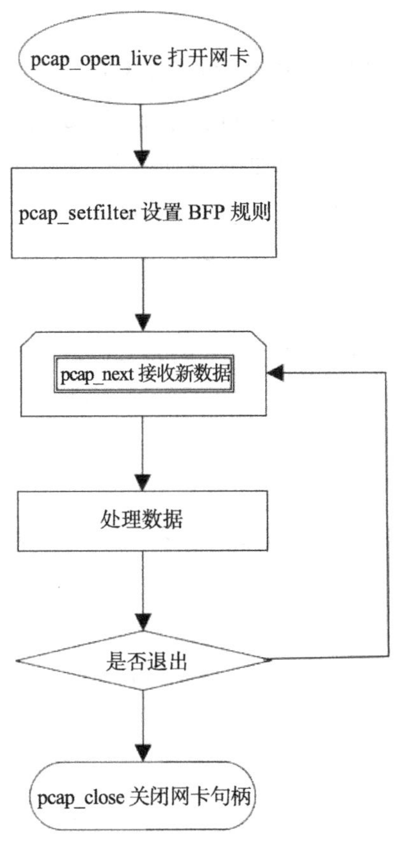

图 1-2 libpcap 抓包流程图

首先调用 pcap_open_live 打开一个网卡设备[⊖]，pcap_open_live 函数原型如下：

```
pcap_t * pcap_open_live(const char * device, int snaplen, int promisc,
int to_ms, char * errbuf)
# device 设备名称
# snaplen 每一帧最大长度，即 tcpdump -s 选项，过大会浪费性能，过小会丢失数据，默认为 65535
# promisc 是否开启混杂模式，1 表示开启，0 表示不开启
# to_ms
# errbuf 字符串缓冲区，用来存放错误信息
# 成功返回 pcap 实例，失败返回 NULL，并将错误信息填充到 errbuf 中
```

在默认情况下，网卡只接收目标 MAC 为本机 MAC 或者为广播的数据，所以抓取镜像流量时总是需要开启混杂模式，抓取本机流量时则可以不必开启此选项。在 Linux 下也可以手动开启混杂模式，命令为：

⊖ 打开设备时传入 NULL 或者 any，可以打开当前系统下的所有网卡设备。libpcap 也可以通过 pcap_open_offline 打开离线的 pcap 文件来获取流量。

```
ifcon©g <eth> promisc
```

3. pcap_loop 、pcap_dispatch、pcap_next 函数

在接收网卡数据包时，有三个函数可选：pcap_loop、pcap_dispatch、pcap_next。其中，pcap_next 是调用 pcap_dispatch 来实现轮询调用，每次调用返回一个数据包，pcap_loop 使用回调的方式来获取数据包，pcap_loop 的定义如下：

```
int pcap_loop(pcap_t*p, int cnt, pcap_handler callback, unchar * user);
```

需要设置一个回调函数：

```
typedef void (*pcap_handler)(u_char *arg, const struct pcap_pkthdr *hdr,
const u_char *pkt);
# arg 为用户自定义参数，来自 pcap_loop 函数的最后一个参数，这是 C 语言为回调函数提供上下文
  和配置的惯用方式，可以指向一个全局的结构体
# hdr 抓包头
# pkt 抓到的以太网帧数据
```

pcap_loop 中第二个参数 cnt 指定 pcap_loop 最多收取多少个帧数据后返回，显然在抓取流量镜像时应当设置为 –1。

pcap_dispatch 和 pcap_next 每次调用处理一次以太网数据帧，pcap_dispatch 可以传递与 pcap_loop 兼容的 pcap_handler 函数，而 pcap_next 则直接返回数据，需要用户主动调用 pcap_next 程序。

三个函数都可以达到目的，笔者比较喜欢用 pcap_loop。

4. pcap_close 函数

在代码逻辑退出时，务必使用 pcap_close 函数关闭 pcap 句柄。一个常见的编程技巧是，在处理退出信号时关闭句柄。

5. BFP 过滤器

BFP 过滤器语法同 tcpdump，使用过滤器减少程序接收到的无用数据，此处不详细介绍，感兴趣的读者可查阅相关资料。

6. wincap 和 npcap

我们在 Windows 上用得最多的抓包软件是 Wireshark。Wireshark 抓包软件底层也是用的 libpcap，在 Windows 系统下使用的 wincap 是一个 libpcap 兼容的 Windows 移植版。wincap 接口的大部分用法同 libpcap，只是 wincap 不支持本地回环网口抓取。在 Windows XP 系统以上的 Windows 系统中，可以使用 npcap 这一抓包 SDK。npcap 是由 Nmap 开发的一款 libpcap 兼容的抓包 SDK。也就是说，可以使用 npcap 作为 Wireshark 的底层。

1.1.2 scapy

libpcap是用C语言实现的，调用libpcap对于大多数非专业C程序员来说有一定的难度。然而大多数开发者都可以写一些Python脚本。本节介绍一下Python的便捷抓包程序scapy。

libpcap抓包得到是一个链路层的以太网数据帧，后续的包解析、流还原均需要自己编程或者调用其他代码库来实现，当然，libpcap也提供了包（以太网帧）发送的能力。而scapy不仅仅是一个抓包库，同时也提供了发送、构造、解码、协议解析的能力。

scapy官方网站为https://scapy.net，去官方网站安装pip install scapy[⊖]。在安装完scapy之后，在命令行输入scapy就进入了scapy的REPL（Read Eval Print Loop，交互式解释器）模式。RPEL模式表示一个计算机环境，类似Windows系统的终端或UNIX/Linux shell，Python命令本身就是一个REPL。

注意： 在Windows下安装scapy需要用到wincap或者npcap，关于wincap和npcap的使用请参考后续内容，事实上scapy底层也依赖于libpcap。

在RPEL模式下输入ls()，可以列出scapy支持的协议格式，如下所示：

```
>>> ls()
AH          : AH
AKMSuite    : AKM suite
ARP         : ARP
ASN1P_INTEGER : None
ASN1P_OID   : None
ASN1P_PRIVSEQ : None
ASN1_Packet : None
ATT_Error_Response : Error Response
ATT_Exchange_MTU_Request : Exchange MTU Request
```

scapy抓包很简单，只需要2行代码。我们来看一个例子：

```
>>> from scapy.all import *
>>> dpkt  = sniff(iface = "eth0", count = 100)
>>> print dpkt
<Sniffed:     :      :       :        :>
>>> type(dpkt)
<class 'scapy.plist.PacketList'>
>>> 
```

其中，第一行导入scapy包，第二行使用sniff函数抓取100个数据包，然后返回一个dpkt的list对象，这样就获取了连续的100个数据包。

如何持续抓数据包呢？ sniff函数同样支持给定一个回调函数来持续获取数据，关于回调函数，我们在1.1.1节中已经做了介绍：

```
sniff (©lter=©lterstr,prn=pack_callback, iface='<eth>', count=0)
```

scapy的sniff函数相当于C语言调用几个libpcap函数。简单、易用、有丰富的解

⊖ scapy支持Python 2.7.x和Python 1.4以上的版本，Python 3环境下应使用pip3。

码库，这些都是 scapy 的优点，不足之处主要是受制于 Python 解释器低下的解释执行效率。关于抓包性能的提升我们会在 1.1.4 节介绍。

1.1.3 gopacket

体验到了 scapy 的便捷与强大，又苦于 Python 较低的性能，那么此时 gopacket 也许是一个折中的选择。gopacket 起源于 gopcap 项目，gopcap 最初是由 Andreas Krennmair 利用 cgo 实现的一个使用 Go 语言调用 libpcap 的封装，后来 Google 在此基础上发展出功能强大、性能优异的抓包库。关于 gopacket 的更多信息，可参考如下网站：

- gopacket 代码：https://github.com/google/gopacket。
- gopacket 文档：https://godoc.org/github.com/google/gopacket。

gopacket 安装步骤如下：

1）安装 1.5 以上版本的 Go 语言。

2）安装 gopacket：

```
go get github.com/google/gopacket
```

gopacket 有几个概念：

- source：数据源，即数据来源，屏蔽了不同抓包驱动的抽象接口。
- layers：数据层，用来执行数据包解析。
- flow：一组双向通信为一个数据流。

gopacket 支持 PF_RING/af_packet/pcap 作为抓包驱动，pcap 模式用法类似于 C 语言。此处不再赘述，感兴趣的读者可以参考官方的例子（https://github.com/google/gopacket/tree/master/examples/pcapdump）。

1.1.4 丢包与性能提升

前面提到抓包总是和性能分不开，如何提升性能是很重要的。我们首先来看一下 Linux 系统接收数据包的流程，如图 1-3 所示。

1）数据包经过光纤或者电缆进入网口（在网络接口层），并发向下一层，即 OSI 模型的物理层。

2）接着进入 MAC 层，MAC 层用于匹配目标 MAC 地址是否为本机 MAC 地址或者广播 MAC 地址（混杂模式下不做检测，全部接受）。

3）网卡硬件将数据填充到 FIFO 缓冲区中，并通过中断通知 CPU 驱动程序来进行接收。

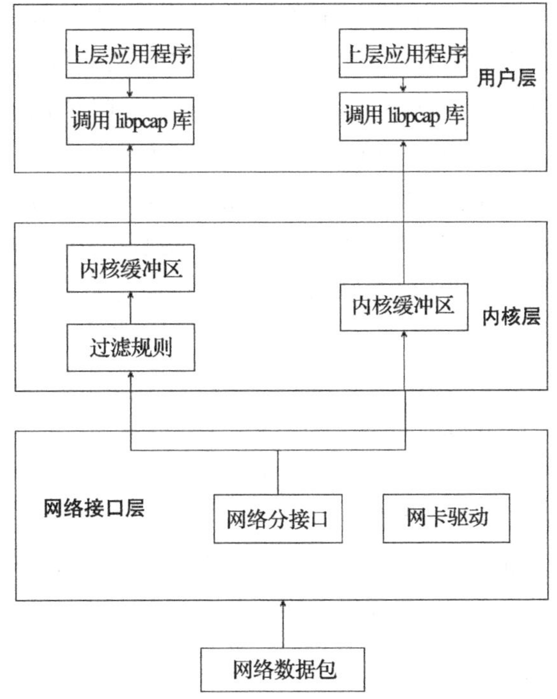

图 1-3 Linux 系统接收数据包的流程

4）驱动程序使用 DMA 技术将网卡缓冲区的数据接收并发送到内核缓冲区。

5）内核将接收到的数据依次通过网络协议栈向上传递。

6）应用层通过系统调用或者 socket 接收网络数据。

我们使用到的 libpcap 是在应用层通过系统调用获取到的内核层网络缓冲区数据。

抓包性能提升的关键首先是网卡，高性能的网卡拥有更高的吞吐率和包延时。物理器件的情况也会影响抓包效率，特别是从分光器出来的流量，光衰的存在导致抓包率有所降低。

再往上层，高速的抓包驱动和缩短抓包流程也能提高效率。除了 Python、Go 语言上的性能情况，libpcap 抓包流程漫长也是其抓包效率低下的原因。libpcap 通过系统调用同内核通信，效率低下。在此背景下就有了 PF_RING 和 DPDK 技术。

1.1.5 PF_RING、DPDK 与 af_packet

PF_RING 是由 ntpop 开发的抓包软件。PF_RING 有 vanilla 模式和付费的 ZC 模式两种（老版本的 PF_RING 有三种模式）。想要实现高性能抓包，必须编译用 PF_RING 修改的网卡驱动。使用 PF_RING 时必须选择 PF_RING 支持的网卡型号[㊀]。实测 vanilla 模式性能并不理想。付费版 ZC 模式的 PF_RING 按照 MAC 来计算费用，性能可以大幅提升，原因在于 PF_RING 实现了一个从驱动直接到应用层的内存映射来高速传递数据包。

DPDK（Data Plane Development Kit）是由 Intel 官方开发并开源的抓包工具。支持大多数 Intel 网卡，网卡选型空间较大。在原理上用到 UIO、大页内存、NUMA 等技术。在驱动上使用轮询模式替代中断模式，使用 CPU 资源来换取高速抓包。DPDK 的不足之处是开发难度较大，SDK 也是用 C 语言调用，需要对 CPU 体系结构有较深的了解。DPDK 在云计算等场景下已经得到大量验证，经得起生产环境的考验。

af_packet 抓包工具是 Linux 1.x 之后提供的新抓包技术，gopacket 支持使用 af_packet 进行抓包；实测 af_packet 抓包技术性能优于 libpcap，且无须修改网卡驱动，仅对操作系统内核版本有要求。国内大多数互联网公司使用的是 CentOS，如果需要使用 af_packet，请选择 CentOS 7 及以上版本。

此外，使用硬件网络分流器也是一个很好的解决方案，现在服务器一般都配有多个网卡，使用硬件分流器将大流量分散到多个网口上，使用多进程进行抓包，或者使用多机多进程方案进行抓包。

1.2 Web 流量的抓取方式

20 世纪 80 年代，Tim Berners-Lee 创造了万维网并在 1991 年使用 HTTP 编写了第一个网站。到如今，HTTP 依然是互联网的主要流量。抓取并分析 Web 流量对于安全分析有重要意义。本节主要介绍 HTTP 流抓取的基础原理和快速实践。

1.2.1 TCP 流还原

HTTP 是一个资源请求响应的协议，通常工作在 TCP 之上，这里主要讨论 HTTP 1.0 和 HTTP 1.1[㊁]。

要抓取 HTTP 流量，首先要进行 TCP 流的抓取。在上一节中我们已经探讨了流量的抓取方式。从 libpcap 直接抓取到的数据是一个以太网帧，以太网帧前 14 个字节分别是目标 MAC 地址、源 MAC 地址、两个字节的 TYPE 类型；类型号 0x0800 表明承载的网

㊀ 当前支持 e1000e/igb/ixgbe/i40e/fm10k 网卡驱动，参考 https://github.com/ntop/PF_RING/blob/dev/drivers/intel/README。

㊁ Google 为解决 HTTP 1.1 的不足而提出的 QUIC 协议，即 HTTP-over-QUIC 就是基于 UDP 的，IETF 将 HTTP-over-QUIC 重命名为 HTTP/3，为最新版本的 HTTP。

络层协议是一个 IP，如图 1-4 所示。

```
▷ Frame 344: 1410 bytes on wire (11280 bits), 1410 bytes captured (11280 bits) on interface 0
◢ Ethernet II, Src: AsustekC_8a:3a:c7 (f4:6d:04:8a:3a:c7), Dst: AsustekC_4b:74:e8 (0c:9d:92:4b:74:e8)
  ▷ Destination: AsustekC_4b:74:e8 (0c:9d:92:4b:74:e8)
  ▷ Source: AsustekC_8a:3a:c7 (f4:6d:04:8a:3a:c7)
    Type: IPv4 (0x0800)
▷ Internet Protocol Version 4, Src: 192.168.2.77, Dst: 112.64.200.152
▷ Transmission Control Protocol, Src Port: 7337, Dst Port: 80, Seq: 1, Ack: 1, Len: 1356
◢ Hypertext Transfer Protocol
  ◢ POST /site/info HTTP/1.1\r\n
    ▷ [Expert Info (Chat/Sequence): POST /site/info HTTP/1.1\r\n]
      Request Method: POST
      Request URI: /site/info

0000  0c 9d 92 4b 74 e8 f4 6d  04 8a 3a c7 08 00 45 00   ···Kt··m ··:···E·
0010  05 74 43 94 40 00 80 06  00 00 c0 a8 02 4d 70 40   ·tC·@··· ·····Mp@
0020  c8 98 1c a9 00 50 59 5d  d9 4b 47 d9 0c 5b 50 18   ·····PY] ·KG··[P·
0030  41 2d 01 35 00 00 50 4f  53 54 20 2f 73 69 74 65   A-·5··PO ST /site
0040  2f 69 6e 66 6f 20 48 54  54 50 2f 31 2e 31 0d 0a   /info HT TP/1.1··
0050  48 6f 73 74 3a 20 63 6c  6f 75 64 2e 62 72 6f 77   Host: cl oud.brow
0060  73 65 72 2e 33 36 30 2e  63 6e 0d 0a 43 6f 6e 6e   ser.360. cn··Conn
0070  65 63 74 69 6f 6e 3a 20  6b 65 65 70 2d 61 6c 69   ection:  keep-ali
0080  76 65 0d 0a 43 6f 6e 74  65 6e 74 2d 4c 65 6e 67   ve··Cont ent-Leng
0090  74 68 3a 20 32 37 35 0d  0a 43 6f 6e 74 65 6e 74   th: 275· ·Content
```

图 1-4　流量示例

IP 头中协议号字段为 6，表明 IP 承载的是传输层协议（TCP），如图 1-5 所示。

```
◢ Internet Protocol Version 4, Src: 192.168.2.77, Dst: 112.64.200.152
    0100 .... = Version: 4
    .... 0101 = Header Length: 20 bytes (5)
  ▷ Differentiated Services Field: 0x00 (DSCP: CS0, ECN: Not-ECT)
    Total Length: 1396
    Identification: 0x4394 (17300)
  ▷ Flags: 0x4000, Don't fragment
    Time to live: 128
    Protocol: TCP (6)
    Header checksum: 0x0000 [validation disabled]

0010  05 74 43 94 40 00 80 06  00 00 c0 a8 02 4d 70 40   ·tC·@··· ·····Mp@
0020  c8 98 1c a9 00 50 59 5d  d9 4b 47 d9 0c 5b 50 18   ·····PY] ·KG··[P·
0030  41 2d 01 35 00 00 50 4f  53 54 20 2f 73 69 74 65   A-·5··PO ST /site
0040  2f 69 6e 66 6f 20 48 54  54 50 2f 31 2e 31 0d 0a   /info HT TP/1.1··
0050  48 6f 73 74 3a 20 63 6c  6f 75 64 2e 62 72 6f 77   Host: cl oud.brow
0060  73 65 72 2e 33 36 30 2e  63 6e 0d 0a 43 6f 6e 6e   ser.360. cn··Conn
0070  65 63 74 69 6f 6e 3a 20  6b 65 65 70 2d 61 6c 69   ection:  keep-ali
0080  76 65 0d 0a 43 6f 6e 74  65 6e 74 2d 4c 65 6e 67   ve··Cont ent-Leng
0090  74 68 3a 20 32 37 35 0d  0a 43 6f 6e 74 65 6e 74   th: 275· ·Content
00a0  2d 54 79 70 65 3a 20 6d  75 6c 74 69 70 61 72 74   -Type: m ultipart
```

图 1-5　TCP 示例

TCP 的 payload 部分即为应用层数据；不同于以太网帧和 IP，TCP 头中没有标识 HTTP 的专有字段，如图 1-6 所示。

不过 HTTP 头特征明显，可以很容易地识别出来。

HTTP1.1 头总是为 [METHOD] [URL] HTTP/1.1\r\n。其中 METHOD 有 HEAD/GET/POST/PUT/DELETE/TRACE/OPTIONS/PATCH/CONNECT 等，每个方法的具体说明可以参考 RFC 2616，此处不再赘述。

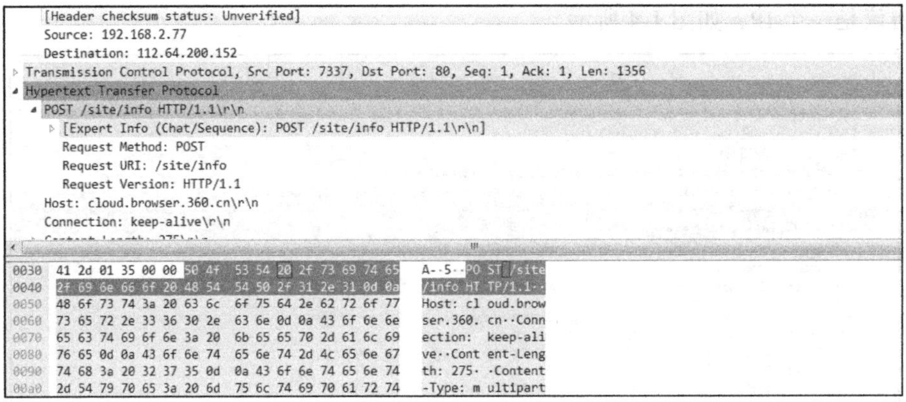

```
    [Header checksum status: Unverified]
    Source: 192.168.2.77
    Destination: 112.64.200.152
▷ Transmission Control Protocol, Src Port: 7337, Dst Port: 80, Seq: 1, Ack: 1, Len: 1356
◢ Hypertext Transfer Protocol
  ◢ POST /site/info HTTP/1.1\r\n
    ▷ [Expert Info (Chat/Sequence): POST /site/info HTTP/1.1\r\n]
      Request Method: POST
      Request URI: /site/info
      Request Version: HTTP/1.1
    Host: cloud.browser.360.cn\r\n
    Connection: keep-alive\r\n

0030  41 2d 01 35 00 00 50 4f  53 54 20 2f 73 69 74 65   A-·5··PO ST /site
0040  2f 69 6e 66 6f 20 48 54  54 50 2f 31 2e 31 0d 0a   /info HT TP/1.1··
0050  48 6f 73 74 3a 20 63 6c  6f 75 64 2e 62 72 6f 77   Host: cl oud.brow
0060  73 65 72 2e 33 36 30 2e  63 6e 0d 0a 43 6f 6e 6e   ser.360. cn··Conn
0070  65 63 74 69 6f 6e 3a 20  6b 65 65 70 2d 61 6c 69   ection:  keep-ali
0080  76 65 0d 0a 43 6f 6e 74  65 6e 74 2d 4c 65 6e 67   ve··Cont ent-Leng
0090  74 68 3a 20 32 37 35 0d  0a 43 6f 6e 74 65 6e 74   th: 275· ·Content
00a0  2d 54 79 70 65 3a 20 6d  75 6c 74 69 70 61 72 74   -Type: m ultipart
```

图 1-6 HTTP

TCP 是 C/S 结构，流还原时最重要的概念是四元组，即客户端 IP、客户端端口、服务端 IP、服务端端口。TCP 是流传输的，支持全双工。一个四元组确定一条流一组双向通信。捕获到 TCP 流之后再按照 TCP 的 seq 序号将其安装顺序组装成 TCP 流即完成 TCP 流还原。

如果使用C语言开发，推荐使用libndis（Library Network Intusion Detection System）。libndis 是基于 libpcap 抓包的一个网络入侵检测系统 C 库。其支持 TCP 流还原，大致调用流程类似于 libpcap，自带例子里有多种使用场景。这里只简单介绍 TCP 流还原的基础。

在完成 libnids 初始化之后，使用 nids_register_tcp 注册一个 TCP 捕获的回调函数，其函数原型为：

```
# 接受一个回调函数为参数
void nids_register_tcp (void (*)) ;

# 回调函数原型
#ns 为 TCP 流结构
#param 可以用来指向某些临时数据
void callback (struct tcp_stream *ns, void **param)
```

根据 ns->nids_state 标记了 TCP 流的建立连接、传输数据、断开等多个状态。在数据状态为 NIDS_DATA 时，ns->client.count_new 值为 0，表示服务端发送数据，值为非 0，表示客户端发送数据。TCP 流还原步骤简单总结如下：

- 接收到 TCP 流后建立连接状态 NIDS_JUST_EST，创建四元组 hash 缓存。
- 接收到 TCP 数据 NIDS_DATA，将数据按照四元组 hash 缓存，并重复此过程，直到接收到其他状态。
- 接收到其他状态，取出指定四元组数据即为一组完整 TCP 流。

1.2.2 HTTP

在上面我们得到了还原好的 TCP 流，接下来需要将 TCP 流解析成 HTTP。

这里推荐使用 http_parser。http-parser 是 Node.js 使用的 HTTP 解析 C 库[㊀]，用户数量巨大，代码质量和效率经得住考验。 如果使用 C 调用，核心方式也是回调函数。将得到的 TCP 流数据传递给 http_parser_execute 函数，在 http_parser_settings 的回调函数中即可得到 header、url、body 等 HTTP 字段内容。

使用 http_parser_execute 所需要传输的数据就是上面 NIDS_DATA 中捕获到的 TCP 数据。

在使用 http_parser 进行 HTTP 解析时，可以先进行简单的 HTTP 过滤，例如，可以先用接收到的第一份客户端请求数据来判断是否是 [METHOD] [URL] HTTP/1.1\r\n 形式。

1.2.3 使用 packetbeat 抓取网络流量

1.1 节中，我们介绍了 scapy 和 gopacket，这一节中我们介绍 gopacket 的成品软件 packetbeat。packetbeat 是 Elastic 公司 ELK Stack 里的重要组成成员，是 Beats 系列[㊁]软件中的抓包软件。使用此开源软件配合 ELK 可以快速实现 Web 流量可视化，同时 packetbeat 也更适用于云环境无法对流量进行镜像的情况。

1. 下载安装 packetbeat

在官方网站下载并安装：

```
curl -L -O https://artifacts.elastic.co/downloads/beats/packetbeat/
packetbeat-7.4.0-linux-x86_64.tar.gz
tar xzvf packetbeat-7.4.0-linux-x86_64.tar.gz
```

Linux 环境中推荐使用 CentOS 7 以上版本。

2. 配置 packetbeat

解压之后的目录下有默认的配置文件 packetbeat.yml，关键字段说明如下。

抓包网卡名称，any 表示抓取全部，示例如下：

```
packetbeat.interfaces.device: any
```

抓包 snaplen 长度，在没有巨帧的情况下用默认值即可，示例如下：

```
packetbeat.interfaces.snaplen: 1514
```

抓包类型 pcap/af_packet,af_packet 模式更为高效，建议按如下方式使用：

㊀ 大多数语言都支持调用 C 库，http_parser 可以被 Node.js 调用，也可以封装成 Python 扩展包。

㊁ Beats 系列软件是使用 Go 开发的全品类收集器，可以用于所有数据类型，以性能高和数据类型全著称。

```
packetbeat.interfaces.type: af_packet
```

抓包时使用的内存缓存区大小，根据流量大小情况调整，示例如下：

```
packetbeat.interfaces.buffer_size_mb: 100
```

抓包协议和端口，协议填写 http，端口根据实际情况填写，示例如下：

```
packetbeat.protocols:
- type: http
  ports: [80, 8080, 8081, 5000, 8002]
```

输出：

```
output.XXX
```

详细配置请查看官方文档 https://www.elastic.co/guide/en/beats/packetbeat/master/configuring-howto-packetbeat.html。

packetbeat 支持多种输出目标，包括 Elasticsearch/Logstash/kafka/Redis/File/Console/Cloud，根据实际情况进行配置。其中输出到 Elasticsearch 中时需要配置 Kibana，packetbeat 会自动创建可视化的指标。

3. 启动程序

packetbeat 运行需要使用 root 权限，示例如下：

```
sudo ./packetbeat -e
```

1.2.4　其他方案

理论上讲，任何一种 NIDS 都应当具备流还原的能力，如 Bro、Snort、Suricata 等。研究这些开源项目可以较快速地得到想要的 Web 流量抓取方案。

1.2.5　一些常见问题

下面总结了抓取 Web 流量时遇到的一些常见问题，希望对读者有所裨益。

1. gzip/zlib/deflate 压缩编码

抓包时首先解析 header 中的 Content-Encoding, 根据内容进行解压缩。注意解压缩后的数据如果依然要通过 json 等明文协议进行传输，建议使用 Base64 编码。

2. 标准头和自定义头

Web 网络流量来自互联网，HTTP 头部数据多种多样，而且 HTTP 允许自定义头，有一些约定俗成的非标准头正被使用。关于标准头和常见自定义头请参考 https://en.wikipedia.

org/wiki/List_of_HTTP_header_fields。众多的 HTTP 头会导致在存储和分析时增加不必要的麻烦，特别是像 Elasticsearch 等文档数据库，字段的数量对性能有很大影响，这里建议在程序中保留标准头部和常用头部，将其他头部合并到一个字段中。

3. 转义

packetbeat 会将抓取到的数据序列化为 JSON 并发送给 output，而在 JSON 序列化过程中，为了防止 JSON 内容以 HTML 的方式输出时转义而造成 XSS 漏洞，会默认将 &、<、> 进行转义。其他语言中也有类似的情况，转义后的内容可能对我们的分析造成不便。

如果需要，可以修改 JSON 序列化函数，或者在分析前将转义还原。

4. 消息体的大小和存储

我们收集的 Web 流量总是要进行传输、存储之后才能进行分析。常见的 Kafka 消息队列默认接受 1MB 以内的消息体，超过的消息将会被丢弃。如果发现大的请求无法获取到，可能是被消息中间件丢弃了。可以在消息体压缩和修改消息队列最大消息体之间做一个平衡。此外，对于网络安全分析人员来说，对于占请求量较大的静态文件，可以直接丢弃响应体。过滤方式是可以先过滤 URL 中的扩展名，再过滤 header 中的 Content-Type。如果使用 packetbeat，则可以使用 processors 机制来进行过滤。

5. SSL 证书卸载

大多数抓包软件无法直接解析 HTTPS，在理论上只有使用 RSA 交换密钥的方式才可以通过旁路流量解析，而 Diffie-Hellman 方式无法解析。所以应当在网络设备，如 F5 或者应用 nginx 卸载证书之后再进行抓包。

6. HTTP chunk

有时候，Web 服务器生成 HTTP Response 是无法在 Header 中就确定消息大小的，这时服务器一般将不会提供 Content-Length 的头信息，而是采用 Chunked 编码动态地提供 body 内容的长度。

7. 监控丢包（流）率

有抓包总会有丢包，丢包率比较好统计。一个 TCP 流中，丢失一个包可能会导致一条流的还原失败。从镜像流量到网卡抓包，再到消息传输过程，都可能造成丢包。要解决这一问题，一个简单的方案是编写模拟程序，周期性地以固定频率请求某特定网站，加入特殊标记，例如自定义特殊 UserAgent；在抓包之后统计抓到的数量，进行抽样，就得到了整体的丢包（流）率。

1.3 其他流量收集方式

除了前文所述的流量收集方式外，不得不提一下三个重要工具：tcpdump、Wireshark 以及其附属工具 tshark。此三款工具为网络工程师诊断网络与优化网络的必备工具，同样，安全工程师也离不开网络分析，因此有必要对这三个工具进行使用说明。

1.3.1 tcpdump

tcpdump 是一款非常优秀的开源抓包程序，适合在没有图形界面的 Linux 服务器中使用，通过 -w 参数，将数据包保存成文件，再使用数据包分析工具对文件进行分析。tcpdump 的完整命令格式如下：

```
tcpdump[-AbdDefhHIJKlLnNOpqStuUvxX#][-Bbuffer_size]
[-ccount][-Cfile_size]
[-Espi@ipaddralgo:secret,...]
[-Ffile][-Grotate_seconds][-iinterface]
[--immediate-mode][-jtstamp_type][-mmodule]
[-Msecret][--number][--print][-Qin|out|inout]
[-rfile][-ssnaplen][-Ttype][--version]
[-Vfile][-wfile][-Wfilecount][-ydatalinktype]
[-zpostrotate-command][-Zuser]
[--time-stamp-precision=tstamp_precision]
[expression]
```

我们简单介绍一些常用参数与表达式。

常用参数如下：

- -i：网卡名，最常用参数，标明要使用哪块网卡抓包，也可以使用 -i any 抓取全部网卡流量。
- -s：数字，表示要抓取数据包的大小，数字最高为 262 144，也可以 -s 0 表示不限制长度。
- -n 或 -nn：直接显示 IP 与端口，不进行反向解析，速度更快。
- -v、-vv、-vvv：输出详细度以此递增。
- -D：列出可以抓包的接口。
- -w：文件名，将捕获的数据包保存为文件名。
- -c：数字，捕获多少个数据包。
- -C：数字，捕获指定数据包大小后停止捕获。

表达式用于设置过滤条件，抓取特定的数据包，由以下一个或多个类型构成：

- 类型：包括 host、net、port、portrange。
- 方向：包括 src、dst、src or dst、src and dst 等。
- 协议：包括 ip、tcp、udp、ether、arp 等。

除以上关键字外，还可以使用 less、greater、gateway 以及连接词 and、or、not。

tcpdump 的常用命令介绍如下。

抓取 IP 为 192.168.1.99，并且非端口为 22 的数据包，示例如下：

```
tcpdump  -i any host 192.168.1.99 and not port 22
```

抓取目的网络为非 192.168.1.0 的数据包，并不解析端口与域名，示例如下：

```
tcpdump not net 192.168.1.0/24  -i  any  -nn
```

抓一个目的地址为 202.100.1.1 的 icmp 包，示例如下：

```
tcpdump -i any icmp -c 1 and dst host 202.100.1.1
```

抓取 192.168.1.5 主动外连的 TCP 包并保存为 test.cap(用于检测木马外连)，示例如下：

```
tcpdump -i any 'tcp[tcp°ags]&(tcp-syn)!=0' and src 192.168.1.5 -w test.cap
```

以上是一些常用的 tcpdump 语句，如果想要了解更多 tcpdump 的使用方法，可以参考官方文档 https://www.tcpdump.org/manpages/tcpdump.1.html。

1.3.2 Wireshark

Wireshark 是一款非常优秀的开源数据包抓取与分析软件。几乎应该是每个 IT 人员必备的工具之一。下载安装后打开 Wireshark 并运行后，出现的界面如图 1-7 所示。

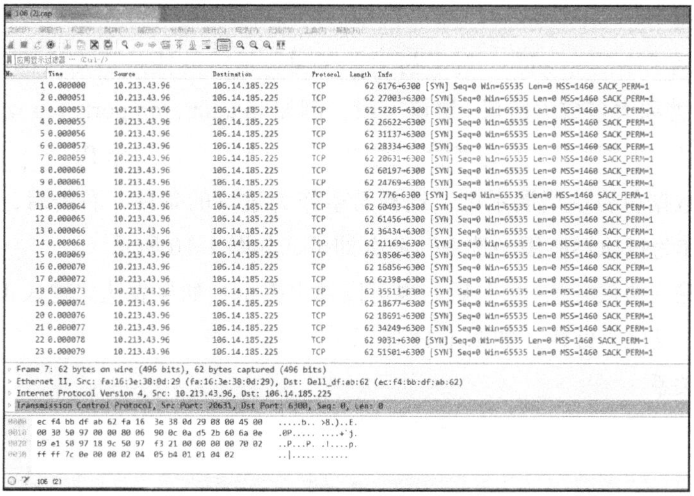

图 1-7　Wireshark 主界面

从上至下依次为菜单栏、主工具栏、过滤器工具栏、数据包栏、数据包协议层展示区及原始数据包。这里主要介绍一下过滤器工具及统计功能。

1. Wireshark过滤器工具

过滤器分为捕获过滤器和显示过滤器，前者与tcpdump表达式功能类似，在抓包时用于更加精确地捕获特定的数据包，后者是在显示的时候将符合条件的数据包显示出来。不过两者语法是通用的，如图1-8和图1-9所示。

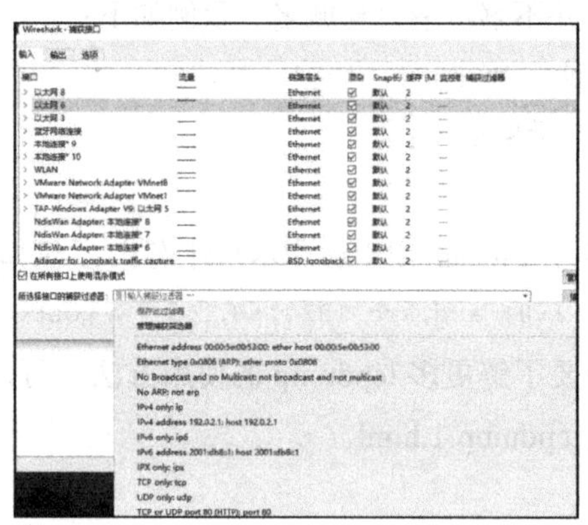

图1-8　抓包时使用捕获过滤器

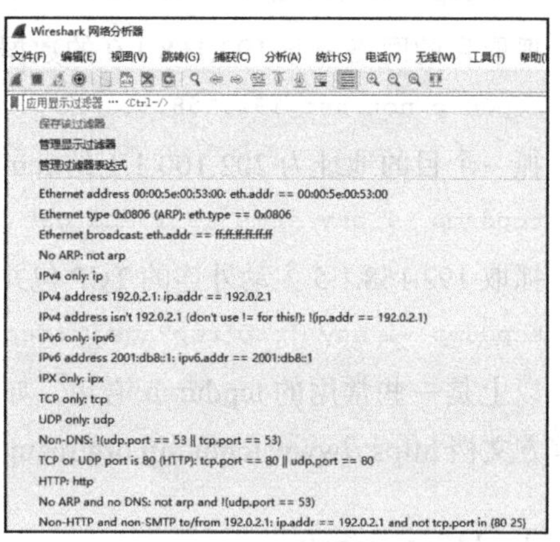

图1-9　显示时使用显示过滤器，也可以直接输入过滤表达式

过滤表达式由过滤项、过滤关系、过滤值三项组成，例如ip.addr == 192.168.1.1。

（1）过滤项

过滤项即例子中的ip.addr，对于初学者来说，最难的便是不知道都有哪些过滤项。Wireshark的过滤项大多数为协议.协议字段，例如ip.addr、tcp.port、tcp.window_size等，也有少许为协议.协议字段.扩充字段，例如arp.src.hw_mac、tcp.flags.syn等。如果不会写，可以进入数据包协议层展示区，选择希望作为过滤的条件，右击后，在弹出的快捷菜单中选择“作为过滤器应用→选中”命令即可，如图1-10所示。

当然，在输入协议并加“.”后，也可以弹出提示，如果表达式输入正确，整个过滤器会变成绿色，反之为红色，如图1-11所示。

（2）过滤关系

过滤关系就是大于、小于、等于等几种等式关系，可以直接看查官方表格，如图1-12所示。

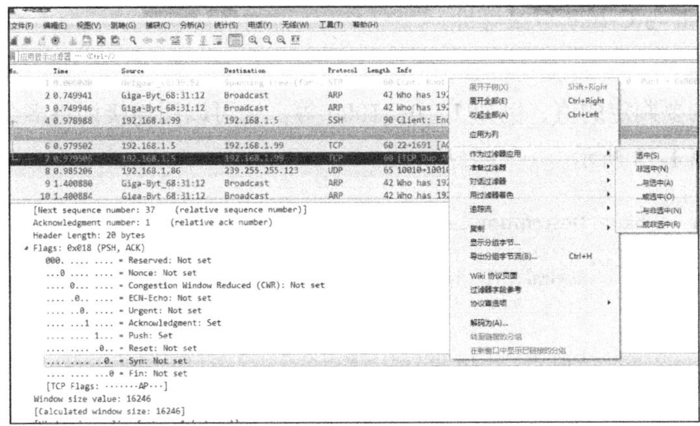

图 1-10 使用过滤器

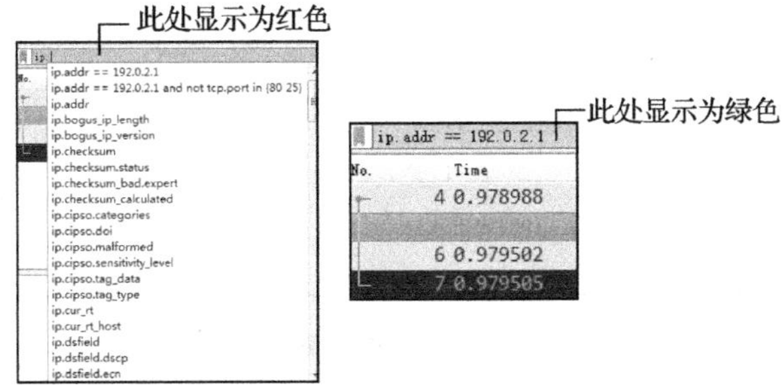

图 1-11 错误或不完全（左）与正确（右）的过滤器提示

English	C-like	Description and example
eq	==	Equal. `ip.src==10.0.0.5`
ne	!=	Not equal. `ip.src!=10.0.0.5`
gt	>	Greater than. `frame.len > 10`
lt	<	Less than. `frame.len < 128`
ge	>=	Greater than or equal to. `frame.len ge 0x100`
le	<=	Less than or equal to. `frame.len <= 0x20`
contains		Protocol, field or slice contains a value. `sip.To contains "a1762"`
matches	~	Protocol or text field match Perl regualar expression. `http.host matches "acme\.(org|com|net)"`
bitwise_and	&	Compare bit field value. `tcp.flags & 0x02`

图 1-12 过滤关系

这里 English 与 C-like 写法等价。

（3）过滤值

过滤值即为要判定的值，例如 1，0，1000 等。也可以用连接词将多个表达式组合使用，连接词如图 1-13 所示。

English	C-like	Description and example
and	&&	Logical AND. `ip.src==10.0.0.5 and tcp.flags.fin`
or	||	Logical OR. `ip.scr==10.0.0.5 or ip.src==192.1.1.1`
xor	^^	Logical XOR. `tr.dst[0:3] == 0.6.29 xor tr.src[0:3] == 0.6.29`
not	!	Logical NOT. `not llc`
[...]		See "Slice Operator" below.
in		See "Membership Operator" below.

图 1-13　连接词

另外，新手容易犯的一个错误是连接词使用不当，例如当显示 IP 地址为 192.168.1.99 时，可以写为 ip.addr == 192.168.1.99，这是没有问题的，但是如果希望 IP 地址不是 192.168.1.99 时，有可能写 ip.addr !=192.168.1.99，这样写是有问题的，原因是对 Wireshark 而言，会将这个表达式理解为：数据包有 ip.addr 这个字段，其值与 192.168.1.99 不同。由于 IP 数据包包含源地址与目的地址，因此只要两个地址中的一个与 192.168.1.99 不同，表达式便成立了。示例如图 1-14 所示。

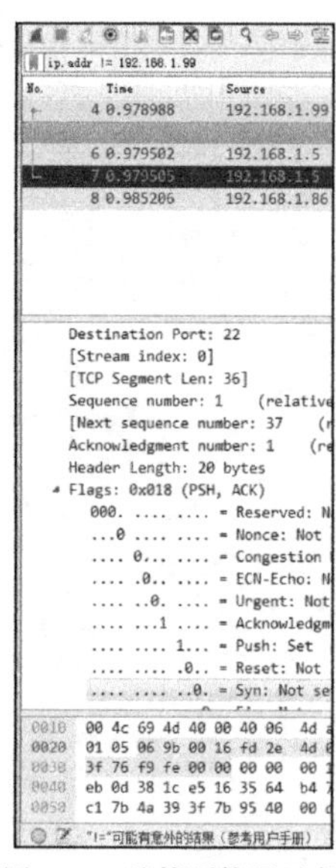

图 1-14　连接词使用不当

过滤器显示为黄色，且状态栏中有意外结果的提醒。

因此，正确的写法应该是!（ip.addr==192.168.1.99），示例如图 1-15 所示。

另外，可以单击显示过滤器右边的“表达式”按钮，所有过滤项、过滤关系都可以显示出来，如图 1-16 所示。

!(ip.addr == 192.168.1.99)

No.	Time	Source	Destination
1	0.000000	Netgear_c6:39:92	Spanning-tr
2	0.749941	Giga-Byt_68:31:12	Broadcast
3	0.749946	Giga-Byt_68:31:12	Broadcast
8	0.985206	192.168.1.86	239.255.255
9	1.400880	Giga-Byt_68:31:12	Broadcast
10	1.400884	Giga-Byt_68:31:12	Broadcast
11	1.999999	Netgear_c6:39:92	Spanning-tr
12	2.400866	Giga-Byt_68:31:12	Broadcast

图 1-15　正确的语法

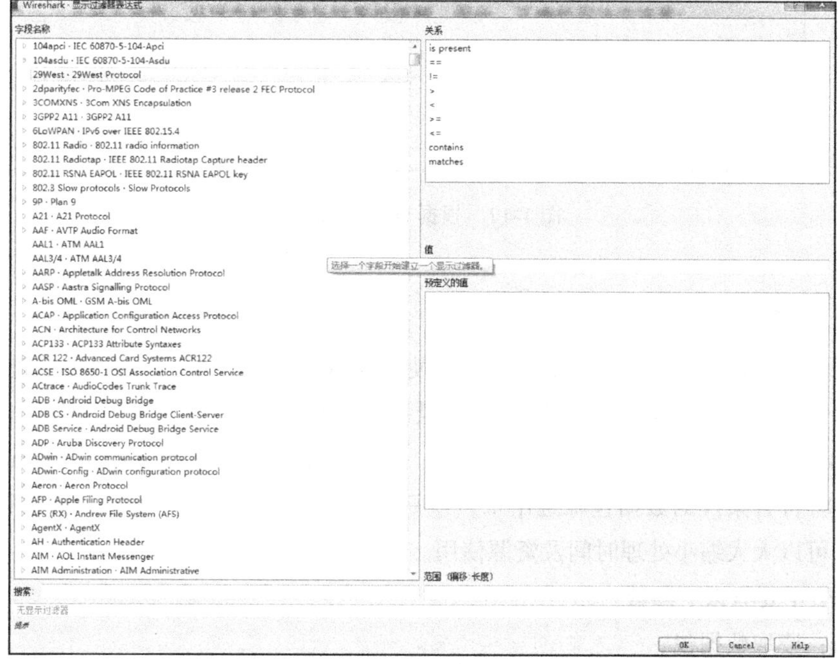

图 1-16　过滤器表达式

2. Wireshark 统计功能

Wireshark 另一个重要的功能就是其强大的统计功能，包括显示捕获数据包的总体情况，显示解析出的地址、域名、服务等信息，显示协议分布情况，以会话的视角进行统计，并可以直接对地址进行分析，可以统计哪些地址发包过多等，如图 1-17 所示。

这些统计数据都可以配合显示过滤器使用，利用好这些统计信息，可以在发生网络异常时，找到问题原因。

关于 Wireshark 的使用，笔者认为，单独出一本甚至几本书都不为过，鉴于市面上已经有非常多的关于如何使用 Wireshark 的书籍，这里就不再介绍了，读者可以参考各种图书或官方网站 https://www.wireshark.org/ 进行深入研究。

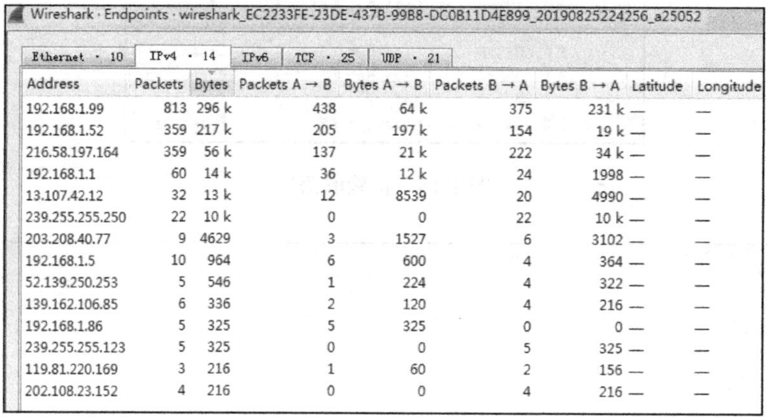

Wireshark · Endpoints · wireshark_EC2233FE-23DE-437B-99B8-DC0B11D4E899_20190825224256_a25052

Ethernet · 10　IPv4 · 14　IPv6　TCP · 25　UDP · 21

Address	Packets	Bytes	Packets A → B	Bytes A → B	Packets B → A	Bytes B → A	Latitude	Longitude
192.168.1.99	813	296 k	438	64 k	375	231 k	—	—
192.168.1.52	359	217 k	205	197 k	154	19 k	—	—
216.58.197.164	359	56 k	137	21 k	222	34 k	—	—
192.168.1.1	60	14 k	36	12 k	24	1998	—	—
13.107.42.12	32	13 k	12	8539	20	4990	—	—
239.255.255.250	22	10 k	0	0	22	10 k	—	—
203.208.40.77	9	4629	3	1527	6	3102	—	—
192.168.1.5	10	964	6	600	4	364	—	—
52.139.250.253	5	546	1	224	4	322	—	—
139.162.106.85	6	336	2	120	4	216	—	—
192.168.1.86	5	325	5	325	0	0	—	—
239.255.255.123	5	325	0	0	5	325	—	—
119.81.220.169	3	216	1	60	2	156	—	—
202.108.23.152	4	216	0	0	4	216	—	—

图 1-17　根据 IP 地址统计

1.3.3　tshark

tshark 是 Wireshark 的一个附带工具，使 Wireshark 的命令行工具也可以进行抓包、数据包分析，笔者更多地将其用于如下场景：如果得到 1GB 或者更大的数据包，使用 Wireshark 打开，必定会造成系统资源不足，此时，可以先使用 tshark（tcpdump 也有这个功能）将符合条件的数据包筛选出来，或只针对需要的字段进行输出，再进行二次处理，这样可以大大缩小处理时间及资源使用。

tshark 主要有以下参数：

- -r：读取数据包。
- -Y：设置过滤器。
- -w：保存文件。
- -T fields -e ：输出的字段名（也就是上面介绍过的过滤项）。

举例说明：

读取 aaa.pcapng 文件，保存 IP 地址为 192.168.1.52 的文件，示例如下：

```
tshark -r aaa.pcapng -Y "ip.addr==192.168.1.52" -w test.cap
```

读取 aaa.pcapng 文件，显示 IP 地址为 192.168.1.52 的目的地址及端口，示例如下：

```
tshark -r aaa.pcapng -Y "ip.addr==192.168.1.52" -T ©elds -e ip.addr
-e ip.dst -e tcp.dstport
```

效果如下：

```
192.168.1.52,192.168.1.99        192.168.1.99    1590
192.168.1.52,192.168.1.99        192.168.1.99    1590
192.168.1.52,192.168.1.99        192.168.1.99    1590
192.168.1.52,192.168.1.99        192.168.1.99    1590
192.168.1.99,192.168.1.52        192.168.1.52    22
192.168.1.99,192.168.1.52        192.168.1.52    22
192.168.1.52,192.168.1.99        192.168.1.99    1590
192.168.1.52,192.168.1.99        192.168.1.99    1590
192.168.1.52,192.168.1.99        192.168.1.99    1590
192.168.1.52,192.168.1.99        192.168.1.99    1590
192.168.1.99,192.168.1.52        192.168.1.52    22
192.168.1.99,192.168.1.52        192.168.1.52    22
192.168.1.52,192.168.1.99        192.168.1.99    1590
192.168.1.52,192.168.1.99        192.168.1.99    1590
192.168.1.52,192.168.1.99        192.168.1.99    1590
192.168.1.52,192.168.1.99        192.168.1.99    1590
192.168.1.99,192.168.1.52        192.168.1.52    22
192.168.1.99,192.168.1.52        192.168.1.52    22
192.168.1.52,192.168.1.99        192.168.1.99    1590
192.168.1.52,192.168.1.99        192.168.1.99    1590
192.168.1.52,192.168.1.99        192.168.1.99    1590
192.168.1.52,192.168.1.99        192.168.1.99    1590
```

1.4 开源网络入侵检测工具 Suricata

Suricata[⊖]是一款免费、开源、成熟、快速、健壮的网络入侵检测工具，能够进行实时入侵检测（IDS）、入侵预防（IPS）、网络安全监控（NSM）和离线 pcap 包处理。Suricata 使用强大而广泛的规则和签名来检查网络流量，并提供强大的 Lua 脚本支持来检测复杂的威胁信息。使用标准的输入和输出格式（如 YAML 和 JSON），使用现有的 SIEMs、Splunk、Logstash/Elasticsearch/Kibana 和其他数据库等工具进行集成，非常简单。Suricata 项目和代码由开放信息安全基金会（OISF）拥有和支持，OISF 是一个非营利基金会，致力于确保 Suricata 作为一个开源项目的开发和持续成功。类似工具还有著名的 SNORT，两者的规则互相兼容。

想要更好地提升抓包效率，我们不得不提到 PF_RING 技术，PF_RING 是一种新型网络套接字，能显著提高包捕获速度，并且有如下特征：

- 可以用于 Linux 2.6.32 以上的内核。
- 可以直接应用于内核，不需要给内核打补丁。
- 可以指定上百个头过滤到 BPF 中。
- 可以工作在混杂模式（经过网卡的报文全部可以被捕获到）。

其核心解决方案便是减少报文在传输过程中的拷贝次数，从而提高数据包处理效率。产品分为 Vanilla PF_RING（免费版）和使用了零拷贝技术的 PF_RING ZC（收费版）。更多内容及其工作原理，可以参其考官方网站：https://www.ntop.org/products/packet-capture/pf_ring/。

⊖ 官方网站为 https://suricata-ids.org/。

1.4.1　Suricata 安装

由于 Suricata 是开源软件，使用方法都靠自己摸索，笔者也是经过很多实验才了解应用方法，下面就先介绍 Suricata（standard 模式）如何安装。

1）更新系统内核：

```
yum install kernel-devel
```

2）安装必需的 rpm 包：

```
yum install pcre pcre-devel libyaml libyaml-devel ©le-devel lz4-devel
jansson-devel cargo deltarpm
yum install gperftools jemalloc jemalloc-devel
```

3）下载 PF_RING 安装包并编译内核模块：

```
git clone https://github.com/ntop/PF_RING.git
cd PF_RING/kernel/
make
make install
cd ../userland
make
make install
```

4）加载模块。首先看一下 pf_ring.ko 的位置，命令如下：

```
find / -name pf_ring.ko
```

结果如下：

```
[root@agent userland]# find / -name pf_ring.ko
/root/PF_RING/kernel/pf_ring.ko
/usr/lib/modules/3.10.0-957.el7.x86_64/kernel/net/pf_ring/pf_ring.ko
```

笔者的目录是 /usr/lib/modules/1.10.0-957.el7.x86_64/kernel/net/pf_ring/pf_ring.ko。

使用 insmod 命令加载这个模块：

```
insmod /usr/lib/modules/1.10.0-957.el7.x86_64/kernel/net/pf_ring/pf_ring.ko
```

5）设置开机自动加载模块：

```
modprobe pf_ring（同时写入 /etc/rc.local）
```

此时可以使用 lsmod 查看是否加载成功：

```
[root@agent userland]# lsmod |grep pf_ring
pf_ring              1246667  0
```

6）连接系统相关的 lib 包：

```
ln -s /usr/local/lib/libpfring* /usr/lib64/
ldconfig
```

这里需要说明一下，standard 模式中是不需要卸载网卡驱动的。只有在高级的 ZC 模式下，才需要卸载网卡驱动，加载 PF_RING 编译后的网卡驱动。

7）下载 Suricata 安装包并编译（以 4.1.2 为例）：

```
wget https://www.openinfosecfoundation.org/download/suricata-4.1.2.tar.gz
tar zxvf suricata-4.1.2.tar.gz
./configure --prefix=/usr/local/suricata --enable-suricata-update --enable
-pfring
--with-libpfring-includes=/usr/include --with-libpfring-libraries=/
usr/lib64/
make
make install
make install-conf
```

Suricata 主要文件夹简介：

- bin：可执行文件。
- etc：配置文件、参考文件、阈值设置等。
- share：规则文件。
- var：包含 suircata 的日志文件。

1.4.2 Suricata suricata.yaml 配置介绍

suricata.yaml 主要有 5 部分：

- 网络配置：包括配置监控网络、内 / 外部网络、定义端口 / 端口组等。这里除了 HOME_NET 要设置成实际网络外，其余采用默认配置即可。
- 输出配置：包括各种 log 的输出，输出到 redis 设置等 。
- 通用抓包设置：例如设置抓包网卡，指定 bpf 过滤器等。
- 应用层协议配置：配置应用层的一些参数。
- 高级配置：配置运行用户、用户组、内存使用、规则位置、规则加载、报警阈值等高级配置，如果使用了 PF_RING 技术，那么在这里配置网卡。

我们先注释掉下方所有系统默认规则，先使用自定义规则进行测试。注意，这里默认规则的路径是 /usr/local/suricata/etc/suricata/rules。我们新建一条 local.rules 文件，内容如下：

```
alert http any any -> any any (msg:"testrule";content:"test.php"; http_uri; sid:99999;)
```

并在 suricata.yaml 文件中加载如下规则：

```
default-rule-path: /usr/local/suricata/etc/suricata/rules

rule-files:
  - local.rules
# - botcc.rules
# - botcc.portgrouped.rules
# - ciarmy.rules
# - compromised.rules
# - drop.rules
```

1. 启动服务

要启动服务，输入如下命令：

```
cd /usr/local/suricata
LD_PRELOAD="/usr/lib64/libtcmalloc.so" ./bin/suricata --pfring -c /usr/
local/suricata/etc/suricata/suricata.yaml
```

可以看到启动成功，没有报错或者告警信息：

```
[root@agent suricata]# LD_PRELOAD="/usr/lib64/libtcmalloc.so" ./bin/suricata --pfring -c /usr/local/suricata/etc/suricata/suricata.yaml
24/8/2019 -- 10:55:38 - <Notice> - This is Suricata version 4.1.2 RELEASE
24/8/2019 -- 10:55:38 - <Notice> - all 2 packet processing threads, 4 management threads initialized, engine started.
```

此时如访问 http://192.168.1.52/test.php，fast.log 便会显示告警信息：

```
[root@agent suricata]# tail -f fast.log
08/24/2019-10:55:51.448150  [**] [1:99999:0] testrule [**] [Classification: (null)] [Priority: 3] {TCP} 192.168.1.99:3582 -> 192.168.1.52:80
08/24/2019-10:55:51.432899  [**] [1:99999:0] testrule [**] [Classification: (null)] [Priority: 3] {TCP} 192.168.1.99:3581 -> 192.168.1.52:80
08/24/2019-10:55:51.445292  [**] [1:99999:0] testrule [**] [Classification: (null)] [Priority: 3] {TCP} 192.168.1.99:3581 -> 192.168.1.52:80
```

说明 suricata+pf_ring 安装成功！

2. Suricata 规则

规则对于 Suricata 是非常重要的功能，下面我们简单介绍一下 Suricata 的规则，一条完整的规则由以下部分组成：

- 行为（action）：规则匹配时的行为，有 pass、drop、reject、alert 4 种 。
- 协议：包括 4 ～ 7 层协议。
- 方向与端口：包括源地址、源端口与目的地址、目的端口及方向。-> 表示单向，<> 表示双向。
- 具体规则：定义了规则的细节、规则的主要部分。
- 其他：包括定义规则 id、参考、版本及分组等。

一条完整的规则示例如下：

```
Drop tcp $HOME_NET any -> $EXTERNAL_NET any (msg:"ET TROJAN Likely Bot
Nick in IRC (USA +..)"; flow:established,to_server; flowbits:isset,is_proto_
irc; content:"NICK"; pcre:"/NICK .*USA.*[0-9]{3,}/i"; reference:url,doc.
emergingthreats.net/2008124; classtype:trojan-activity; sid:2008124; rev:2;)
```

下面介绍具体规则中一些常见的主要参数。

元关键字：

- msg：自定义的规则名字、标识规则。
- sid：规则 id 。
- gid：规则分类 id。
- classtype：标记规则分类 。

❑ reference：标记相关参考文献 。

IP 关键字：

❑ ttl：检测 ttl。

❑ sameip：检测源地址与目的地址是否一致。例如：

```
alert ip any any -> any any (msg:"GPL SCAN same SRC/DST"; sameip;
reference:bugtraq,2666; reference:cve,1999-0016; reference:url,www.cert.
org/advisories/CA-1997-28.html; classtype:bad-unknown; sid:2100527; rev:9;)
```

❑ fragbits：检测分片位，M 为分片，D 为不分片，R 为保留位，例如检测分片：

```
fragbits: M
```

❑ Mfragoffset：检测分片偏移量。可以使用 <、> 或者！表明小于、大于或不存在指定数值，例如，检测有分片，且偏移量大于 0，如下所示。

```
fragbits: M; fragoffset: >0
```

TCP 关键字：

❑ seq：检测 TCP 序列号。

❑ ack：检测 ack 序列号。

❑ window：检测 TCP 窗口大小。

Payload 关键字：

❑ content：检测数据包里包含的关键字，同时支持十六进制表示方法，例如，字母 a 可以用 |61| 表示；“:”可以用 |3A| 表示。另外，以下三个字符必须被转义：“;”“\”“"”。

❑ nocase：不区分大小写。

❑ depth：后面的数字表示检查数据包开头的字节数，如图 1-18 所示。

❑ offset：后面的数字表示检查数据包之后的字节数，如图 1-19 所示。

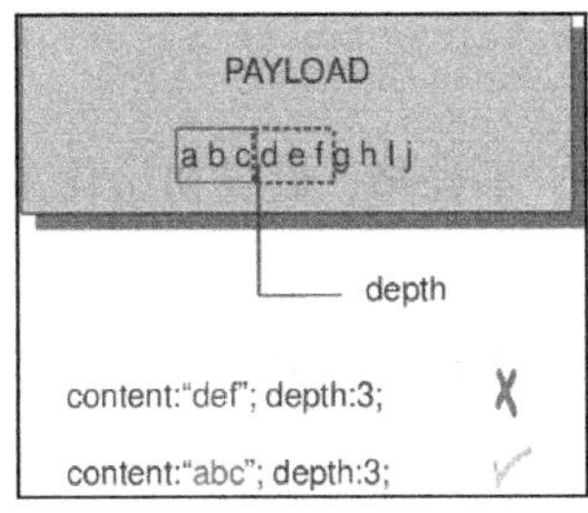

图 1-18　depth 关键字示意

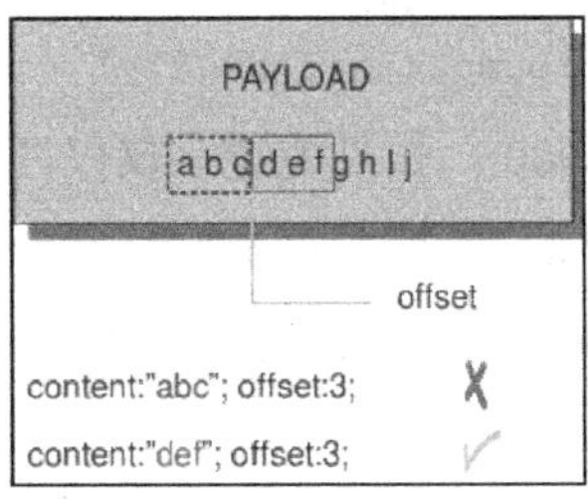

图 1-19　offset 关键字示意

- ❑ distance：检测两个关键字之间相距的字节数，如图 1-20 所示。
- ❑ pcre：Perl 语言兼容的正则表达式，格式为 pcre:"/<regex>/opts"。

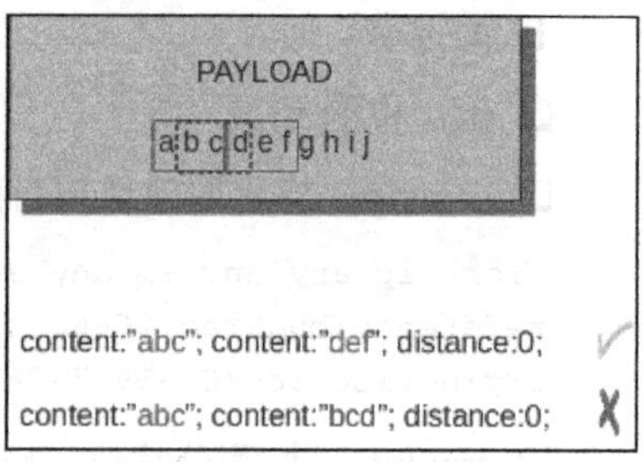

图 1-20　distance 关键字示意

flowbits 关键字：

- ❑ flowbits：由两部分组成，第一部分表明执行的操作，第二部分是这个 flowbit 的名字。如果有多个数据包属于一个流，Suricata 会将这些流量保存在内存中（可以通过 suricata.yaml 文件配置内存大小）。

可用的操作为：

- ❑ flowbits:set,name：设置初始条件。
- ❑ flowbits:isset,name：符合初始条件，则进行告警。
- ❑ flowbits:unset,name：取消设置条件。
- ❑ flowbits: toggle,name：逆置条件。
- ❑ flowbits:isnotset,name：如果未设置条件，则进行告警。
- ❑ flowbits:noalert：不进行告警。

其实，进行 flowbits 设置的主要目的是提高告警效率。例如，如果一个数据包里边有两个特征关键字 key1 与 key2（也可以为其他条件），可以先使用"flowbits:set,name,"匹配 key1 关键字，然后在匹配 key1 的基础上再使用"flowbits:isset,name"；匹配 key2 这个关键字，如果匹配再进行告警，否则如果连第一阶段的 key1 都不满足，那就不用再去匹配 key2 了，这样可以大大提高数据包的处理效率。这本质上是用了内存换取时间的方式。我们来看实际的例子：

```
alert tcp any any -> any any (msg:"test°owrule1";content:"step1";°owbits:
set,°owtest;°owbits: noalert;sid:10000;)
alert tcp any any -> any any (msg:"test°owrule1";°owbits:isset,°owtest;
content:"step2";sid:10001;)
```

- ❑ sid 10000：如果关键字仅仅匹配到了 step1，不告警，设置初始化条件，名字为 flowtest，进行进一步匹配。
- ❑ sid 10001：在匹配了 step1 的情况下，又匹配到数据流中有 step2 关键字即告警，如下所示。

```
root@kali-hacker:~# hping3 192.168.1.52 -e "step1step3"   -q
HPING 192.168.1.52 (eth0 192.168.1.52): NO FLAGS are set, 40 headers + 10 data bytes
[main] memlockall(): Operation not supported
Warning: can't disable memory paging!
^C
--- 192.168.1.52 hping statistic ---
2 packets transmitted, 2 packets received, 0% packet loss
round-trip min/avg/max = 8.0/12.0/15.9 ms
root@kali-hacker:~# hping3 192.168.1.52 -e "step1step2"   -q
HPING 192.168.1.52 (eth0 192.168.1.52): NO FLAGS are set, 40 headers + 10 data bytes
[main] memlockall(): Operation not supported
Warning: can't disable memory paging!
^C
--- 192.168.1.52 hping statistic ---
1 packets transmitted, 1 packets received, 0% packet loss
round-trip min/avg/max = 7.9/7.9/7.9 ms
root@kali-hacker:~# hping3 192.168.1.52 -e "step3step2"   -q
HPING 192.168.1.52 (eth0 192.168.1.52): NO FLAGS are set, 40 headers + 10 data bytes
[main] memlockall(): Operation not supported
Warning: can't disable memory paging!
^C
--- 192.168.1.52 hping statistic ---
1 packets transmitted, 1 packets received, 0% packet loss
round-trip min/avg/max = 7.4/7.4/7.4 ms
```

在上面的代码中分别发送了三次数据，因为第一次发送的step1step3和第三次发送的step3step2不符合规则，均不会产生告警，只有第二次发送的step1step2符合规则，会产生告警：

```
08/24/2019-21:27:46.420960  [**] [1:10001:0] testflowrule1 [**] [Classification: (null)] [Priority: 3] {TCP} 192.168.1.5:1986 -> 192.168.1.52:0
```

flow关键字：

标明数据流方向，可以有以下选项之一，或组合使用：to_client、to_server、from_client、form_server、established、not_established、only_frag，例如flow:to_client、flow:to_server或established。

HTTP关键字：

- http_method：检测HTTP方法，例如POST、GET、HEAD等。
- http_uri and http_raw_uri：检测HTTP中的uri信息。
- http_cookie：检测HTTP中的cookie信息。
- http_stat_code：检测HTTP状态码信息。

由于Surcicata关键字众多，本书无法一一介绍，如果想更加深入地了解，建议学习TCP/IP，了解数据包结构，这样可以更好地利用Suricata的关键字，设置更加精确的告警，更多关键字介绍可以参考官方文档https://suricata.readthedocs.io/en/suricata-4.1.4/rules/index.html。

3. Suricata 文件捕获

Suricata 有一个很重要的功能，就是从流量中对文件进行捕获。启用这个功能，需要开启文件保存功能，并进行相关配置。注意，这里可能会有两个地方都有 -file-store，要选择最后那个，如下所示：

```
- file-store:
    enabled: yes       # set to yes to enable
    log-dir: files    # directory to store the files
    force-magic: no   # force logging magic on all stored files
    # force logging of checksums, available hash functions are md5,
    # sha1 and sha256
    force-hash: [md5]
    force-filestore: no # force storing of all files
    # override global stream-depth for sessions in which we want to
    # perform file extraction. Set to 0 for unlimited.
    #stream-depth: 0
    #waldo: file.waldo # waldo file to store the file_id across runs
    # uncomment to disable meta file writing
    #write-meta: no
    # uncomment the following variable to define how many files can
    # remain open for filestore by Suricata. Default value is 0 which
```

再建立一条规则：

```
alert http any any -> any any (msg:"test©lestore"; ©leext:"txt";©lestore;sid:99999;)
```

这时，如果有 txt 文件被访问，文件就会被记录下来：

```
[root@agent files]# ls
file.1  file.1.meta
[root@agent files]# more file.1
aaaaa
[root@agent files]# pwd
/usr/local/suricata/var/log/suricata/files
[root@agent files]# 
```

4. Suricata 日志

Suricata 日志功能包括：

- fast.log：记录了流量中匹配到签名的告警信息，包括时间、五元组信息、告警 id、告警信息。
- eve.json：记录了告警信息、流信息、协议解析的信息（例如 HTTP、DNS 等），以及攻击的 payload 等。

5. Suricata 规则更新管理

Suricata 更新规则可以使用两个工具进行：suricata-update 以及 Oinkmaster，这里主要介绍 suricata-update 如何使用。默认情况下 Suricata 4.1 以上版本都会自带 suricata-update 工具，如果安装后没有该工具，可以使用 pip install --upgrade suricata-update 进行

安装，安装完成后，将 suricata-update 文件复制到 Suricata 的 bin 目录下：

```
[root@agent bin]# pwd
/usr/local/suricata/bin
[root@agent bin]# ls
suricata  suricatactl  suricatasc  suricata-update
```

此时，执行一次 suricata-update：

```
[root@agent bin]# ./suricata-update
2/9/2019 -- 22:15:38 - <Info> -- Using data-directory /usr/local/suricata/var/lib/suricata.
2/9/2019 -- 22:15:38 - <Info> -- Using Suricata configuration /usr/local/suricata/etc/suricata/suricata.yaml
2/9/2019 -- 22:15:38 - <Info> -- Using /usr/local/suricata/etc/suricata/rules for Suricata provided rules.
2/9/2019 -- 22:15:38 - <Info> -- Found Suricata version 4.1.2 at ./suricata.
2/9/2019 -- 22:15:38 - <Info> -- Loading /usr/local/suricata/etc/suricata/suricata.yaml
2/9/2019 -- 22:15:38 - <Info> -- Disabling rules with proto dhcp
2/9/2019 -- 22:15:38 - <Info> -- Disabling rules with proto tftp
2/9/2019 -- 22:15:38 - <Info> -- Disabling rules with proto krb5
2/9/2019 -- 22:15:38 - <Info> -- Disabling rules with proto ntp
2/9/2019 -- 22:15:38 - <Info> -- Disabling rules with proto modbus
2/9/2019 -- 22:15:38 - <Info> -- Disabling rules with proto enip
2/9/2019 -- 22:15:38 - <Info> -- Disabling rules with proto dnp3
2/9/2019 -- 22:15:38 - <Info> -- Disabling rules with proto nfs
2/9/2019 -- 22:15:38 - <Info> -- No sources configured, will use Emerging Threats Open
2/9/2019 -- 22:15:38 - <Info> -- Fetching https://rules.emergingthreats.net/open/suricata-4.1.2/emerging.rules.tar.gz.
 100% - 2409978/2409978
2/9/2019 -- 22:15:40 - <Info> -- Done.
2/9/2019 -- 22:15:40 - <Info> -- Ignoring file rules/emerging-deleted.rules
2/9/2019 -- 22:15:45 - <Info> -- Loaded 25133 rules.
2/9/2019 -- 22:15:46 - <Info> -- Disabled 0 rules.
2/9/2019 -- 22:15:46 - <Info> -- Enabled 0 rules.
2/9/2019 -- 22:15:46 - <Info> -- Modified 0 rules.
2/9/2019 -- 22:15:46 - <Info> -- Dropped 0 rules.
2/9/2019 -- 22:15:46 - <Info> -- Enabled 42 rules for flowbit dependencies.
2/9/2019 -- 22:15:46 - <Info> -- Creating directory /usr/local/suricata/var/lib/suricata/rules.
2/9/2019 -- 22:15:46 - <Info> -- Backing up current rules.
2/9/2019 -- 22:15:46 - <Info> -- Writing rules to /usr/local/suricata/var/lib/suricata/rules/suricata.rules: total: 251
2/9/2019 -- 22:15:46 - <Info> -- Testing with suricata -T.
2/9/2019 -- 22:15:53 - <Info> -- Done.
```

可以看到 suricata-update 使用的文件夹为 /usr/local/suricata/var/lib/suricata/rules，并将规则写入 /usr/local/suricata/var/lib/suricata/rules/suricata.rules 中（不同的安装方式路径不同，也可以使用 -o 参数指定路径，可以根据实际情况调整），修改 suricata 配置文件 suircata.yml，将默认的 rules 路径指向这里，并在 rule-files 下增加 -suricata.rule，注释掉其他规则并保存，如下所示：

```
 default-rule-path: /usr/local/suricata/var/lib/suricata/rules
rule-files:
  - suricata.rules
#  - local.rules
# - botcc.rules
```

还可以更新规则源：

```
[root@agent bin]# pwd
/usr/local/suricata/bin
[root@agent bin]# ./suricata-update update-sources
2/9/2019 -- 22:41:22 - <Info> -- Using data-directory /usr/local/suricata/var/lib/suricata.
2/9/2019 -- 22:41:22 - <Info> -- Using Suricata configuration /usr/local/suricata/etc/suricata/suricata.yaml
```

```
2/9/2019 -- 22:41:22 - <Info> -- Using /usr/local/suricata/etc/suricata/rules for Suricata provided rules.
2/9/2019 -- 22:41:22 - <Info> -- Found Suricata version 4.1.2 at ./suricata.
2/9/2019 -- 22:41:22 - <Info> -- Downloading https://www.openinfosecfoundation.org/rules/index.yaml
2/9/2019 -- 22:41:23 - <Info> -- Saved /usr/local/suricata/var/lib/suricata/update/cache/index.yaml
```

列出更新源列表：

```
[root@agent bin]# ./suricata-update list-sources
2/9/2019 -- 22:42:39 - <Info> -- Using data-directory /usr/local/suricata/var/lib/suricata.
2/9/2019 -- 22:42:39 - <Info> -- Using Suricata configuration /usr/local/suricata/etc/suricata/suricata.yaml
2/9/2019 -- 22:42:39 - <Info> -- Using /usr/local/suricata/etc/suricata/rules for Suricata provided rules.
2/9/2019 -- 22:42:39 - <Info> -- Found Suricata version 4.1.2 at ./suricata.
Name: oisf/trafficid
  Vendor: OISF
  Summary: Suricata Traffic ID ruleset
  License: MIT
Name: sslbl/ja3-fingerprints
  Vendor: Abuse.ch
  Summary: Abuse.ch Suricata JA3 Fingerprint Ruleset
  License: Non-Commercial
Name: et/open
  Vendor: Proofpoint
  Summary: Emerging Threats Open Ruleset
  License: MIT
Name: scwx/security
  Vendor: Secureworks
  Summary: Secureworks suricata-security ruleset
  License: Commercial
```

启用或禁用规则源：

suricata-update enable-source（disable-source）规则源名称

例如，启用 ptresearch/attackdetection 的规则源：

```
[root@agent bin]# ./suricata-update enable-source ptresearch/attackdetection
2/9/2019 -- 22:46:21 - <Info> -- Using data-directory /usr/local/suricata/var/lib/suricata.
2/9/2019 -- 22:46:21 - <Info> -- Using Suricata configuration /usr/local/suricata/etc/suricata/suricata.yaml
2/9/2019 -- 22:46:21 - <Info> -- Using /usr/local/suricata/etc/suricata/rules for Suricata provided rules.
2/9/2019 -- 22:46:21 - <Info> -- Found Suricata version 4.1.2 at ./suricata.
2/9/2019 -- 22:46:21 - <Info> -- Creating directory /usr/local/suricata/var/lib/suricata/update/sources
2/9/2019 -- 22:46:21 - <Info> -- Enabling default source et/open
2/9/2019 -- 22:46:21 - <Info> -- Source ptresearch/attackdetection enabled
```

列出当前使用的规则源：

suricata-update list-enabled-sources

更新规则源后，重新运行 suricata-update 命令：

```
root@agent bin]# ./suricata-update
2/9/2019 -- 22:54:17 - <Info> -- Using data-directory /usr/local/…
2/9/2019 -- 22:54:17 - <Info> -- Using Suricata configuration /usr/…
2/9/2019 -- 22:54:17 - <Info> -- Using /usr/local/suricata/etc/suricata/…
2/9/2019 -- 22:54:17 - <Info> -- Found Suricata version 4.1.2 at ./…
2/9/2019 -- 22:54:17 - <Info> -- Loading /usr/local/suricata/etc/…
2/9/2019 -- 22:54:17 - <Info> -- Disabling rules with proto dhcp
2/9/2019 -- 22:54:17 - <Info> -- Disabling rules with proto tftp
2/9/2019 -- 22:54:17 - <Info> -- Disabling rules with proto krb5
2/9/2019 -- 22:54:17 - <Info> -- Disabling rules with proto ntp
2/9/2019 -- 22:54:17 - <Info> -- Disabling rules with proto modbus
2/9/2019 -- 22:54:17 - <Info> -- Disabling rules with proto enip
2/9/2019 -- 22:54:17 - <Info> -- Disabling rules with proto dnp3
2/9/2019 -- 22:54:17 - <Info> -- Disabling rules with proto nfs
```

```
2/9/2019 -- 22:54:18 - <Info> -- Fetching https://raw.githubusercontent…
 100% - 26801/26801
2/9/2019 -- 22:54:18 - <Info> -- Done.
2/9/2019 -- 22:54:18 - <Info> -- Checking https://rules.emergingthreats…
2/9/2019 -- 22:54:19 - <Info> -- Remote checksum has not changed. Not …
2/9/2019 -- 22:54:20 - <Info> -- Ignoring file rules/emerging-deleted…
2/9/2019 -- 22:54:22 - <Info> -- Loaded 25484 rules.
2/9/2019 -- 22:54:22 - <Info> -- Disabled 0 rules.
2/9/2019 -- 22:54:22 - <Info> -- Enabled 0 rules.
2/9/2019 -- 22:54:22 - <Info> -- Modified 0 rules.
2/9/2019 -- 22:54:22 - <Info> -- Dropped 0 rules.
2/9/2019 -- 22:54:22 - <Info> -- Enabled 50 rules for flowbit …
2/9/2019 -- 22:54:22 - <Info> -- Backing up current rules.
2/9/2019 -- 22:54:25 - <Info> -- Writing rules to /usr/local/suricata/…
2/9/2019 -- 22:54:25 - <Info> -- Testing with suricata -T.
2/9/2019 -- 22:54:29 - <Info> -- Done.
```

更新完成后，可以根据提示运行 surcata -T 命令测试，通过测试后，可以重启 Suricata，或用 kill -USR2 $(pidof suricata) 命令发送 USR2 信号来重新加载 Suricata 规则：

```
[root@agent bin]# ./suricata -T
2/9/2019 -- 22:55:11 - <Info> - Running suricata under test mode
2/9/2019 -- 22:55:11 - <Notice> - This is Suricata version 4.1.2 RELEASE
2/9/2019 -- 22:55:14 - <Notice> - Configuration provided was successfully loaded.…
```

如果某条规则属于误报，或者想禁用该规则，可以建立 disable.conf 文件：

```
# suricata-update - disable.conf

# Example of disabling a rule by signature ID (gid is optional).
# 1:2019401
# 2019401

# Example of disabling a rule by regular expression.
# - All regular expression matches are case insensitive.
# re:heartbleed
# re:MS(0[7-9]|10)-\d+

# Examples of disabling a group of rules.
# group:emerging-icmp.rules
# group:emerging-dos
# group:emerging*
```

可使用写 sid、正则表达式或者规则组名的方式禁用规则。例如，上例中禁用 2019401 这条规则，需要去掉“#”，配置完成后，使用命令 suricata-update-disable-conf disable.conf（注意路径），重启 Suricata 即可禁用该规则。

6. 小结

Suricata 还有很多功能这里没有介绍，读者可以通过官网看到更多内容。另外，除了 Suricata 外还有其他优秀的 NIDS 工具，工作原理大多异曲同工，主要技术核心为 TCP/IP，因此针对攻击规则的设定，很大程度取决于对 TCP/IP 的理解与认知。因此希望读者打好基础，这样才能更好地使用这类技术，精准发现攻击。

在第 6 章中，会将 Suricata 与日志分析工具 ELK（Elasticsearch、Logstash、Kibana）结合使用，使告警日志可视化。

1.5　DDoS 简介及检测

DDoS（Distributed Denial of Service Attack，分布式拒绝服务攻击），是指处于不同位置的多个攻击者同时向一个或数个目标发动攻击，或者一个攻击者控制了位于不同位置的多台机器并利用这些机器对受害者同时实施攻击。由于攻击的发出点是分布在不同地方的，因此这类攻击为分布式的，其中的攻击者可以有多个。随着带宽的提高，DDoS 的攻击规模也变得更加庞大，攻击带宽也逐渐增大，攻击方式逐渐增多，这是互联网安全工作中遇到的比较棘手的问题之一。下面介绍几种常见的 DDoS。

1. SYN Flood 攻击

SYN Flood 攻击是最经典有效的 DDoS 方法，攻击者利用协议缺陷，通过伪造 IP 发送大量虚假的 SYN 握手包至被攻击服务器，导致被攻击服务器 TCP 堆栈资源耗尽，无法再提供正常服务。例如：

```
[root@agent ~]# netstat -antlp |grep SYN
tcp        0      0 192.168.1.52:80          163.144.233.183:2783     SYN_RECV    -
tcp        0      0 192.168.1.52:80          48.98.167.141:2783       SYN_RECV    -
tcp        0      0 192.168.1.52:80          101.96.232.119:2783      SYN_RECV    -
tcp        0      0 192.168.1.52:80          162.215.37.18:2783       SYN_RECV    -
tcp        0      0 192.168.1.52:80          26.129.17.148:2831       SYN_RECV    -
tcp        0      0 192.168.1.52:80          106.247.37.215:2783      SYN_RECV    -
tcp        0      0 192.168.1.52:80          216.147.223.127:2783     SYN_RECV    -
tcp        0      0 192.168.1.52:80          185.12.98.232:2783       SYN_RECV    -
tcp        0      0 192.168.1.52:80          190.217.18.18:2783       SYN_RECV    -
tcp        0      0 192.168.1.52:80          20.90.141.83:2783        SYN_RECV    -
tcp        0      0 192.168.1.52:80          240.5.98.109:2783        SYN_RECV    -
tcp        0      0 192.168.1.52:80          7.5.127.123:2783         SYN_RECV    -
```

从代码中可以看到，大量虚假 IP 连接至被攻击者的 80 端口。

2. UDP Flood 攻击

量变引起质变，UDP Flood 极好地诠释了这句话的含义。UDP Flood 是日渐猖獗的流量型 DDoS 攻击，原理也很简单，常见的情况是利用大量 UDP 小包冲击服务器，或是造成服务器因频繁解包而资源耗尽；或是直接聚少成多造成带宽阻塞，使服务器无法正常提供服务。正常应用情况下，UDP 包双向流量会基本相等，而且大小和内容都是随机的，变化很大。出现 UDP Flood 攻击的情况下，针对同一目标 IP 的 UDP 包在一侧大量出现，并且内容和大小都比较固定，示例如下：

```
[root@agent ~]# tcpdump udp -i ens33 -nnn port 5555
tcpdump: verbose output suppressed, use -v or -vv for full protocol decode
listening on ens33, link-type EN10MB (Ethernet), capture size 262144 bytes
23:12:28.305655 IP 16.159.126.6.2141 > 192.168.1.52.5555: UDP, length 4
23:12:29.306663 IP 197.92.110.6.2142 > 192.168.1.52.5555: UDP, length 4
23:12:30.307713 IP 146.74.42.247.2143 > 192.168.1.52.5555: UDP, length 4
23:12:31.308759 IP 173.7.212.185.2144 > 192.168.1.52.5555: UDP, length 4
23:12:32.309750 IP 230.37.54.67.2145 > 192.168.1.52.5555: UDP, length 4
23:12:33.310767 IP 104.156.135.10.2146 > 192.168.1.52.5555: UDP, length 4
23:12:34.311769 IP 115.133.196.153.2147 > 192.168.1.52.5555: UDP, length 4
23:12:35.312791 IP 37.164.137.23.2148 > 192.168.1.52.5555: UDP, length 4
23:12:36.313773 IP 77.95.213.47.2149 > 192.168.1.52.5555: UDP, length 4
23:12:37.314806 IP 20.196.129.247.2150 > 192.168.1.52.5555: UDP, length 4
23:12:38.315855 IP 187.15.210.92.2151 > 192.168.1.52.5555: UDP, length 4
23:12:39.316834 IP 137.118.155.15.2152 > 192.168.1.52.5555: UDP, length 4
23:12:40.317879 IP 104.185.78.185.2153 > 192.168.1.52.5555: UDP, length 4
23:12:41.318824 IP 114.170.132.249.2154 > 192.168.1.52.5555: UDP, length 4
23:12:42.319854 IP 20.77.92.114.2155 > 192.168.1.52.5555: UDP, length 4
23:12:43.320866 IP 32.225.47.210.2156 > 192.168.1.52.5555: UDP, length 4
23:12:44.321920 IP 43.159.170.146.2157 > 192.168.1.52.5555: UDP, length 4
23:12:45.322949 IP 153.134.153.159.2158 > 192.168.1.52.5555: UDP, length 4
23:12:46.323976 IP 88.74.106.45.2159 > 192.168.1.52.5555: UDP, length 4
23:12:47.324942 IP 214.206.9.181.2160 > 192.168.1.52.5555: UDP, length 4
23:12:48.326015 IP 55.132.159.250.2161 > 192.168.1.52.5555: UDP, length 4
23:12:49.326998 IP 19.185.115.170.2162 > 192.168.1.52.5555: UDP, length 4
23:12:50.328651 IP 217.153.13.137.2163 > 192.168.1.52.5555: UDP, length 4
23:12:51.329010 IP 210.172.238.59.2164 > 192.168.1.52.5555: UDP, length 4
23:12:52.330042 IP 59.42.13.28.2165 > 192.168.1.52.5555: UDP, length 4
23:12:53.330728 IP 204.56.114.19.2166 > 192.168.1.52.5555: UDP, length 4
23:12:54.332100 IP 6.115.6.230.2167 > 192.168.1.52.5555: UDP, length 4
23:12:55.333405 IP 204.175.164.158.2168 > 192.168.1.52.5555: UDP, length 4
```

3. 反射放大型攻击

反射放大型 DDoS 攻击是一种新的变种。攻击者并不直接攻击目标服务 IP，而是利用互联网的某些特殊服务开放的服务器，通过伪造被攻击者的 IP 地址，向有开放服务的服务器发送构造的请求报文，该服务器会将数倍于请求报文的回复数据发送到被攻击 IP，从而对后者间接形成 DDoS 攻击。在反射放大型攻击中，攻击者利用了网络协议的缺陷或者漏洞进行 IP 欺骗，主要是因为 UDP 对源 IP 不进行认证。同时，要达到更好的攻击效果，黑客一般会选择具有放大效果的协议服务进行攻击，例如 DNS 服务、NTP 服务、Memcache 服务等，总结一下就是利用 IP 欺骗进行反射和放大，从而达到四两拨千斤的效果，如图 1-21 所示。

该类攻击方法简单、影响较大、难以追查，因此也成为 DDoS 中的首要攻击手段。

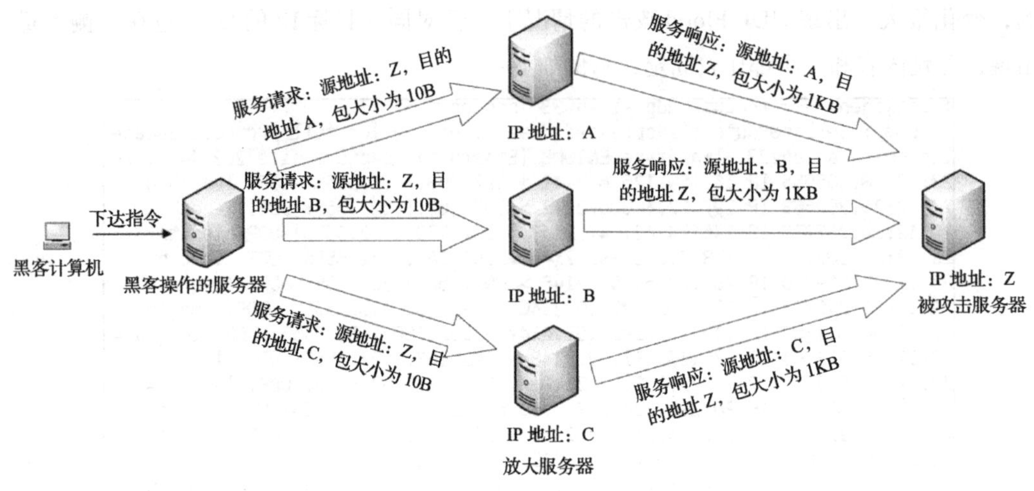

图1-21　反射放大型攻击示意图

4. CC攻击

CC（Challenge CoHapsar，挑战黑洞）攻击是DDoS攻击的一种类型，使用代理服务器向受害服务器发送大量貌似合法的请求。CC攻击根据其工具命名，攻击者使用代理机制，利用众多代理服务器向受害服务器发起大量HTTP请求，主要请求动态页面，涉及数据库访问操作，造成数据库负载以及数据库连接池负载极高，无法响应正常请求。许多免费代理服务器支持匿名模式，这使追踪CC攻击变得非常困难。

1.5.1　DDoS基本防御手段

针对SYN Flood攻击，通过缩短从接收到SYN报文到确定这个报文无效并丢弃该连接的时间，可以临时缩短SYN Timeout时间，例如，设置为20秒以下（过低的SYN Timeout可能会影响客户的正常访问），可以成倍地降低服务器的负荷。也可以给服务器设置SYN Cookie，但SYN Cookie机制本身严重违背TCP，不允许使用TCP扩展，所以一般来说，可以使用Timestamp区域来存放这些数据，当SYN Cookie开启的时候，一般需要开启TCP Timestamp。

针对CC攻击，可以采取服务器临时扩容方案，或采用缓存机制减轻数据库压力，或采用临时生成静态化的HTML页面。也可以限制访问量明显异常的IP，毕竟相对其他攻击来说，CC攻击的IP地址均为真实地址。平时应注意优化SQL语句，减少甚至消除有慢SQL查询的业务功能。

针对反射放大型攻击，仅仅靠一个企业更难有所作为了，需要运营商级别均启用类似 URPF（Unicast Reverse Path Forwarding）的技术防止基于源地址欺骗的网络攻击行为，并过滤所有 RFC1918 IP 地址，同时企业也尽可能在网络层限制类似 NTP、Memcache 等服务的访问 IP，只有这样，才能缓解反射放大攻击。

总体来说，面对 DDoS 攻击，一般企业可以采取的应对措施并不是很多，毕竟 DDoS 是一种资源竞争攻击。因此，最佳的解决方案是寻找专业的公司购买流量清洗服务，例如国内的腾讯公司、国外的 Cloudflare，都有着丰富的对抗各种 DDoS 的经验，防御效果比较明显。不过购买这种服务确实有点像买保险，可能购买了一年服务也没遇到一次攻击，所以如何取舍，还取决于如果业务被攻击，所造成的损失是多少，以此判断是否值得购买此项服务。

1.5.2 建立简单的 DDoS 检测系统

利用上面提到的流量镜像及抓包解包技术，便可以搭建一套简单的流量分析系统，用来检测 DDoS 攻击，架构如图 1-22 所示。

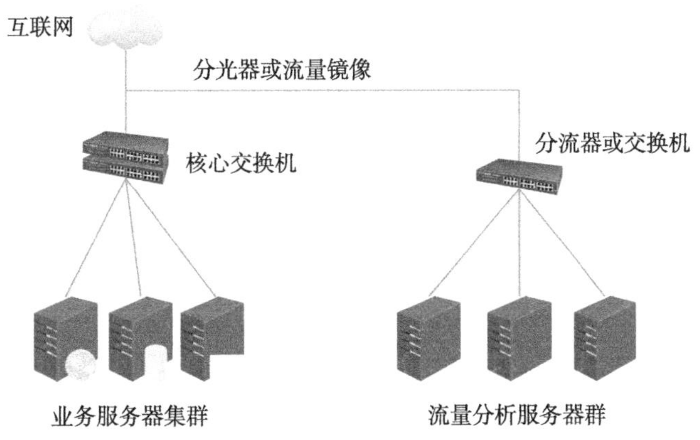

图 1-22 DDoS 检测系统架构图

通过流量镜像或采用分光器，将流量复制至分流器或交换机，再利用交换机的负载均衡功能将流量发送至流量服务器群进行处理。

流量服务器群有如下功能：

- 流量还原重组：将数据包进行还原，并根据应用协议进行包重组。
- 深度包检测：应用层数据的应用协议识别、数据包内容检测与深度解码。

- ❑ HTTP 解析：针对 HTTP 进行解析，解析出常用字段以供后续分析。
- ❑ 规则设定：根据规则检测数据包内容，例如是否收到连续长度统一的 UDP 数据包，SYN 数量是否为正常值，SYN 与 ACK 比例是否正常等，并可以在发现异常时进行告警。
- ❑ 数据包保存：保存原始数据包，用于回放或取证。

1.6 本章小结

本章介绍了网络流量的采集方式和工具以及网络入侵检测工具，还介绍了 DDoS 的种类与防御，并简单介绍了搭建 DDoS 检测系统的思路。笔者一直认为，网络流量是一个企业网络安全的重点，无论采用传统 IDC 模式下的镜像流量方式，还是在云环境中的抓包方式，都要掌握流量分析方法，只有这样才能在第一时间了解外部的攻击情况。同样需要提醒读者的是，流量里有个人信息等隐私数据，收集后要做好脱敏及防护工作。

第2章 运维安全

说到安全，就不得不提与安全部门打交道最多的两个部门——运维部与开发部，很多安全人员也都是从这两个部门转岗的。运维涉及网络、系统、数据库、监控服务等多种技术，作为支持着公司业务运行的重要部门，运维的安全十分重要。本章将介绍一些运维工作中的安全技术与经验，主要内容包括：Web 组件安全、其他组件安全、上云安全等。

2.1 Web 组件安全

Web 组件包罗万象，本节主要介绍 Nginx、PHP、Tomcat 组件的安全问题，其他组件在下一节介绍。

2.1.1 Nginx 安全

Nginx 是一个高性能的 HTTP 和反向代理 Web 服务器，在出现之后，使得网站服务从 LAMP（Linux、Apache、MySQL、PHP）组合很快变成了 LNMP（Linux、Nginx、MySQL、PHP），通过搜索两个关键字发现 Nginx 的应用数量更高，如图 2-1 所示，因此本节将介绍 Nginx 相关的安全问题。

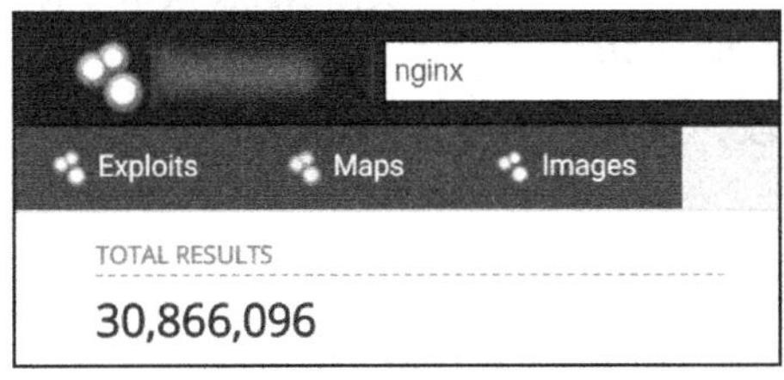

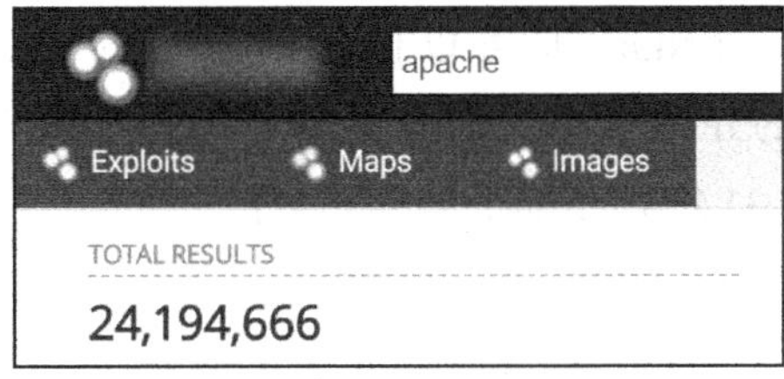

图 2-1　Nginx 与 Apache 使用对比

1. Nginx 基本安全配置

读者应该全面了解 Nginx 的配置文件，这里笔者只重点介绍一些常见的安全配置建议。

（1）关闭列目录

Nginx 默认是不允许列出整个目录的，不过为了安全，最好还是确认这个选项是否真的关闭，否则有可能导致整个 Web 站点代码泄露。在配置文件中确认（下述都是在 Nginx 配置文件中确认或配置），如见到 autoindex on；（可能在 HTTP、server、location 这三个位置），则列目录功能被打开，除非有特殊需要（例如提供下载等），否则建议关闭，如图 2-2 所示。

```
Index of /

../
a.php                                    19-Nov-2019 09:11                  20
aaa.bak                                  15-Jan-2020 02:57                   2
test.txt                                 25-Mar-2019 08:32                  10
```

图 2-2　在 Nginx 配置文件中确认列目录功能是否打开

（2）关闭版本号显示

Nginx 默认会在返回的数据包中显示版本号，如图 2-3 所示。

403 Forbidden

nginx/1.12.2

图 2-3　显示 Nginx 版本号

这就有可能被别有用心的人针对这个版本进行信息收集，或有针对性地进行攻击。因此要注意遵循对外提示信息越少越好的原则，建议关掉版本号信息，命令如下：

```
server {
server_tokens off;
}
```

关闭后的显示如图 2-4 所示。

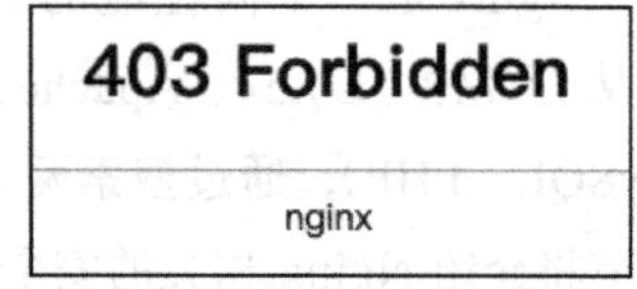

图 2-4　关闭 Nginx 版本号的显示

（3）访问控制

对 Nginx 是可以做访问限制的，allow 是允许访问的 IP 和 IP 段，deny 是禁止访问的 IP 和 IP 段，例如，只允许 10.255.0.0/24 和主机 172.31.255.1 访问，代码如下：

```
location / {
    allow 10.255.0.0/24;
    allow 172.31.255.251;
    deny all;
}
```

想更精准地控制访问权限，还可使用 auth_basic 指令，用户必须输入有效的用户名和密码才能访问站点。用户名和密码应该列在 auth_basic_user_file 指令设置的文件中：

```
server {
    ...
    auth_basic "Authorized Require";           // 可以随意定义，为显示提示的内容
    auth_basic_user_©le conf/htpasswd;        // 使用 htpasswd 命令生成的文件
}
```

在网络中，时常会遇到各类爬虫，要通过 Web 服务器做到反爬（防盗链），可以使用 Nginx 默认的 location 实现：

```
location / {
    valid_referers none blocked www.example.com example.com;
    if ($invalid_referer) {
        return 403;
    }
}
```

另外，还可以使用 location 参数限制外部可以访问的资源，例如，不允许访问 zip、rar、gz、bak 等文件（有些管理员会把一些日志或网站备份到网站目录下），代码如下：

```
location ~* .*\.(zip|rar|gz|bak)?$ {
          deny all ;
}
```

更多 location 配置可以参考官方文档。

（4）启用 HTTPS

为了站点安全，推荐开启 HTTPS（Hyper Text Transfer Protocol over SecureSocket Layer）。HTTPS 是以安全为目标的 HTTP 通道。在 HTTP 的基础上通过传输加密和身份认证保证了传输过程的安全性。HTTPS 在 HTTP 的基础上加入 SSL 层（需要在编译时使用 --with-http_ssl_modul 参数，并获得证书）：

```
server {
    listen          443;                          // 将监听端口修改为 443，默认为 80
    server_name     website.name;                 // 设置网站名

    ssl on;
    ssl_certi©cate  cert/2019/cert.pem;         // 设置证书位置
    ssl_certi©cate_key  cert/2019/cert.key;     // 设置证书私钥位置
    ssl_session_timeout 5m;
    ssl_ciphers ECDHE-RSA-AES128-GCM-SHA256:ECDHE:ECDH:AES:HIGH:!NULL:!
    aNULL:!MD5:!ADH:!RC4;
    ssl_protocols TLSv1.2;
    ssl_session_tickets on;
    ssl_stapling        on;
```

```
    ssl_stapling_verify on;
    ssl_prefer_server_ciphers on;
```

2. Nginx 透过代理获取真实客户端 IP

在应用服务器上，Nginx 日志中采集的关于定位用户身份信息的 IP 维度数据有可能会不准确，不准确的原因是：因为在应用服务器中 Nginx 使用 XFF 与 remote_addr 字段采集客户 IP，XFF 字段很容易被攻击者伪造，而 remote_addr 字段一般采集的都是直连时的 IP，在经过多层代理、网关等设备时，更容易导致后端服务器获取的客户端 IP 不真实。

这里给出一个案例，拓扑图如图 2-5 所示。

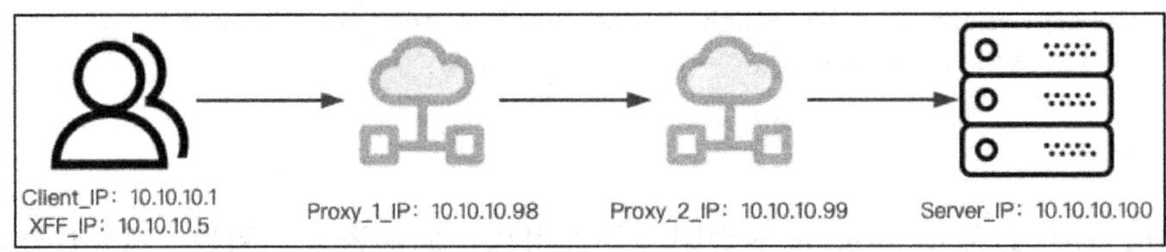

图 2-5　Nginx 透过代理获取真实客户端 IP 案例

在默认配置下，客户访问 Server 服务器，只能得到 Proxy2 的 IP，而如果客户端伪造 XFF 信息，Server 端也只能得到伪造后的信息。因此可以使用 X-Forwarded-For+Nginx 的 realip 模块获取客户端的真实 IP。

首先，确认在编译时已经使用了 -with-http_realip_module 参数（可以通过 nginx -V 命令查看），在 Server 角色的 Nginx 配置文件中配置三个参数：

- set_real_ip_from：表示从何处获取真实 IP，只认可自己信赖的 IP，可以是网段，也可以设置多个。
- real_ip_header：表示从哪个 header 属性中获取真实 IP。
- real_ip_recursive：递归检索真实 IP，如果从 X-Forwarded-For 中获取，则需要递归检索；如果从 X-Real-IP 中获取，则无须递归。

相关配置如下：

```
log_format  main  '$remote_addr - $remote_user [$time_local] "$request" '
                  '$status $body_bytes_sent "$http_referer" '
                  '"$http_user_agent" "$http_x_forwarded_for"';


access_log  logs/access.log  main;
```

```
# ************* 省略了中间的配置

server {
    listen       80;
    server_name  localhost;
    # 注意这里的key和value之间使用Tab而不要使用单个空格
    set_real_ip_from        10.10.10.98;
    set_real_ip_from        10.10.10.99;
    real_ip_header  X-Forwarded-For;
    real_ip_recursive       on;

    #charset koi8-r;

    #access_log  logs/host.access.log  main;

    location / {
        root   html;
        index  index.html index.htm;
    }
}
```

proxy1 与 proxy2 服务器正常配置，设置代理并且设置 XFF 字段信息。此时，即使客户端伪造 XFF 信息，Server 端也可以获取真实的信息。更多细节可以参考 heysec 公众号中的“日志分析系列（外传一）：Nginx 透过代理获取真实客户端 IP”。

3. Nginx 漏洞回顾

Nginx 也出现过比较严重的漏洞，下面列举两个比较严重的漏洞。

（1）Nginx 文件解析漏洞

Nginx 文件解析漏洞是 Nginx 中 PHP 配置不当而造成的，与 Nginx 版本无关，但在高版本的 PHP 中，由于 security.limit_extensions 的引入，使得该漏洞难以被成功利用。当请求中的 URL 中路径名以 *.php 结尾，则 Nginx 不管该文件是否存在，直接交给 PHP 处理，而如 Apache 等，会先看该文件是否存在，若存在，则再决定该如何处理。

（2）Nginx 00% 截断漏洞

受 Nginx 00% 截断漏洞影响的 Nginx 版本为 0.5、0.6、0.7 ～ 0.7.65、0.8 ～ 0.8.37，等等，这是一个很经典的漏洞。很多网站也都因为这个漏洞而被入侵。漏洞形成的原因也很简单，由于 Nginx 是由 C 语言写的，在 C 语言中，\0 就是终止符，所以当用户在上传 test1.jpg%00.php 时，文件系统会认为读取的为 test1.jpg，从而绕过检测。

2.1.2 PHP 安全

PHP 是开发网站时使用得比较多的语言，因此正确配置 PHP 环境也非常重要，下面以 PHP 7.4w 为例，介绍一下 PHP 常见的安全配置（以下设置均在 php.ini 配置文件中进行）。

（1）关闭 PHP 版本信息

为了防止黑客获取服务器中 PHP 版本的信息（例如显示 X-Powered-By: PHP/5.3.7），最好关闭显示 PHP 版本信息，配置如下：

```
expose_php = off
```

这样，在执行 telnet domain 80 的时候，将无法看到相关信息。

（2）关闭 PHP 提示错误功能

同样，基于不必要的提示信息越少越好的原则，建议关掉 PHP 提示错误，在配置文件中进行如下设置：

```
display_errors = OFF
```

（3）设置记录错误日志

在关闭 PHP 提示错误功能后，需要将错误信息记录下来，便于排查服务器运行的原因，可以进行如下设置：

```
log_errors = On
```

同时设置日志位置：

```
error_log = /usr/local/apache2/logs/php_error.log
```

需要注意的是，该文件必须是 Web 服务器用户可写的。

（4）设置 PHP 脚本能访问的目录

使用 open_basedir 选项能够控制 PHP 脚本只能访问指定的目录，这样能够避免 PHP 脚本访问不应该访问的文件，一定程度上限制了 phpshell 的危害范围，一般可以设置为只能访问网站目录：

```
open_basedir = /usr/www
```

（5）关闭危险函数

禁止一些危险的系统命令函数，例如 system()，或者能够查看 PHP 信息的 phpinfo() 函数等：

```
disable_functions = system, passthru, exec, shell_exec, popen, phpinfo,
escapeshellarg, escapeshellcmd, proc_close, proc_open
```

如果要禁止任何文件和目录的操作，那么可以关闭很多文件操作：

```
disable_functions = chdir, chroot, dir, getcwd, opendir, readdir, scandir,
fopen, unlink, delete, copy, mkdir, rmdir, rename, ©le, ©le_get_contents,
fputs, fwrite, chgrp,chmod, chown
```

需要注意的是，这只能禁止系统内部（内置）函数，并不能禁止用户自定义的函数。

更多安全配置可以参考 https://www.php.net/manual/zh/security.php。

2.1.3 Tomcat 安全

Tomcat 作为 Java 开发者所喜爱的 Web 服务器，也有很广泛的应用，笔者简单介绍一下相关安全建议：

- ❑ 修改 Tomcat 的默认口令。
- ❑ 升级到最新稳定版，出于稳定性考虑，不建议进行跨版本升级。
- ❑ 服务降权，不要使用 root 用户启动 Tomcat，使用普通用户启动 Tomcat。
- ❑ 更改 Tomcat 的 AJP 管理端口，默认为 8009，允许配置范围在 8000 ～ 8999。
- ❑ 更改 Tomcat 的默认管理端口，默认为 8005，此端口有权停止 Tomcat 服务，允许配置范围在 8000 ～ 8999。
- ❑ 将 Tomcat 应用根目录配置为 Tomcat 安装目录以外的目录。
- ❑ 隐藏 Tomcat 的版本信息。
- ❑ 关闭 war 自动部署功能。

2.2 其他组件安全

2.2.1 Redis 安全

Redis 是一个完全开源免费的、遵守 BSD 协议的高性能 key-value 数据库，几乎所有互联网公司都会使用，而其出现过的最严重的漏洞为未授权访问，获取信息设置可以写入后门，这里介绍一下关于 Redis 的一些安全配置建议。

1. 账号与认证

如上面所说，Redis 最严重的漏洞便是未授权访问，因此对 Redis 配置认证是非常重要的。为 Redis 设置访问密码，在 redis.conf 中找到 requirepass 字段，去掉其注释，并在后面填上需要的密码（Redis 客户端也需要使用此密码来访问 Redis 服务）。

例如，打开 /etc/redis/redis.conf 配置文件：

```
requirepass xxx (xxx为要改的密码)
```

确保密码的复杂度满足账号密码的长度、强度和定期更新的要求（大小写 + 数字 + 字母 + 特殊字符 + 长度 8 位以上），配置完毕后重启服务即可生效。

2. 服务运行权限最小化

修改 Redis 服务运行账号，强烈建议不要使用 root 账号运行 Redis，一旦 Redis 被入侵，攻击者可能会获取 root 权限，所以需要以较低权限的账号运行 Redis 服务，并禁用该账号的登录权限。以下操作创建了一个无 home 目录权限，且无法登录的普通账号：

```
useradd -M -s /sbin/nologin [username]
```

注意，该操作需要重启 Redis 才能生效。

3. 设置访问控制

为了安全起见，建议使用 iptables 控制允许访问的 IP，提高安全性。

4. 修改默认端口

Redis 的默认端口为 6379，建议修改成其他端口，防止针对默认端口的扫描。

2.2.2 Elasticsearch 安全

Elasticsearch 是一个基于 Lucene 的搜索服务器，提供了一个分布式多用户能力的全文搜索引擎，基于 RESTful Web 接口，在互联网企业也是应用非常广泛的一个系统，而近些年，出现的很多信息泄露事件都是 Elasticsearch 配置不当所致。下面介绍几个安全方面的建议。

1. 配置 Elasticsearch 认证机制

Elasticsearch 认证需要启用 X-pack 功能，而以前 X-pack 的功能是需要认证的，可能官方注意到因 Elasticsearch 未认证而导致的信息泄露事件太多，于是在 6.8 及 7.1 版本开始免费提供了认证功能，因此笔者建议，一定不能让 Elasticsearch 继续“裸奔”下去。

配置步骤如下。

1）启用安全模式。修改 elasticsearch.yml，添加如下配置：

```
xpack.security.enabled: true
xpack.security.transport.ssl.enabled: true
```

2）配置 TLS/SSL。

执行命令 bin/elasticsearch-certutil ca，生成 elastic-stack-ca.p12 文件。

执行命令 bin/elasticsearch-certutil cert --ca elastic-stack-ca.p12，生成 elastic-certificates.p12 和 elastic-stack-ca.p12 文件。

移动生成的两个文件到合适的地方，如：/home/elasticsearch/elasticsearch-7.5.1/config/certs。

在 elasticsearch.yml 中添加如下配置（注意配置路径为当前目录）：

```
xpack.security.transport.ssl.verification_mode: certificate
xpack.security.transport.ssl.keystore.path: certs/elastic-certificates.p12
xpack.security.transport.ssl.truststore.path: certs/elastic-certificates.p12
```

3）Elasticsearch 内置用户设置的密码。执行命令 bin/elasticsearch-setup-passwords interactive：

```
[elasticsearch@localhost elasticsearch-7.5.1]$ bin/elasticsearch-setup-passwords interactive
Initiating the setup of passwords for reserved users elastic,apm_system,kibana,logstash_system,beats_system,remote_monitoring_user.
You will be prompted to enter passwords as the process progresses.
Please confirm that you would like to continue [y/N]y


Enter password for [elastic]:
Reenter password for [elastic]:
Enter password for [apm_system]:
Reenter password for [apm_system]:
Enter password for [kibana]:
Reenter password for [kibana]:
Enter password for [logstash_system]:
Reenter password for [logstash_system]:
Enter password for [beats_system]:
Reenter password for [beats_system]:
Enter password for [remote_monitoring_user]:
Reenter password for [remote_monitoring_user]:
Changed password for user [apm_system]
Changed password for user [kibana]
Changed password for user [logstash_system]
Changed password for user [beats_system]
Changed password for user [remote_monitoring_user]
Changed password for user [elastic]
```

4）重启 Elasticsearch。此时，访问 9200 端口，便会提示需要认证信息，如图 2-6 所示。

图 2-6　出现认证信息

2. Elasticsearch 漏洞

Elasticsearch 至今出现过如下严重漏洞：

- CVE-2014-3120 命令执行。
- CVE-2015-3337 目录遍历漏洞。
- CVE-2015-1427 Groovy 沙盒绕过和代码执行漏洞。

因此需要针对这些漏洞升级到安全版本或更新补丁。

2.2.3 其他相关组件：Kafka、MySQL、Oracle 等

针对上述组件的安全性，笔者有以下几点建议：

- ❑ 设置认证体系，不能出现空口令、弱口令等情况，防止未授权访问。
- ❑ 最小化运行权限，尽量不使用 root 运行。
- ❑ 尽量通过配置文件、iptables、ACL 控制访问源，如非必要，尽量不要开放到公网。
- ❑ 注意这些组件的相关漏洞，如果出现严重漏洞，需要进行补丁修复。
- ❑ 注意配置文件的安全性，尽量不将明文写入配置文件中，可以采用隐藏密码或代理技术。
- ❑ 对于日志文件和操作记录，建议单独存放。
- ❑ 尽量避免危险操作，可以识别一些高风险操作，例如，不带 where 的删除语句，keys * 等。

2.3 上云安全

随着云的普及，“上云”已经是越来越多的公司的选择，虽然云有着比 IDC 更多的便捷性，但由于云的分散性，许多传统的安全检测方法在云上无法使用，因此对云的安全也有了新的挑战，本节将介绍云上运维的一些安全问题。

2.3.1 流量获取

在第 1 章中，笔者介绍了如何获取并分析网络流量。传统 IDC 模式下，可以通过流量镜像的方式获取流量并进行分析。由于云主机的特殊性，几乎无法使用流量镜像方式获取流量，因此想要获取云主机的流量，只能靠在云主机上安装相应的 Agent 完成。第 1 章介绍的 packetbeat 可以相对较好地完成这方面的功能。packetbeat 优势如下：

- ❑ 支持多种常见的协议类型（如：HTTP、MySQL、dns 等），动态分析应用程序级协议，并将消息关联到事务中。
- ❑ 支持自定义协议类型。
- ❑ 支持多种格式输出，如 Elasticsearch、Logstash、Kafka、Redis 等。
- ❑ 支持跨平台部署，部署简单、轻量，配置灵活。

（1）配置 packetbeat，将流量发送给 Kafka 并将状态数据发送至 Elasticsearch 服务器

在第 1 章已经介绍过如何用 packetbeat 抓取 HTTP 流量，这里配置 packetbeat，将流量发送至 Kafka 中：

```
output.kafka:
  enabled: true
  version: 0.10.0.0
  hosts: ["test.kafka.com:9092"]
  topic: http_packetbeat
```

同时，也可以将 packetbeat 运行情况发送至 Elasticsearch 服务器（要在 Kibana/ 管理中设置 beats_system 密码），用于监控：

```
xpack.monitoring:
  enabled: true
  elasticsearch:
    hosts: ["http://10.1.1.1:10200"]
    username: beats_system
    password: xxxxxxxx
```

这样，在 Kibana 中可以看到相应的信息，如图 2-7 所示。

名称	类型	已启用输出	事件合计速率	已发送字节速率	输出错误	已分配内存	版本
om	Packetbeat	Kafka	3.6 /s	0.0 B /s	0	28.6 MB	6.6.2
web	Packetbeat	Kafka	246.1 /s	0.0 B /s	0	128.6 MB	6.6.1
wei	Packetbeat	Kafka	246.0 /s	0.0 B /s	0	133.7 MB	6.6.1
proy .co	Packetbeat	Kafka	609.6 /s	0.0 B /s	0	117.4 MB	6.6.2
coinm 06	Packetbeat	Kafka	1.8 /s	0.0 B /s	0	49.3 MB	6.6.2
fe-cmp 03	Packetbeat	Kafka	175.0 /s	0.0 B /s	0	60.7 MB	6.6.2
agent- 01	Packetbeat	Kafka	138.9 /s	0.0 B /s	0	40.2 MB	6.6.2
01	Packetbeat	Kafka	2.8 /s	0.0 B /s	0	67.0 MB	6.6.1
intercer d- txybj1-	Packetbeat	Kafka	45.9 /s	0.0 B /s	0	51.2 MB	6.6.2

图 2-7　packetbeat 运行状态监控

单击名称还能看到更加详尽的信息，如图 2-8 所示。

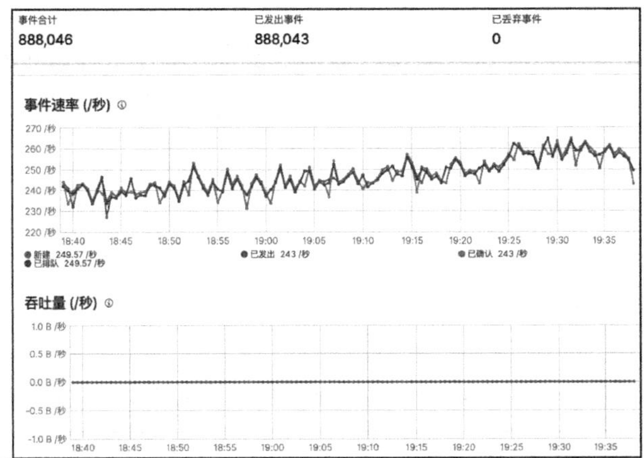

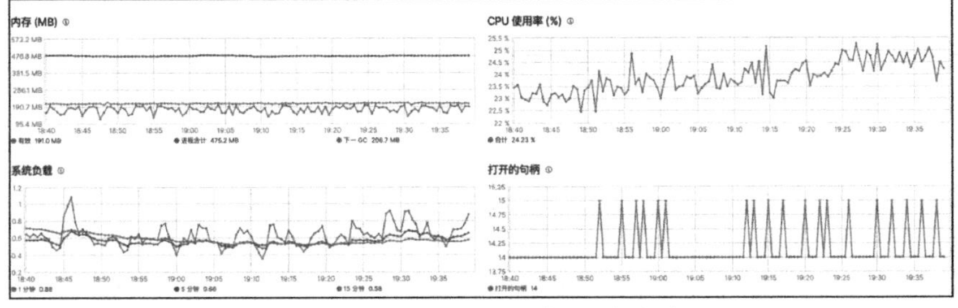

图 2-8　packetbeat 的详细运行状态

另外，在 Kibana 中创建 .monitoring-beats-7-* 的索引，可以看到详细数据：

#	beats_stats.metrics.beat.cpu.system.ticks	13,161,830
#	beats_stats.metrics.beat.cpu.system.time.ms	13,161,831
#	beats_stats.metrics.beat.cpu.total.ticks	60,833,490
#	beats_stats.metrics.beat.cpu.total.time.ms	60,833,492
#	beats_stats.metrics.beat.cpu.total.value	60,833,490
#	beats_stats.metrics.beat.cpu.user.ticks	47,671,660
#	beats_stats.metrics.beat.cpu.user.time.ms	47,671,661
#	beats_stats.metrics.beat.handles.limit.hard	100,002
#	beats_stats.metrics.beat.handles.limit.soft	100,001
#	beats_stats.metrics.beat.handles.open	10
t	beats_stats.metrics.beat.info.ephemeral_id	de523d4a-1f53-45ba-9e6a-7d9b929e8c61
#	beats_stats.metrics.beat.info.uptime.ms	8,217,190,022
#	beats_stats.metrics.beat.memstats.gc_next	50,246,768
#	beats_stats.metrics.beat.memstats.memory_alloc	37,045,568
#	beats_stats.metrics.beat.memstats.memory_total	12,796,846,066,992
#	beats_stats.metrics.beat.memstats.rss	141,402,112

（2）packetbeat 监控

虽然 packetbeat 可以相对较好地完成数据包抓获功能，但 packetbeat 也有一定的隐患：使用系统资源过高。因此，就需要对 packetbeat 的使用率进行监控。

经过笔者研究，需要监控的参数有以下几个：

- 内存使用率
- 系统负载情况
- CPU 使用率
- 事件速率

其中前两个可以直接通过读取 Elasticsearch 数据内容获得，如下所示：

#	beats_stats.metrics.beat.memstats.memory_alloc	193,802,744
#	beats_stats.metrics.beat.memstats.memory_total	811,543,118,078,128

beats_stats.metrics.system.load.1	0.34
beats_stats.metrics.system.load.15	0.51
beats_stats.metrics.system.load.5	0.4
beats_stats.metrics.system.load.norm.1	0.085
beats_stats.metrics.system.load.norm.15	0.128
beats_stats.metrics.system.load.norm.5	0.1

CPU 使用率则需要通过两次的 beats_stats.metrics.beat.cpu.total.value 相减后除以 100 获得。相关代码如下：

```
def getCpu(host,endtime):
    utc_format="%Y-%m-%dT%H:%M:%S.%fZ"
    utcTime = datetime.datetime.strptime(logtime, utc_format)
    starttime = utcTime - datetime.timedelta(seconds=10)
    starttime = starttime.strftime(utc_format)
    params = {"beats_stats.beat.host": str(host)}
    result = reades.search(index, params=params, time_range=[starttime,endtime],time_field="timestamp")
    i = 0
    cpuVal = []
    if result["error"] == 0:
        for hit in result["data"]:
            cpu = hit["_source"]["beats_stats"]["metrics"]["beat"]["cpu"]["total"]["value"]
            cpuVal.append(cpu)
    dd = cpuVal[0] - cpuVal[1]
    cpu = abs(dd)/100

    return cpu
```

对于事件速率，笔者只计算出了近似值，通过相邻 beats_stats.metrics.libbeat.output.events.total 之差的差值（两次相减）获得（笔者认为不是准确值，但也相对比较精确）。相关代码如下：

```
endtime = time.strftime('%Y-%m-%dT%H:%M:%S.000Z',time.localtime(time.time() - 8*3600))
starttime = time.strftime('%Y-%m-%dT%H:%M:%S.000Z',time.localtime(time.time()-8*3600 - 35))
reades = ReadByDsl(esip,user,password)
result = reades.search(index,time_range=[starttime,endtime],time_field="timestamp")
flag = False
mailmsg = ""
totalEvent = {}
if result["error"] == 0:
    for hit in result["data"]:
        try:
            logtime = hit["_source"]["timestamp"]
            host =  hit["_source"]["beats_stats"]["beat"]["host"]
            loadInfo[host] = logtime
            eventVal = hit["_source"]["beats_stats"]["metrics"]["libbeat"]["output"]["events"]["total"]
            if host in totalEvent:
                totalEvent[host].append(eventVal)
            else:
                totalEvent[host] = []
        except:
            continue

    for host, ev in totalEvent.items():
        first = False
        if len(ev) < 3:
            continue

        incr = abs(abs(ev[2] - ev[1])/10 - abs(ev[1] - ev[0])/10)
```

当一台 4 核 8GB 的服务器事件速率超过 2000 时，CPU 使用率会超过 100%，如下所示：

```
host:                    l event increment: 2253 l cpu: 105.20 lcpuCors: 24
host:                   6l event increment: 3277 l cpu: 206.20 lcpuCors: 8
```

通过这一套方案基本上可以解决云环境中的数据包获取问题，另外，如果使用腾讯云的黑石服务器，或在 AWS 云上采用 vpc-traffic-mirroring 技术（https://aws.amazon.com/cn/blogs/aws/new-vpc-traffic-mirroring/），也可以直接获取数据包。有兴趣的读者可以参考官方文档。

2.3.2　边界管理

在传统模式下，企业可以使用专线访问 IDC 资源，而安全的管控相对容易，一般情况下，只需要开放 80、443 端口的外部访问权限，其余端口按需开放，因此对外部的监控，主要精力可以放在 Web 应用上，而对于端口开放的管控情况，也集中在防火墙、交换机、路由器等设备上，管理相对集中。

云服务使得边界越来越模糊，传统的内网访问 IDC 的模式被打破，大部分企业访问云资源与外部用户几乎相同，以腾讯云 MySQL 服务为例，开放端口如下所示：

ae6a69241c[illegible]b.myqcloud.com	5224
afe6628628[illegible].myqcloud.com	5230
b20911ebc[illegible]b.myqcloud.com	5244
92784271b[illegible].myqcloud.com	5290
a631ced8[illegible].myqcloud.com	5427
a7af56926[illegible].myqcloud.com	5444
b683a752[illegible]b.myqcloud.com	5675
6e292138[illegible]b.myqcloud.com	5681
ef1e7c3a[illegible].myqcloud.com	6046
12b43a37[illegible]b.myqcloud.com	6213
62de53ef[illegible].myqcloud.com	8251

可以看到端口跨度范围非常大，无法有效地对端口进行集中管控，而管控的机制则依托于主机级别的安全组，如图 2-9 所示。

▾ test-czc7789test_sec_base

来源	端口协议	策略
group1 测试1	TCP:22,3389	允许
group2 测试2	TCP:22,3389	允许
base 所有办公网出口IP	TCP:22	拒绝
base 所有办公网出口IP	ALL	允许

图 2-9　腾讯云安全组

而不同的主机的安全组设置可能不同，无法非常直观地了解网络端口的开放情况和外部访问情况。要解决这个问题，只能通过服务商提供的 SDK 来进行二次开发。

2.3.3 云存储安全

回顾 2019 年的信息泄露事件，很多是云存储的权限配置不当导致的，以 AWS S3 为例，信息泄露事件如下：

- 不安全的 AWS S3 服务器暴露了数千个 FedEx 客户记录。
- AWS S3 错误暴露了 GoDaddy 的商业机密。
- 某公司在暴露的服务器上留下了大量高度敏感的数据，包括“王国钥匙”。
- 至少 1400 万 Verizon 用户的客户记录（包括电话号码和账户 PIN）通过 AWS S3 bucket 公开。
- Verizon AWS S3 bucket 泄露有关公司内部计费系统的 100 多亿条数据。
- AWS S3 数据库泄露暴露了美国成千上万的雇佣军简历。
- AWS S3 服务器暴露了 1.98 亿美国选民的信息。

因此，针对云存储的访问权限管理对于业务数据来说非常重要，例如，针对 AWS S3 Everyone 权限检查有无列出、读写权限（除非业务需要，否则不应该有相关权限），如图 2-10 所示。

图 2-10　AWS S3 权限面板

还有存储桶策略以及 IAM 对 AWS S3 的操作权限是否合理，等等。关于 AWS S3 的最佳安全实践可以参考 https://docs.aws.amazon.com/zh_cn/AmazonS3/latest/dev/security-best-practices.html。

2.3.4 小结

除上面介绍的安全问题之外，还有其他云安全事项也需要注意：

1）服务商的响应速度：比起国内的云服务商，基于时差的原因，国外的服务商响应的速度会慢一些，因此还需要提前注意这方面的问题，以免在遇到紧急情况时才发现存在这个问题。

2）笔者认为，在云环境下，尤其是业务分散在世界各地的互联网公司，HIDS 的作用可能更大于 WAF，所以笔者会在后文中介绍 HIDS。

3）由于边界淡化，云资产的识别比传统 IDC 更为重要，关于资产识别，将在第 8 章介绍。

4）由于云服务器都是批量启动的，因此一个安全的镜像及设置安全基线便十分重要，笔者后续会介绍主机安全加固方面的内容。

5）在云上的业务同传统业务一样，这点没有任何差别，因此应用层防御及身份认证等技术依然是安全人员需要考虑的问题。

不得不承认，云确实给业务带来了便捷性，但是上云后安全问题也是存在的，而且笔者认为一旦上云，很多安全问题就需要依托云供应商解决，因此企业在上云之前应该充分考虑到以上问题。此外，云服务自身的安全，例如虚拟机逃逸、基于底层的攻击，这些将是云服务提供商要考虑的安全问题。

2.4 其他安全建议

除上述安全问题之外，笔者还要给出一些安全建议，几乎每个案例后都有惨痛的教训：

1）重视弱口令问题：弱口令（空口令 / 默认口令）始终是安全的最大危害，而出现弱口令问题的主要原因则是人们存在懒惰与侥幸心理，因此一定要杜绝相关问题，最好是能用技术手段实现，例如 SSH 采用证书登录，第一次登录强制修改密码，定期扫描弱口令等。

2）随着运维监控及自动化工具的普及，从运维的角度来看极大地方便了运维工作，同时也方便了广大黑客的工作，因此一些监控系统的漏洞甚至弱口令，很可能是黑客入侵企业的第一个落脚点，因此不能忽略这些系统的安全问题，出现安全漏洞（例如 Zabbix 2.0 的注入漏洞，JBboss 远程代码执行等）要定时升级。除此之外，笔者建议尽量不要将这些系统对外网开放，如图 2-11 所示。

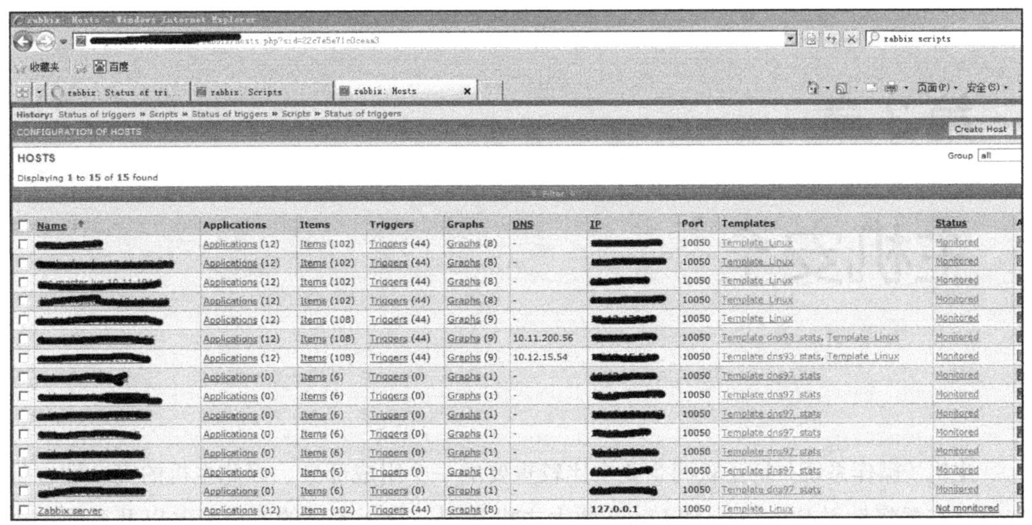

图 2-11 Zabbix 未授权访问

3）远程管理卡：很多运维人员会忽略远程管理卡默认口令这个问题，或者认为远程管理卡在内网，一般不会被访问，但黑客一旦攻入内网，那么这些管理卡便会成为黑客的重要目标。

4）系统初始化脚本：很多系统初始化脚本都带有密码甚至是 root 密码，很多运维人员运行脚本后便将脚本放在服务器上不做删除，此信息如果被黑客获得，那么基本上意味着所有运行过这个脚本的机器全部沦陷，因此这种初始化脚本需要有自动删除的功能，或运维人员有运行脚本后删除的习惯，当然，带密码的历史命令也同样适用。

5）良好的运维习惯：很多运维人员会把文件打包后放到 Web 目录，这样就有可能造成信息泄露的风险，因此有一个良好的运维习惯是十分重要的。

6）内网 / 外网：很多人会觉得内网比外网安全一些，其实笔者认为这是错误的观点，在目前的互联网安全形势下，很少有企业可以做到内网比外网安全，而从外网进入内网很容易，如利用一个有弱口令的 VPN 进入，利用有一个命令执行的 Web 服务器进入内网等，因此内网跟外网的安全程度其实是一样的，甚至可能更低。

2.5 本章小结

本章介绍了运维安全的一些经验技术，笔者认为安全人员应该了解一些运维方面的知识，不需要太深入，但至少可以了解相关命令，看懂配置文件，了解运维系统，这样才可以更好地完成运维安全方面的相关工作。

第 3 章

主机安全

主机（操作系统）是互联网企业中比较重要的一个组成部分，因此主机的安全性也很重要，本章将针对 Windows 和 Linux 两大主机类型，分析主机的安全配置以及系统加固方法，还深入介绍如何进行入侵溯源分析，最后介绍各类主机入侵检测系统。

3.1 Windows 主机安全

虽然越来越多的互联网公司选择 Linux 操作系统，但是用 Windows 作为服务器操作系统提供服务的公司也不在少数，本节介绍 Windows 主机安全的相关内容，包括 Windows 主机补丁、补丁管理工具 Windows Server Update Services、加固建议等，最后回顾一下笔者认为比较经典的 Windows 漏洞。

3.1.1 Windows 主机补丁

几乎所有使用 Windows 的用户都知道需要打补丁，因为补丁对于 Windows Server 来说极为重要，比如著名的 MS-08067、MS12-20、CVE-2019-0708 等漏洞，对服务器、普通系统都有着极大威胁。微软每个月的第二个星期会定期发布系统更新补丁，除此之外，微软还会根据具体情况不定期发布紧急补丁。

查看 Windows 补丁有两种办法。

方法 1：单击“开始→控制面板→ Windows Update →查看更新历史记录”（见图 3-1），可以查看补丁更新情况。

方法 2：可以使用命令 systeminfo 查看补丁安装情况，如下所示。

```
修补程序:          安装了 10 个修补程序。
                   [01]: KB2425227
                   [02]: KB2479943
                   [03]: KB2491683
                   [04]: KB2506212
                   [05]: KB2509553
                   [06]: KB2511455
                   [07]: KB2534111
                   [08]: KB2999226
                   [09]: KB958488
                   [10]: KB976902
```

图 3-1　Windows Update

给单台 Windows 机器打补丁不是很难，此处就不再赘述。但是在一般的企业中，都有几十台甚至上百台 Windows 服务器，这就需要有能批量打补丁的工具。

3.1.2　补丁管理工具 WSUS

WSUS（Windows Server Update Service）就是微软提供的补丁管理工具，WSUS 支持微软公司全部产品的更新，包括 Office、SQL Server、MSDE 和 Exchange Server 等内容。通过 WSUS 这个内部网络中的 Windows 升级服务，所有 Windows 更新都集中下载到内部网的 WSUS 服务器中，而网络中的客户机通过 WSUS 服务器来得到更新。这在很大程度上节省了网络资源，避免了外部网络流量的浪费，并且提高了内部网络中计算机更新的效率。关于安装 WSUS 服务，在网上已经有很多资料可供查找，不再详述，这里主要说明两点：

1）安装 WSUS 的服务器需要有足够大的硬盘，保证可以下载所有的补丁，避免磁盘空间不够的情况发生。

2）客户端可以通过修改注册表或组策略两种方式将更新服务指向 WSUS 服务器。

1. 修改注册表方式

修改注册表的方法是，设置如下两个表键：

- HKEY_LOCAL_MACHINE\SOFTWARE\Policies\Microsoft\Windows\WindowsUpdate\AU（自动更新功能相关配置）
- HKEY_LOCAL_MACHINE\SOFTWARE\Policies\Microsoft\Windows\WindowsUpdate（WSUS 环境的相关配置）

并设置相应键值，例如：

- AUOptions：32 位 DWORD 值，配置自动更新策略。
- WUServer：字符串值，设置 WSUS 服务器地址。
- ElevateNonAdmins：32 位 DWORD 值，设置是否允许普通用户审批更新等。

2. 组策略方式

如果是在域环境下，更建议使用组策略方式进行控制，方法如下：

1）单击“开始→管理工具→组策略管理”，在 Default Domain Policy 中设置全域计算机的自动更新策略，如图 3-2 所示。

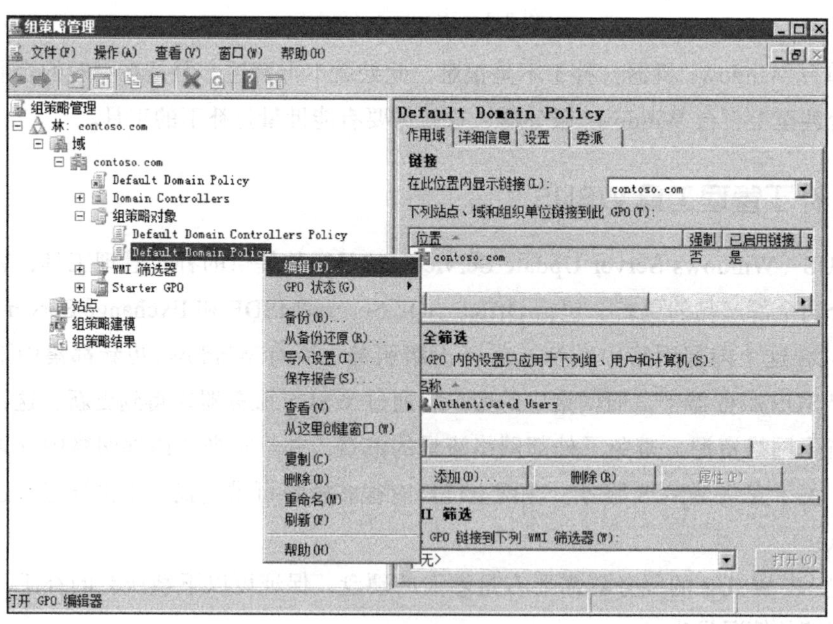

图 3-2　组策略

2）单击“计算机配置→策略→管理模板→ Windows 组件→ Windows Update →配置自动更新”，如图 3-3 所示。

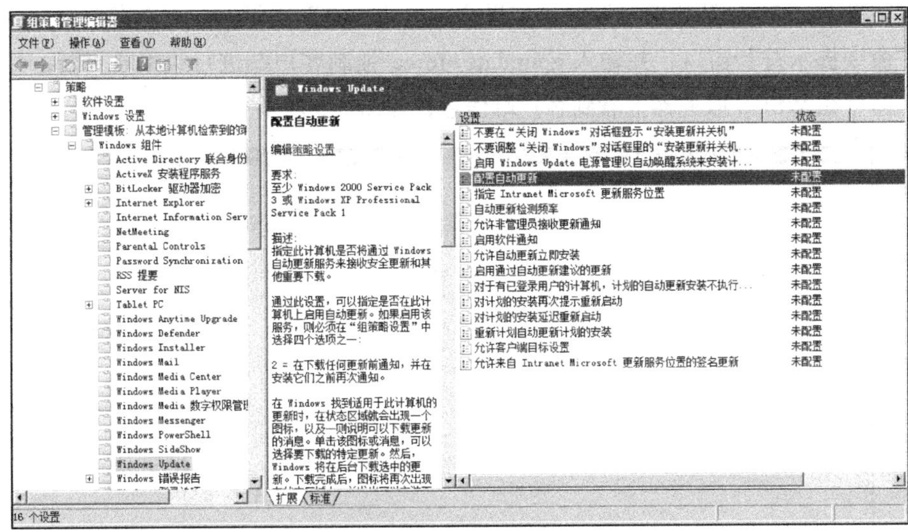

图 3-3　配置自动更新

根据实际情况进行配置，这里需要说明一点，即在更新服务位置处，填写 http://WSUS 服务器 IP，或 http://WSUS 服务器的名字（必须可解析），如图 3-4 所示。

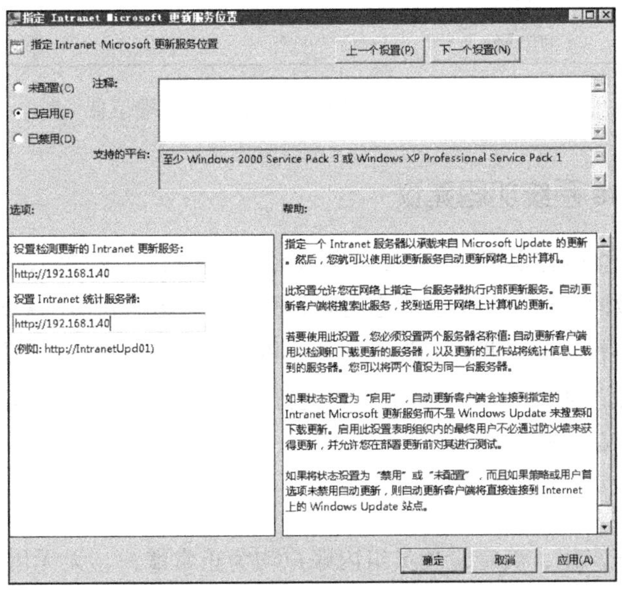

图 3-4　配置自动更新服务器

对于配有基于域的组策略对象的客户端计算机，组策略将花费大约 20 分钟才能将新的策略设置应用于客户端计算机。默认情况下，组策略会在后台每隔 90 分钟更新一次，并将时间做 0 ～ 30 分钟的随机调整。如果希望更快地更新组策略，可在客户端计算机上打开“命令提示符”窗口，并输入 gpupdate /force 强制客户端进行组策略更新。配置成功后，即可在 WSUS 服务器上看到客户端信息，如图 3-5 所示。

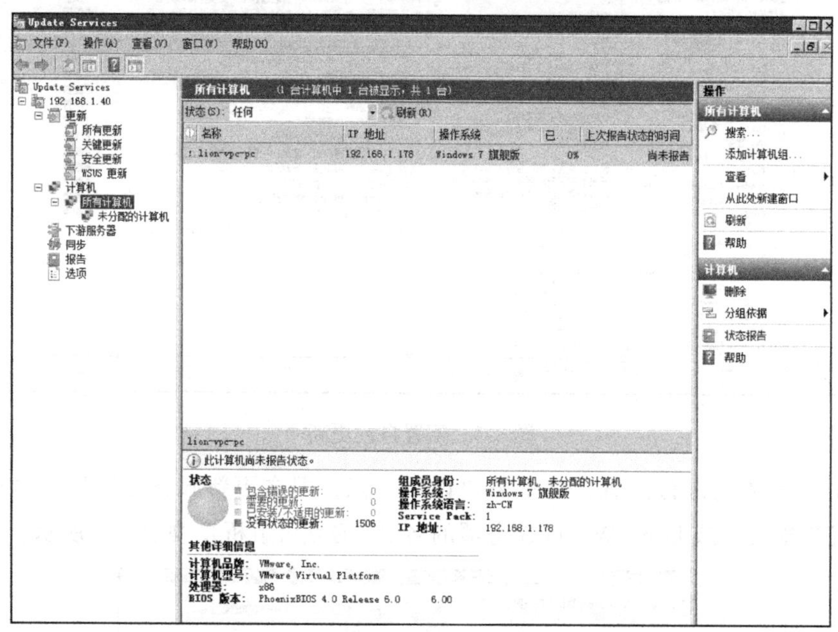

图 3-5 在 WSUS 服务器上看到客户端信息

3.1.3 Windows 系统加固建议

笔者认为，一个操作系统只要补丁更新及时，除非有 0day 漏洞，否则不会出现太大的安全问题，多数问题往往是上层的应用服务配置不当影响到操作系统本身。不过还是需要对操作系统进行一定的调整，关闭一些不必要的账号与服务，使其可以减少安全隐患，或能在出现安全问题的时候更加方便地进行排查。以下仅以 Windows 2008 为例，介绍如何对系统进行安全配置及加固。

1. 账号检查

检查账户与账户组，确定管理员组内账户均为正常账户，无无用账户或共用账户，创建的账户应符合最小要求原则。

2. 禁用来宾账户

要确定来宾账户为已禁用状态。

3. 密码及复杂度相关设置

在组策略中设置密码策略（见图 3-6）：

- 计算机配置 \Windows 设置 \ 安全设置 \ 账户策略 \ 密码策略 \ 密码必须符合复杂性要求：已启用。
- 计算机配置 \Windows 设置 \ 安全设置 \ 账户策略 \ 密码策略 \ 密码长度最小值：8 个字符。
- 计算机配置 \Windows 设置 \ 安全设置 \ 账户策略 \ 密码策略 \ 密码最长使用期限：90 天。
- 计算机配置 \Windows 设置 \ 安全设置 \ 账户策略 \ 密码策略 \ 强制密码历史：3 个记住的密码。

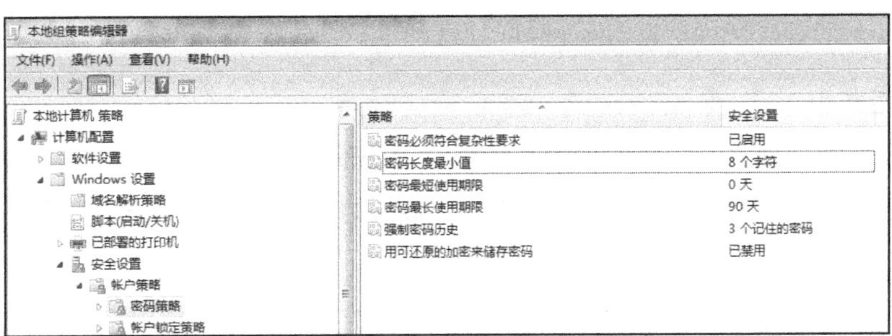

图 3-6 密码策略

4. 账户锁定策略

在组策略中，单击“计算机配置→ Windows 设置→安全设置→账户策略→账户锁定策略”，设定锁定时间为 30 分钟，锁定阈值 5 次无效登录（注意：这样设置虽然可以避免被暴力破解，但也有可能被恶意程序或在进行弱口令扫描时被 DOS 造成所有账号均被锁死），重置账户锁定计数器为 30 分钟之后，如图 3-7 所示。

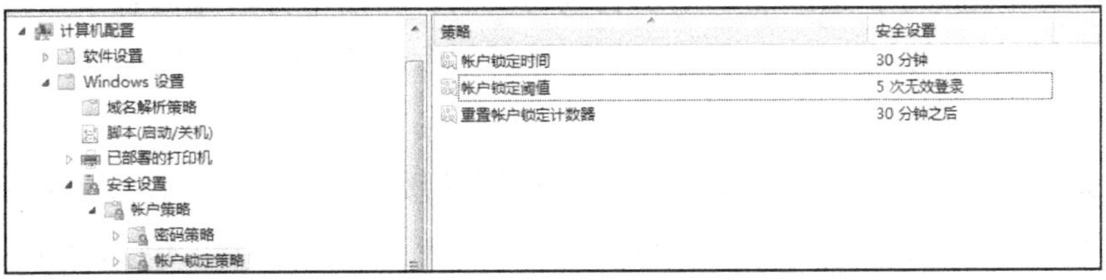

图 3-7 账户锁定策略

5. 审核策略

在组策略中，“计算机配置 \Windows 设置 \ 安全设置 \ 本地策略 \ 审核策略”中，除将审核策略更改为“成功”外，其余均设置为“成功，失败”，如图 3-8 所示。

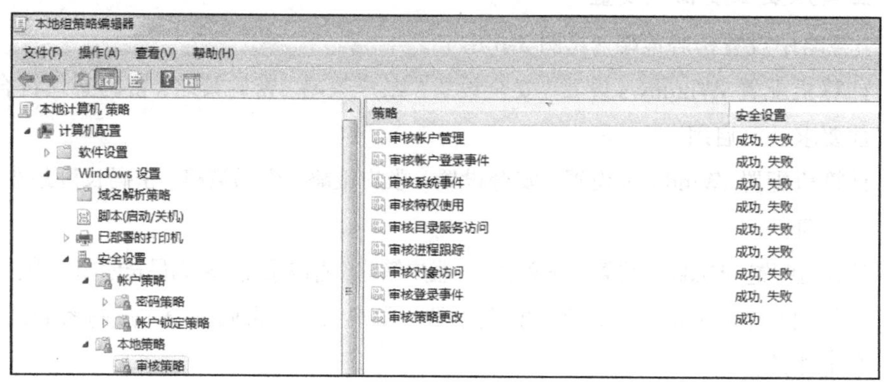

图 3-8　审核策略

6. 日志大小

在“计算机管理 \ 系统工具 \ 事件查看器 \Windows 日志”中，将应用程序、安全、系统日志至少设置为 32MB 以上，设置当达到最大的日志尺寸时，按需要改写事件。

7. 其他设置

其他设置包括补丁、远程超时设置、默认共享、文件权限指派、相关系统服务、匿名权限限制、防火墙、防病毒软件、SNMP 默认口令等，可以根据实际需要进行配置。

3.1.4　Windows 经典漏洞简介

任何一个系统都会有漏洞，Windows 这种庞大的操作系统也不例外，因此，我们来简单回顾一下近年来 Windows 的一些经典漏洞。读者也要时刻关注这些漏洞是否存在于自己管理的系统内。

- 空口令 / 弱口令：这虽然不是系统级的漏洞，却是十分常见而且杀伤力很大的人为漏洞，而 123456 这个“超级”密码，几乎是任何弱口令排行榜中位列榜首的密码。
- MS08-067 ：Windows Server 服务 RPC 请求缓冲区溢出漏洞，该漏洞将会影响除 Windows Server 2008 Core 以外的所有 Windows 系统，包括 Windows 2000/XP/Server 2003/Vista/Server 2008 的各个版本，攻击者可能未经身份验证即可利

用此漏洞运行任意代码。此漏洞可能用于进行蠕虫攻击。解决方案是为系统打KB958644补丁。

- MS12-020：Microsoft Windows 远程桌面协议 RDP 远程代码执行漏洞，漏洞影响范围从 Windows XP 到 Windows Server 2008 R2，攻击者向受影响的系统发送一系列特制的 RDP 数据包，则这些漏洞中较严重的漏洞可能允许远程执行代码，虽然市面上至今只有可以使系统蓝屏的 POC（Proof of Concept）程序，并没有真正可以执行命令的 EXP（exploit），但造成了 DOS 服务也会对业务造成不小的影响。
- MS17-010：Windows SMB 远程代码执行漏洞，该漏洞的影响范围从 Windows Vista 到 Windows Server 2016，几乎“通杀”所有 Windows 系统，著名的“永恒之蓝”便利用了此漏洞，此漏洞也为成为众多勒索软件标配的攻击对象。
- CVE-2019-0708：微软远程桌面服务远程代码执行漏洞（Remote Desktop Services Remote Code Execution Vulnerability），该漏洞类似于 MS12-20，影响范围从 Windows XP 到 Windows Server 2008 R2，但对 Windows 10 和 Windows 8 无影响，2019 年 9 月 7 日释放了该漏洞代码。

3.2 Windows 入侵溯源分析

溯源分析的目的如下：

- 确定入侵时间和途径。
- 定位病毒 / 木马位置。
- 确定攻击轨迹和危害。
- 取样分析。
- 病毒 / 木马清除。

围绕着上述目的，可从系统、服务、文件、网络四个部分进行，每部分相互重叠、相互关联。

首先从系统层面确定大概的入侵时间，然后从服务角度确定入侵途径和入侵类型：攻击者通常利用系统或服务的缺陷入侵系统，实施进一步的攻击。

最后从文件和网络层面，确定影响范围和危害：攻击者的最终目的是收集信息，破坏系统，例如，篡改配置文件、留下后门维持权限等，在此过程中需要与远程服务器通信，将收集的信息发送给远程服务器，或者接受远程服务器的进一步攻击指示等。Windows 入侵溯源的分析思路如图 3-9 所示。

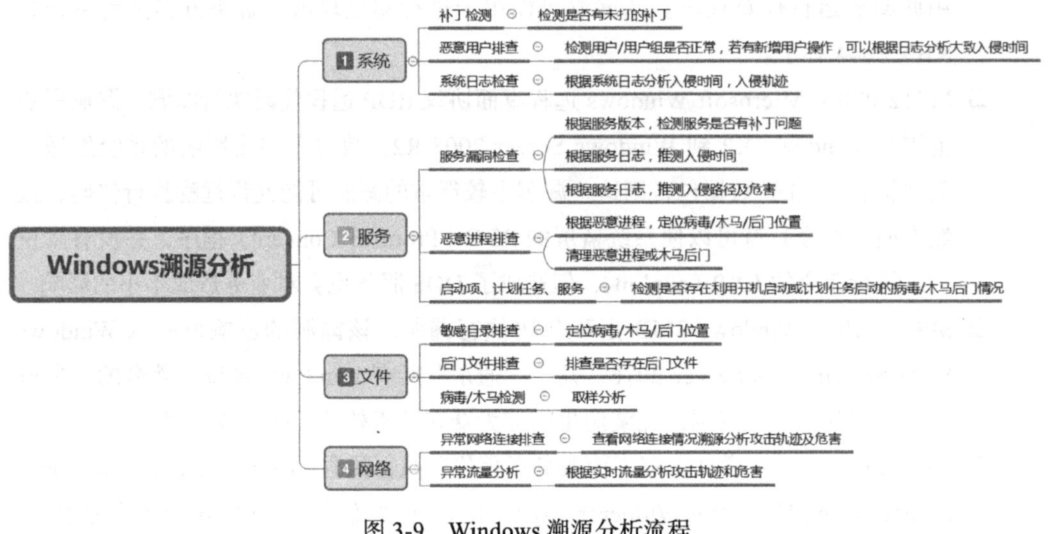

图 3-9　Windows 溯源分析流程

注意：请务必牢记，所有操作在执行前尽量请先备份，避免破坏现场。

3.2.1　系统

对于 Windows 系统层，最重要的问题就是补丁问题，很多入侵事件都是因为系统补丁没有及时更新。其次，便是对系统用户进行相关检查，例如弱口令或是否存在恶意用户，最后，针对日志进行分析，找出原因。下面针对以上步骤逐一介绍。

1. 补丁检测

理由	如果系统存在未打的重要补丁，攻击者便可以利用漏洞进行攻击。
目的	确保系统补丁已经全部更新。

可以使用 systeminfo 命令确定补丁情况，更多相关内容，可以参考第 4 章。

2. 恶意用户排查

理由	攻击者为了保持对目标机器的控制权，在受害者服务器中添加新的用户。
目的	若新增了用户，根据新增时间推测出大致的入侵时间。

对于 Windows 用户，需要进行如下检查：

- 检测所有启用账户是否有弱口令，远程管理功能是否对外网开放。
- 可用工具：nmap、hydr、xscan 等。

- 检查是否有可疑账号、新增账号，管理员组成员是否正确。

检查方法：打开 cmd 窗口，输入 lusrmgr.msc 命令，查看是否有新增 / 可疑的账号，检查管理员群组（Administrator）里的账户，如果有异常，则立即禁用或删除，并从日志中查找异常账号创建的时间。

- 查看服务器是否存在隐藏账号、克隆账号。检查方法：

  1）打开注册表，查看管理员对应键值及 HKEY_LOCAL_MACHINE\SAM\SAM 是否异常。

  2）使用 D 盾 _web 查杀工具，集成了对克隆账号检测的功能，如图 3-10 所示。

数据库后门追查　数据库降权　克隆帐号检测　流量监控　IIS池监控　端口查看　进程查看　样本解码　文件监控

ID	帐号	全名	描述	D盾_检测说明
3ED	test$			危险！克隆了[管理帐号]
3EE	test1$			带$帐号(一般用于隐藏帐号)
1F4	Administrator		管理计算机(域)的内置...	[管理帐号]
1F5	Guest		供来宾访问计算机或访...	
3E8	IUSR_WIN2008-NE...	Internet 来宾帐户	用于匿名访问 Interne...	

图 3-10　使用 D 盾查看异常账号

- 结合日志，查看管理员登录时间、用户名是否存在异常。检查方法：

  1）按 Win+R 键打开运行窗口，输入 eventvwr.msc，按 Enter 键运行，打开“事件查看器”。

  2）利用之前介绍的 Windows 日志分析工具进行分析。

3. 系统日志检查

理由	攻击事件都会在日志中留下记录。
目的	根据日志分析入侵时间、入侵轨迹。

通过事件查看器查看安全日志、系统日志和应用程序日志，可以通过第 6 章介绍的 Windows 日志分析工具对日志进行分析。

3.2.2　服务

理由	若对外开放的某个服务存在漏洞，攻击者利用该漏洞获得服务器的部分权限，进而控制整个系统。因此需要仔细查看该机器上运行的服务。
目的	根据运行的服务，推测入侵途径。 根据服务日志，推测入侵时间、攻击轨迹和危害。

操作系统都会提供各种服务，而提供服务就存在被入侵的可能，恶意的服务会开启进程，并且利用自动启动功能保障程序可以在开机后运行，因此需要对服务、进程及自启动内容进行检测。

1. IIS 或其他 Web 服务漏洞检查

若仅对外开放 Web 服务（Apache、Nginx 等），基本可以确定是通过 WebShell 入侵，需要找到相应的 WebShell、木马等文件，查看创建时间，确定入侵事件。关于 Web 服务日志分析，可以参考第 6 章。

2. 其他服务漏洞检查

如果机器上还运行着其他服务，检查服务软件版本确定是否存在漏洞，查看相关日志文件找到入侵的蛛丝马迹。

3. 恶意进程排查

理由	只有新开一个进程才能实施攻击。
目的	根据恶意进程，定位病毒 / 木马的位置。 下载样本到本地，取样分析，确定攻击轨迹和危害。 杀死进程清理病毒。

需要对 Windows 中当前运行的进程进行检测，以便找出可疑进程。

检查方法如下：

1）单击“开始→运行→输入 msinfo32”，依次单击“软件环境→正在运行任务”就可以查看到进程的详细信息，比如进程路径、进程 ID、文件创建日期、启动时间等。

2）打开 D 盾 _web 查杀，单击“工具”，选择进程，关注没有签名信息的进程。

3）通过微软官方提供的 Process Explorer 等工具进行排查。

4）查看可疑的进程及其子进程。可以观察以下内容：

- 没有签名验证信息的进程。
- 没有描述信息的进程。
- 进程的属主。
- 进程的路径是否合法。
- CPU 或内存资源占用时间过长的进程。

小技巧：

1）查看端口对应的 PID：netstat -ano | findstr "port"。

2）查看进程对应的 PID：单击“任务管理器→查看→选择列→ PID”，或者使用 tasklist | findstr"PID" 命令。

3）查看进程对应的程序位置：任务管理器→选择对应进程→右击打开文件的位置，

或打开“运行”界面（按 Win+R 键）→输入 wmic →在弹出的 cmd 界面输入 process，配合 findstr 参数查看对应进程的文件位置。

4）tasklist /svc 进程→ PID →服务。

5）查看 Windows 服务所对应的端口：%system%/system32/drivers/etc/services（一般 %system% 就是 C:\Windows）。

4. 检查启动项、计划任务、服务

（1）检查服务器是否有异常的启动项

检查步骤如下：

1）登录服务器，单击“开始→所有程序→启动”，默认情况下此目录是一个空目录，确认是否有非业务程序在该目录下。

2）单击“开始→运行”，输入 msconfig，查看是否存在命名异常的启动项目，是则取消勾选命名异常的启动项目，并到命令中显示的路径删除该文件。

3）单击“开始→运行”，输入 regedit，打开注册表，查看开机启动项是否正常，特别注意如下几个注册表项：

```
HKEY_CURRENT_USER\software\micorsoft\windows\currentversion\run
HKEY_CURRENT_USER\software\micorsoft\windows\currentversion\runOnce
HKEY_LOCAL_MACHINE\Software\Microsoft\Windows\CurrentVersion\Run
HKEY_LOCAL_MACHINE\Software\Microsoft\Windows\CurrentVersion\RunOnce
HKEY_CURRENT_USER\ Environment\
```

检查右侧是否有启动异常的项目，如果有则删除，并建议安装杀毒软件进行病毒查杀，清除残留病毒或木马。

4）查看组策略中的“启动 / 关机”脚本：单击“开始→运行”，输入 gpedit.msc，找到如图 3-11 所示的位置。

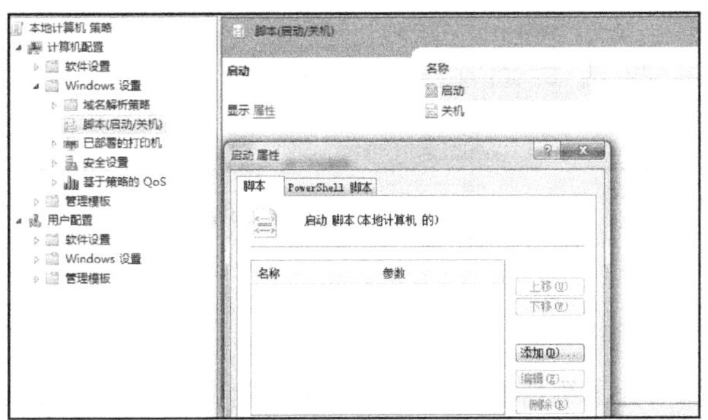

图 3-11　组策略启动关机脚本

（2）检查计划任务

检查方法如下：

1）单击“开始→设置→控制面板→任务计划”，查看计划任务属性，便可以发现木马文件的路径。

2）单击“开始→运行”，输入 cmd，右击 cmd.exe，以管理员身份运行，启动 cmd 后输入 at，检查计算机与网络上的其他计算机之间的会话或计划任务，如果有内容，需要确认是否正常。

（3）服务自启动

检查方法：单击“开始→运行”，输入 services.msc，注意服务状态和启动类型，检查是否有异常服务。

（4）Autoruns for Windows（https://docs.microsoft.com/en-us/sysinternals/downloads/autoruns）

可以使用微软出品的检测所有自动启动相关的工具进行检查，如图 3-12 所示。

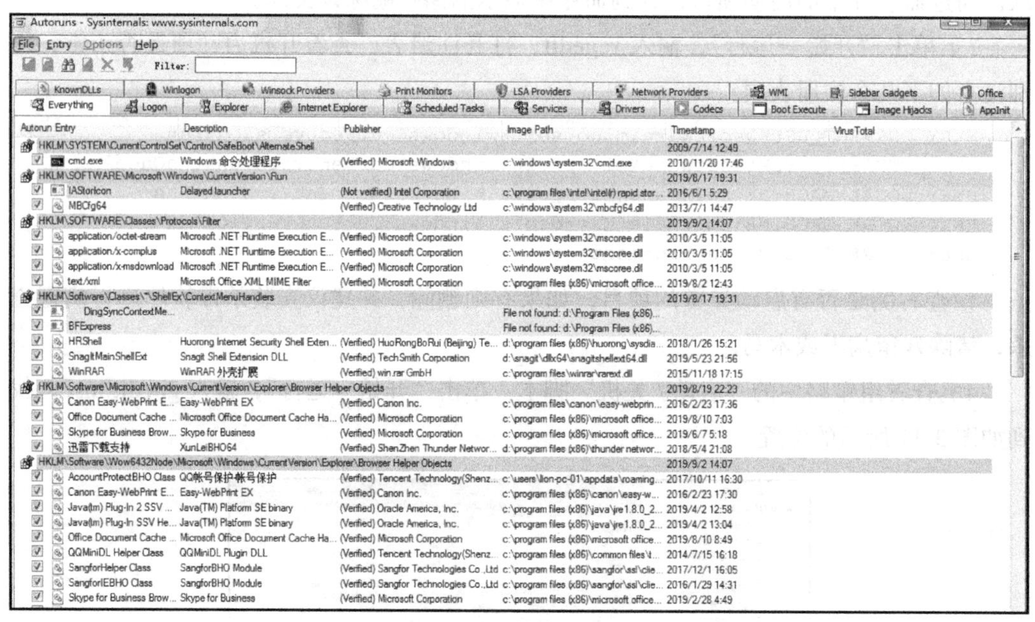

图 3-12　Autoruns for Windows 界面

3.2.3　文件

黑客入侵服务器后为了维持权限，都会留下后门文件以便再次入侵，而后门文件一般会比较隐蔽难以查找，因此需要排查敏感目录，找到可疑文件进行分析。

1. 敏感目录排查

理由	黑客有可能将后门文件保存在隐蔽位置，病毒木马也可能临时释放一些文件在系统文件下，等等。
目的	定位病毒、木马、后门样本。

敏感目录包括系统目录、回收站、环境变量等。需要依次检查以下内容：

- 检测 windows、system32、users、回收站、浏览器下载、浏览器历史等文件。
- 检测环境变量中是否有可疑内容。
- 检测服务运行目录是否有可疑文件。
- 查找最近建立、修改或时间异常的文件。

2. 后门文件排查

理由	黑客为了保持权限，有可能会留下各种后门文件。
目的	查找后门文件。

黑客可能利用一种甚至多种后门技术，例如 shift 后门、ldk 劫持、IFEO 劫持等，因此需要进行如下检查：

- 检测 system32 下 sethc.exe 文件的创建、修改时间是否正常。
- 检测是否有路径不正常的 lpk.dll 文件（默认情况下在 system32 下）。
- 检测注册表。

例如，检查 HKEY_LOCAL_MACHINE\SOFTWARE\Microsoft\Windows NT\ Current Version\Image File Execution Options 下是否有异常键值。

3. 病毒 / 木马检测

（1）木马危害

木马是指从网络中下载的应用程序中，包含了可以控制用户计算机系统的程序，这些程序可以破坏计算机系统，甚至导致系统瘫痪。木马的危害如下：

- 窃取数据。以窃取数据为目的，本身不破坏计算机的文件和数据，不妨碍系统的正常工作，以系统使用者很难察觉的方式向外传送数据（只能从网络角度分析）。
- 篡改文件和数据。对系统文件和数据有选择地进行篡改，使计算机处理的数据出错，导致做出错误的决策，有时也对数据进行加密。
- 删除文件和数据。
- 释放病毒。将原先埋伏在系统中处于休眠状态的病毒激活，或从外界将病毒导入计算机系统，使其感染并实施破坏。

- 使系统自毁。如改变时钟频率、使芯片热崩坏而损坏。

（2）病毒危害

计算机病毒是一段附着在其他程序上、可以自我繁殖的程序代码，复制后生成的新病毒同样具有感染其他程序的能力。病毒的最大特点是其传染性，病毒的危害也包括毁坏数据和程序、改变数据、封锁系统、模拟或制造硬件错误等。[⊖]

（3）样本分析

根据定时任务和进程可定位出病毒 / 样本位置，下载到本地保留样本。

查看文件类型，如果是 shell 脚本，则查看文件内容。如果是可执行文件，如前文所述，使用在线病毒分析软件得出大概的攻击轨迹和危害。更多信息可参考如下网站：

- https://www.virustotal.com
- https://habo.qq.com/

3.2.4　网络

黑客在攻击服务器或使用后门连接服务器时，会产生网络流量，因此通过分析网络流量便可以发现黑客的行踪。

1. 异常网络连接排查

理由	通常情况下，病毒、木马发送本机信息到远程服务器，或者从远程服务器下载其他病毒或木马进一步感染主机。
目的	查看网络连接，溯源分析攻击轨迹和危害。

检查端口连接情况，如是否有远程连接、可疑连接。检查方法：

1）使用 netstat -ano 命令，查看目前的网络连接，定位可疑的 established。

2）根据 netstat 定位出 pid，再通过 tasklist 命令 tasklist | findstr "PID" 进行进程定位。也可以通过“任务管理器→查看”选择列 PID。

3）通过火绒剑等工具查看网络连接情况，如图 3-13 所示。

2. 异常流量分析

理由	病毒 / 木马发送本机信息到远程服务器，或者从远程服务器下载其他病毒或木马进一步感染主机。
目的	根据实时流量分析攻击轨迹和危害。

⊖ 更多关于病毒的问题，请参考傅建明、彭国军、张焕国等编著的《计算机病毒分析与对抗》。

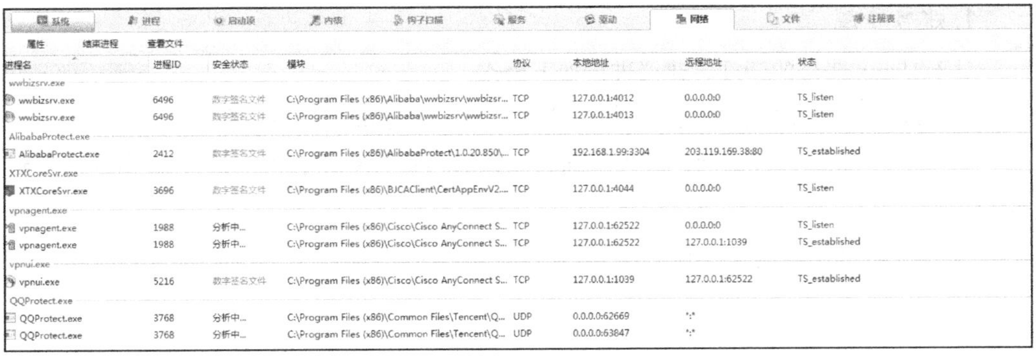

系统 进程 启动项 内核 钩子扫描 服务 驱动 网络 文件 注册表

属性 结束进程 查看文件

进程名	进程ID	安全状态	模块	协议	本地地址	远程地址	状态
wwbizsrv.exe							
wwbizsrv.exe	6496	数字签名文件	C:\Program Files (x86)\Alibaba\wwbizsrv\wwbizsr...	TCP	127.0.0.1:4012	0.0.0.0:0	TS_listen
wwbizsrv.exe	6496	数字签名文件	C:\Program Files (x86)\Alibaba\wwbizsrv\wwbizsr...	TCP	127.0.0.1:4013	0.0.0.0:0	TS_listen
AlibabaProtect.exe							
AlibabaProtect.exe	2412	数字签名文件	C:\Program Files (x86)\AlibabaProtect\1.0.20.850\...	TCP	192.168.1.99:3304	203.119.169.38:80	TS_established
XTXCoreSvr.exe							
XTXCoreSvr.exe	3696	数字签名文件	C:\Program Files (x86)\BJCAClient\CertAppEnvV2...	TCP	127.0.0.1:4044	0.0.0.0:0	TS_listen
vpnagent.exe							
vpnagent.exe	1988	分析中...	C:\Program Files (x86)\Cisco\Cisco AnyConnect S...	TCP	127.0.0.1:62522	0.0.0.0:0	TS_listen
vpnagent.exe	1988	分析中...	C:\Program Files (x86)\Cisco\Cisco AnyConnect S...	TCP	127.0.0.1:62522	127.0.0.1:1039	TS_established
vpnui.exe							
vpnui.exe	5216	数字签名文件	C:\Program Files (x86)\Cisco\Cisco AnyConnect S...	TCP	127.0.0.1:1039	127.0.0.1:62522	TS_established
QQProtect.exe							
QQProtect.exe	3768	分析中...	C:\Program Files (x86)\Common Files\Tencent\Q...	UDP	0.0.0.0:62669	*:*	
QQProtect.exe	3768	分析中...	C:\Program Files (x86)\Common Files\Tencent\Q...	UDP	0.0.0.0:63847	*:*	

图 3-13 使用火绒剑查看网络连接

可以使用 Wireshark 等工具对流量进行抓取并分析，关于 Wireshark 的使用，请参考官方文档。

3.3 Linux 主机安全

Linux 系统凭借着免费、开源等优势，已经逐渐成为互联网公司首选的操作系统，本章主要以 CentOS 7 为例，介绍与 Linux 系统相关的安全内容。

3.3.1 Linux 补丁

Linux 系统与 Windows 系统有所不同，Linux 系统由内核及周边软件组成，对内核来说，并不存在打补丁一说，只有升级内核这个概念；而对于软件来说，打补丁更多是意味着升级，因此 Linux 并没有严格意义上的像 WSUS 那样的补丁管理工具。而且，由于 Linux 是开源的，有更多的程序员和安全人员可以研究 Linux 代码，因此 Linux 系统比 Windows 系统更加安全，对资源的控制比 Windows 更加合理，加上 Linux 本身免费，因此越来越多的服务器选择了 Linux 系统。不过与 Windows 相同，单纯一个 Linux 系统本身也不会存在较大的安全问题，真正有问题的还是上层应用服务，所以在初始化 Linux 时，也需要对系统进行一些调整，减少安全隐患。

3.3.2 Linux 系统加固建议

Linux 加固的内容很多，笔者从以下几个维度进行介绍：账号管理、SSH 安全、密码设置、History 安全、日志安全。

1. 账号管理

对于Linux账号的管理，建议进行如下操作：

1）锁定或清除系统自带的一些不常用的用户，如games、news等。

2）限制root的远程访问，管理员通过普通账号远程登录，然后通过su命令切换到root账户：

```
sed -i 's/^[#]\{0,1\}PermitRootLogin.*/PermitRootLogin no/' /etc/ssh/sshd_con©g
```

2. SSH安全

SSH登录是管理Linux最常见的方式，因此对SSH加固非常重要，建议在终端操作以下命令，避免因为操作失误导致可能无法连入系统。

1）指定SSH协议为2：

```
sed -i 's/^[#]\{0,1\}Protocol.*/Protocol 2/' /etc/ssh/sshd_con©g,
```

重启SSH服务：

```
service sshd start
```

或

```
/bin/systemctl start sshd.service
```

以下与SSH相关的操作都需要重启服务，故省略重启SSH服务操作。

2）更改SSH默认端口（例如改为2222，需要注意selinux状态，可以使用setenforce 0命令临时关闭selinux，否则报错，不关闭则需要同时更改selinux的SSHD的端口）。

```
sed -i 's/^[#]\{0,1\}Port.*/Port 2222/g' /etc/ssh/sshd_con©g
```

3）尽量不将SSH端口开放到公网。

4）如果可以，尽量使用证书或双因素认证，以提高登录安全性。启用密钥认证（密钥要设置密码），前提是要有一个sudo权限的普通用户，且要注意以下两点：

.ssh目录的权限必须是700，如下所示：

```
[lion@localhost home]$ pwd
/home
[lion@localhost home]$ ls -al lion
总用量 20
drwx------. 5 lion lion 140 9月  11 22:49 .
drwxr-xr-x. 3 root root  18 9月  11 22:16 ..
-rw-------. 1 lion lion 151 9月  11 22:59 .bash_history
-rw-r--r--. 1 lion lion  18 10月 31 2018 .bash_logout
-rw-r--r--. 1 lion lion 193 10月 31 2018 .bash_profile
-rw-r--r--. 1 lion lion 231 10月 31 2018 .bashrc
drwxrwxr-x. 3 lion lion  18 9月  11 22:19 .cache
drwxrwxr-x. 3 lion lion  18 9月  11 22:19 .config
drwx------. 2 lion lion  29 9月  11 22:49 .ssh
```

.ssh/authorized_keys 文件权限必须是 600，如下所示：

```
[lion@localhost ~]$ pwd
/home/lion
[lion@localhost ~]$ ls -al .ssh
总用量 4
drwx------. 2 lion lion  29 9月  11 22:49 .
drwx------. 5 lion lion 140 9月  11 22:49 ..
-rw-------. 1 lion lion 381 9月  11 22:49 authorized_keys
```

再通过下面两条命令将密码登录更改为证书登录即可：

```
sed -i 's/PasswordAuthentication yes/PasswordAuthentication no/'g /etc/ssh/sshd_con©g
sed -i 's/#PubkeyAuthentication yes/PubkeyAuthentication yes/g' /etc/ssh/sshd_con©g
```

3. 密码设置

密码也是 Linux 安全中重要的组成部分，因此需要对密码的复杂度、有效期等进行设置：

（1）启用密码复杂度设置

修改 /etc/pam.d/system-auth-ac 文件，使用“#”注释掉，"password requisitepam_pwquality. so retry=3 authtok_type= "，新增：

```
password requisitepam_cracklib.so try_©rst_pass retry=5 minlen=8 ucredit=-1
```

如下所示：

```
#password    requisite     pam_pwquality.so try_first_pass local_users_only retry=3 authtok_type=
password    requisite     pam_cracklib.so retry=5 minlen=8 ucredit=-1
```

即为 password 加载 pam_cracklib.so 模块，后接模块参数，常用参数为：

- retry=N：改变重新输入密码的次数。
- difok=N：设置允许的新、旧密码相同字符的个数。
- minlen=N：密码最小长度 。
- ucredit=N：密码中至少有多少个大写字符，-N 代表至少 N 个，以下类似。
- lcredit=N：密码中至少有多少个小写字符。
- dcredit=N：密码中至少有多少个数字。
- ocredit=N：密码中至少有多少个其他的字符。
- try_first_pass：后面的模块尝试使用为之前模块输入的密码。
- local_users_only：只在本地 / etc/passwd 文件中的用户。

其余参数，请使用 man pam_cracklib 命令查看说明。

（2）启用密码有效期

修改 /etc/login.defs 中如下内容：

```
PASS_MAX_DAYS   99999
PASS_MIN_DAYS   0
PASS_MIN_LEN    8
PASS_WARN_AGE   7
```

分别将密码最长过期时间、密码最短过期时间、密码最小长度、密码过期提前警告天数修改为合适数值即可。

4. History安全

History里记录着用户的所有操作信息，对History进行加固有助于在出现问题时方便地进行溯源，因此也需要进行设置，具体步骤如下。

1）增加HISTTIMEFORMAT命令记录历史到环境变量：

```
echo "export HISTTIMEFORMAT=\"%F %T \"" >> /etc/pro©le
```

2）记录所有用户的操作：

```
export PROMPT_COMMAND='{ date +"[$(who am i | tr -s [[:blank:]] | cut
-d" " -f1,2,5)-> ${USER}] $( history 1 | { read num cmd; }; })" ; } >>
/var/log/audit/UserAudit.log'
```

注意：UserAudit.log中其他用户权限位要设置读写权限。

使用readonly PROMPT_COMMAND命令使PROMPT_COMMAND只读。

3）增加HISTSIZE命令记录行数。编辑/etc/profile并 在文件最后增加或修改：

```
export HISTSIZE=5000
```

然后执行：

```
source /etc/pro©le
```

5. 日志安全

日志保存着重要的记录，因此对于日志，在尽可能在本地保存的同时，增加远程保存机制，并进行校验，以保证日志的可用性、完整性。更多关于日志的介绍，请参考第6章。

由于关于Linux加固在网上已经有太多资料，所以笔者仅挑选以上几个自认为重要的地方介绍，其他内容不再赘述。

3.3.3　bash安全设置

当黑客入侵时，一般会清空命令历史记录，以便被发现后无法溯源。这里介绍一下如何重新编译bash并记录操作命令到本地，同时同步到rsyslog。从bash-4.1开始，bash原生支持操作日志通过syslog外发，该配置项在config-top.h文件中定义，但默认是关闭的，需要取消#define SYSLOG_HISTORY的注释，开启syslog转发。

下载 bash 最新稳定版并解压：

```
[root@localhost ~]# wget -c https://ftp.gnu.org/gnu/bash/bash-4.4.18.tar.gz
[root@localhost ~]# tar zxf bash-4.4.18.tar.gz
[root@localhost ~]# cd bash-4.4.18/
```

修改源代码。共计需要修改两处源码，第一处为 bashhist.c，需要修改 771 行和 776 行，修改内容如下所示：

```
771 syslog (SYSLOG_FACILITY|SYSLOG_LEVEL, "HISTORY: PID=%d PPID=%d SID=%d
UID=%d User=%s CMD=%s", getpid(), getppid(), getsid(getpid()), current_
user.uid, current_user.user_name, line);

776 syslog (SYSLOG_FACILITY|SYSLOG_LEVEL, "HISTORY (TRUNCATED): PID=%d
PPID=%d SID=%d UID=%d User=%s CMD=%s", getpid(), getppid(), getsid (getpid
()), current_user.uid, current_user.user_name, trunc);
```

部分 uoming 信息说明如下：

- PID：进程号
- PPID：父进程号
- SID：session ID
- User：用户名
- CMD：执行的命令

其中 PID 表示当前执行 Linux 命令的 bash 进程 ID，使用函数 getpid() 获取；PPID 表示当前执行 Linux 命令的 bash 父进程 ID，使用函数 getppid() 获取；SID 表示当前会话 ID，使用函数 getsid（getpid()）获取；UID 表示执行命令用户的 ID，用 current_user.uid 表示；User 表示执行命令的用户名，用 current_user.user_name 表示；CMD 表示执行的历史命令内容。

说一下父进程，一个正常登录的 bash，父进程应该是操作系统，或者 bash 本身，或者 SSHD。当一个 bash 进程的父进程是 Java，或者是 PHP 、Python 时很可能就有问题了。

第二处：是修改 config-top.h。将 116 行的注释删除，如下所示：

```
#de©ne SYSLOG_HISTORY
```

将 118 行的 #define SYSLOG_FACILITY LOG_USER 改为 #define SYSLOG_FACILITY LOG_LOCAL6，编译并安装，如下所示：

```
[root@localhost bash-4.4.18]# ./con©gure --pre©x=/usr/local/bash-4.4.18
--enable-net-redirections --enable-readline
[root@localhost bash-4.4.18]# make -j8
[root@localhost bash-4.4.18]# make install
```

```
[root@localhost bash-4.4.18]# cd /usr/local/
[root@localhost local]# ln -s bash-4.4.18 bash
```

有两个注意事项：

1）-enable-readline，前提是系统中要安装 readline readline-devel。

2）-net-redirections，表示允许使用 /dev/tcp/ip/port 这样的方式连接。

然后修改 rsyslog：

```
[root@localhost ~]# yum install rsyslog （如有rsyslog服务可以省略）
[root@localhost ~]# vim /etc/rsyslog.conf
```

增加如下内容：

```
local6.* /var/log/bash.log
local6.* @@remote-rsyslog-server:514
```

重启 rsyslog，这样命令记录就不会丢失。

最后替换用户登录 shell：

```
[root@localhost ~]# chsh -s /usr/local/bash/bin/bash $username
```

关于 syslog 的介绍，也请参考第 6 章。

3.3.4 Linux 经典漏洞介绍

Linux 系统也有很多经典漏洞，下面简单介绍一下：

- Heartbleed（心脏滴血）：OpenSSL Heartbleed 模块存在一个 BUG，问题存在于 ssl/dl_both.c 文件中的心跳部分，当攻击者构造一个特殊的数据包，采用的数据超过用户心跳包中的数据限制，会导致 memcpy 函数把 SSLv3 记录之后的数据直接输出。该漏洞导致攻击者可以远程读取存在漏洞版本的 OpenSSL 服务器内存中多达 64KB 的数据。此漏洞影响力较大，互联网中绝大多数网站均受到这个漏洞的影响。
- Shellshock（破壳漏洞）：又称 Bashdoor，是在 UNIX 中广泛使用的 Bash shell 中的一个安全漏洞，首次于 2014 年 9 月 24 日公开。许多互联网守护进程，如网页服务器，使用 bash 来处理某些命令，从而允许攻击者在易受攻击的 bash 版本上执行任意代码。这可使攻击者在未授权的情况下访问计算机系统。该漏洞会影响目前主流的 Linux 和 Mac OSX 操作系统平台，包括但不限于 Redhat、CentOS、Ubuntu、Debian、Fedora、Amazon Linux、OS X 10.10 等平台。
- DirtyCow（脏牛漏洞）：Linux 内核的内存子系统在处理写时拷贝（Copy-on-Write，COW）时存在竞争漏洞，导致只读内存页可被篡改或写入。一个低权限的本地用户能够利用此漏洞获取只读内存映射的写入权限。通过写入系统重要的敏感文件，可获取整个系统的最高权限。

3.4　Linux 入侵溯源分析

Linux 入侵溯源分析与 Windows 的分析大致相同，也分系统、服务、文件、网络四个部分，分析思路如图 3-14 所示。

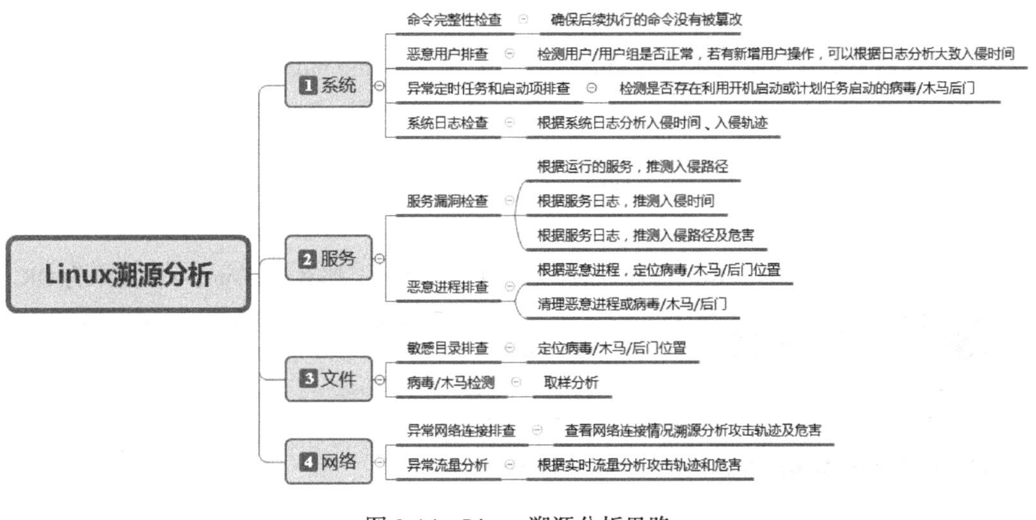

图 3-14　Linux 溯源分析思路

注意： 再次强调，所有操作在执行前请先备份，避免破坏现场。

3.4.1　系统

针对 Linux 系统层面，我们主要关注以下内容：

- 命令完整性检查
- 恶意用户排查
- 异常定时任务排查
- 启动项排查
- 系统日志检查

下面逐一介绍。

1. 命令完整性检查

理由	病毒或木马植入 Rootkit，部分 Rootkit 通过替换 login、ps、ls、netstat 等系统命令，或修改 .rhosts 等系统配置文件等，实现隐藏并设置后门。
目的	确保后续执行的命令的完整性（如 ps、ls 等）。

这里主要检查三项内容：系统命令的 md5 值是否与同一批未受攻击系统的值一致，安装的 RPM 包的变化情况，以及检测系统是否有 Rootkit 存在。

（1）md5 值校验（md5sum）

从正常机器中导出常用命令的 md5 值，结果保存在 tmp.md5sum 中，命令如下：

```
which --skip-alias ls ©nd lsof du ps top who last chsh passwd cat vi
crontab netstat | xargs md5sum > tmp.md5sum
```

检查被感染机器中的命令是否变化，命令如下：

```
md5sum -c tmp.md5sum
```

如下所示，如果 find、lsof、top、netstat 命令没被篡改，那么 md5sum -c 的结果为 OK。

```
]$ which find lsof top netstat | xargs md5sum > tmp.md5sum
]$ more tmp.md5sum
f51f1195ad6e81ddf5a780ba1e8921af  /usr/bin/find
b3b254ed2d04a324268cc852c7c5be51  /usr/sbin/lsof
06780a49876366a8caf101dec7646ce6  /usr/bin/top
60523518c81d85c7d761bd6e6e9a1007  /usr/bin/netstat
]$ md5sum -c tmp.md5sum
/usr/bin/find: OK
/usr/sbin/lsof: OK
/usr/bin/top: OK
/usr/bin/netstat: OK
```

若命令被篡改，可以使用 https://www.virustotal.com/ 、https://habo.qq.com/ 等在线分析软件，确定是否为病毒 / 木马，同时记录修改时间。这里需要说明的是，校验 md5 值在大多数情况下是可行的，但是如果使用了 prelink ，那么命令的 md5 值会发生改变，可以使用 prelink -au 命令取消已经做的预连接，这点需要读者注意。

（2）RPM 校验

基于系统自带的 rpm 命令检查软件包的变化，使用如下参数：

- rpm -V：已安装的软件名称，该软件所含的文件被更改过时才会列出。
- rpm -Va：列出目前系统上所有可能被更改过的文件。
- rpm -Vf：系统中的文件名，列出某个文件是否被更改过。

如果一切正常，则输出结果为空。

下面的例子是 rpm -Va 的结果：

```
████████████████████]$ rpm -Va
S.5....T.  c /etc/bashrc
S.5....T.  c /etc/profile
..?......  c /etc/securetty
..?......    /usr/sbin/iprdbg
..?......  c /etc/sysconfig/ipvsadm-config
..?......  c /etc/tcsd.conf
```

第一列为修改的类型：

- S：（file size differ）文件的容量大小是否被改变。
- M：（mode differ）文件的类型或文件的属性（rwx）是否被改变，是否可运行等参数已被改变。
- 5：（MD5 sum differ）MD5 这一种指纹码的内容已经不同。
- D：（device major/minor number mis-match）装置的主 / 次代码已经改变。
- L：（readLink（2）path mis-match）Link 路径已被改变。
- U：（user ownership differ）文件的所属人已被改变。
- G：（group ownership differ）文件的所属群组已被改变。
- T：（mTime differs）文件的创建时间已被改变。

第二列是文件类型：

- c：配置档（config file）。
- d：文件数据档（documentation）。
- g：ghost 文件不被某个软件所包含，这种情况较少发生。
- l：授权文件（license file）。
- r：readme 文件。

请重点关注 /usr/bin、/bin 下文件的 MD5 的变化，若发生变化，可使用 https://www.virustotal.com/ 、https://habo.qq.com/ 等在线分析软件确定其是否为病毒 / 木马，同时记录修改时间。

（3）rootkit 检测工具校验

可使用相关工具查看是否存在 rootkit，如 chkrootkit、rkhunter 等 ，也可以将可疑文件传送到 https://www.virustotal.com/、https://habo.qq.com/ 等在线分析软件进行分析。

2. 恶意用户排查

理由	攻击者为了保持对目标机器的控制权，在受害者服务器中添加新的用户。
目的	若新增了用户，根据新增时间推测出大致的入侵时间。

Linux 用户的相关信息存放于 /etc/passwd 文件中，密码加密保存于 /etc/shadow 文件中，需要重点关注 passwd 文件。主要步骤如下：

1）查看 passwd 的修改时间、权限。

```
ls -l /etc/passwd
```

2）查看是否产生了新用户，是否存在 UID 和 GID 为 0 的用户：

```
cat /etc/passwd
```

/etc/passwd 的结果示例如下所示，每列以“:”分隔，依次为用户名、密码（结果存放在 /etc/shadow 文件中）、UID（0 表示系统管理员）、GID（0 表示系统管理员组）、用户信息说明、用户家目录、Shell。

```
]$ cat /etc/passwd
root:x:0:0:root:/root:/usr/local/bash/bin/bash
bin:x:1:1:bin:/bin:/sbin/nologin
daemon:x:2:2:daemon:/sbin:/sbin/nologin
adm:x:3:4:adm:/var/adm:/sbin/nologin
lp:x:4:7:lp:/var/spool/lpd:/sbin/nologin
sync:x:5:0:sync:/sbin:/bin/sync
shutdown:x:6:0:shutdown:/sbin:/sbin/shutdown
halt:x:7:0:halt:/sbin:/sbin/halt
mail:x:8:12:mail:/var/spool/mail:/sbin/nologin
```

详细的结果解释参见：http://cn.linux.vbird.org/linux_basic/0410accountmanager.php。重点关注 UID、GID 为 0，shell 为 /bin/bash 的用户，关注该用户的新增时间，执行过的命令。

3. 异常定时任务排查

理由	病毒 / 木马为了增加自己的攻击性，会添加定时任务，每小时或每天执行一次，即使强制杀死恶意进程，病毒依然会再次启动。
目的	根据定时任务定位病毒 / 木马样本位置。 下载样本到本地，取样分析，确定攻击轨迹和危害。 彻底清除病毒 / 木马。

Linux 定时任务分别在 /var/spool/cron/{user} 及 /etc/cron* 目录下：

- 用户级别：/var/spool/cron/{user} 是用户级别的定时任务，使用 crontab -l 查看。
- 系统级别：/etc/crontab 是系统级别的定时任务，只有 Root 账户可以修改。

应急响应过程中，还需要排查 /etc/cron.hourly、/etc/cron.daily、/etc/cron.weekly、/etc/cron.monthly 等周期性执行脚本的目录，例如：

```
                                    ]$ ll /etc/cron.*
-rw-------. 1 root root    0 Aug  3  2017 /etc/cron.deny

/etc/cron.d:
total 8
-rw-r--r--. 1 root root 128 Aug  3  2017 0hourly
-rw-------  1 root root 235 Aug  3  2017 sysstat

/etc/cron.daily:
total 8
-rwx------. 1 root root 219 Aug  2  2017 logrotate
-rwxr-xr-x. 1 root root 618 Mar 18  2014 man-db.cron

/etc/cron.hourly:
total 4
-rwxr-xr-x. 1 root root 392 Aug  3  2017 0anacron

/etc/cron.monthly:
total 0

/etc/cron.weekly:
total 0
```

排查步骤大概为：

1）查看并记录定时文件的修改时间。

2）使用 file 查看文件类型，通常为 shell Script（shell 脚本）。

3）使用 cat 查看定时执行的可执行文件。

4）使用找到脚本的位置，使用 https://www.virustotal.com/ 、https://habo.qq.com/ 等在线分析软件进行分析。

注意： 定期执行病毒时，可能会更新定时文件，因此根据定时任务推测入侵时间有时不太准确。

---

4. 启动项排查

理由	病毒或木马为了增加自己的攻击性，添加开机启动项，即使强制杀死恶意进程，再次开机时病毒依然会启动。
目的	根据启动项定位病毒 / 木马样本位置 下载样本到本地，取样分析，确定攻击轨迹和危害 彻底清除病毒

Linux 有三种添加开机启动项的方法，因此三处都要查看：

1）编辑文件 /etc/rc.local，添加启动程序。因此需要查看 /etc/rc.local 的修改时间以及内容：

```
cat /etc/rc.local
```

2）自定义 shell 脚本，放在 /etc/profile.d/ 下，系统启动后就会自动执行该目录下的所 shell 脚本。因此需要查看该文件的修改时间以及内容：

```
©nd /etc/pro©le.d -type f -mtime -20   # 查看近 20 天内，/etc/pro©le.d 目录下修改的文件，然后 cat 查看
```

3）将启动文件复制到 /etc/init.d/ 或者 /etc/rc.d/init.d/ 目录，因此需要查看这两个目录下的文件的修改时间和内容：

```
©nd /etc/init.d/ -type f -mtime -20  # 查看近 20 天内，/etc/init.d/ 目录下修改的文件
©nd /etc/rc.d/init.d/ -type f -mtime -20  # 查看近 20 天内，/etc/rc.d/init.d/ 目录下修改的文件
```

注意： 定期执行病毒时，可能会更新启动项，因此根据启动项修改时间推测入侵时间有时不太准确。

5. 系统日志检查

1）bash 执行过程中记录的日志信息，查看执行了哪些命令：

```
history # 查看历史命令记录
export HISTTIMEFORMAT="%F %T `whoami` " # 使用 HISTTIMEFORMAT 显示时间戳和用户
```

下面是查看结果示例：

```
[root@agent ~]# history 4
 1004  chkconfig --list
 1005  is
 1006  history -4
 1007  history 4
[root@agent ~]# export HISTTIMEFORMAT="%F %T `whoami` "
[root@agent ~]# history 4
 1006  2019-09-08 13:00:17 root history -4
 1007  2019-09-08 13:00:19 root history 4
 1008  2019-09-08 13:00:52 root export HISTTIMEFORMAT="%F %T `whoami` "
 1009  2019-09-08 13:00:55 root history 4
```

重点关注命令被篡改、新增用户、添加启动项和定时任务期间执行的命令，推测出攻击轨迹。

2）检查 /var/log 下面的相关文件，例如 secure、cron 等，查看是否有异常登录，系统账号是否遭到暴力破解，有无异常定时任务等异常情况。关于日志分析，可参考第 6 章内容。

3.4.2　服务漏洞检查

操作系统都会提供各种服务，而提供服务就存在被入侵的可能，恶意的服务会开启进程，因此需要对服务及进程进行检测。

理由	若对外开放的某个服务存在漏洞，攻击者利用该漏洞获得服务器的部分权限，进而控制整个系统。因此需要仔细查看该机器上运行的服务。
目的	根据运行的服务，推测入侵途径。 根据服务日志，推测入侵时间、攻击轨迹和危害。

一般来说，互联网提供得最多的服务便是 Web 服务，因此，需要对 Web 服务进行排查，但也可能提供其他服务，例如 SSH、MySQL 等，因此，针对不同的服务，做不同的排查。

（1）Web 服务

若仅对外开放 Web 服务（Apache、Nginx 等），基本可以确定是通过 Web shell 入侵，需要找到相应的 Web shell。

1）查找近 20 天创建或修改的 jsp 文件，代码如下所示：

```
©nd ./ -type f -mtime -20 -name "*.jsp"
```

2）与测试环境做比较，查看新增的文件：

```
diff -r 测试环境目录 线上环境目录
```

3）检查是否从远程服务器下载病毒 / 木马文件。

4）查看相应的日志文件（Apache 默认配置如下）：

- 配置文件：/etc/httpd/conf/http.conf
- 服务器的根目录：/var/www/html
- 访问日志文件：/var/log/httpd/access_log
- 错误日志文件：/var/log/httpd/error_log
- 运行 apache 的用户：apache
- 模块存放路径：/usr/lib/httpd/modules

在日志文件中查询执行过的特殊命令：

```
egrep '(select|script|acunetix|sqlmap)' /var/log/httpd/access_log
```

关注 Content-Length 过大的请求，例如过滤 Content-Length 大于 5MB 的日志：

```
awk '{if($10>5000000){print $0}}' /var/log/httpd/access_log
```

关注访问频次比较多的 POST 请求：

```
grep 'POST' /var/log/httpd/access_log | awk '{print $1}' | sort | uniq -c | sort -nr
```

更多思路请参照 Web 日志分析内容。

（2）SSH 服务

攻击者获取 root 权限后，使用 SSH 登录进一步获取信息或实施其他攻击行为。

1）查看 SSH 日志，确定攻击者是否通过 SSH 登录过机器，SSH 日志文件位于 /var/log/secure。

查看登录成功的日志：

```
grep 'Accepted' /var/log/secure | awk '{print $11}' | sort | uniq -c | sort -nr
```

查看登录失败的日志，确定是否有某几台机器对本机进行爆破：

```
grep 'Failed' /var/log/secure | awk '{print $11}' | sort | uniq -c | sort -nr
```

lastb 命令，会读取位于 /var/log/btmp 的文件，并把该文件记录的登入系统失败的用户名单全部显示出来。

2）检查 SSH 后门。

查看 SSH 版本及相关信息：

```
ssh -V
```

查看 SSH 可执行文件、配置文件：

```
ls -l /etc/ssh/
©nd /etc/ssh -type f -mtime -20 # 查看近 20 天 /etc/shh 修改的文件
stat /usr/sbin/sshd              # 查看 /usr/sbin/sshd 的状态信息
stat /usr/bin/ssh
strings /usr/bin/ssh # 查看 /usr/bin/ssh 二进制文件的字符串，通过 grep 筛选有用信息
```

例如：

```
]$ ls -l /etc/ssh
total 604
-rw-r--r-- 1 root root     581843 Sep  7  2017 moduli
-rw-r--r-- 1 root root       2276 Sep  7  2017 ssh_config
-rw------- 1 root root       3665 Aug  1 08:34 sshd_config
-rw-r----- 1 root ssh_keys    227 Sep  7  2017 ssh_host_ecdsa_key
-rw-r--r-- 1 root root        162 Sep  7  2017 ssh_host_ecdsa_key.pub
-rw-r----- 1 root ssh_keys    387 Sep  7  2017 ssh_host_ed25519_key
-rw-r--r-- 1 root root         82 Sep  7  2017 ssh_host_ed25519_key.pub
-rw-r----- 1 root ssh_keys   1675 Sep  7  2017 ssh_host_rsa_key
-rw-r--r-- 1 root root        382 Sep  7  2017 ssh_host_rsa_key.pub
]$
]$ stat /usr/bin/ssh
  File: '/usr/bin/ssh'
  Size: 778752          Blocks: 1528       IO Block: 4096   regular file
Device: fd01h/64769d    Inode: 1055214     Links: 1
Access: (0755/-rwxr-xr-x)  Uid: (    0/    root)   Gid: (    0/    root)
Access: 2019-08-29 15:09:21.979317368 +0800
Modify: 2017-09-07 06:17:56.000000000 +0800
Change: 2017-10-15 23:23:13.858951398 +0800
 Birth: -
```

（3）其他服务（MySQL、Redis 等）

如果机器上还运行着其他服务，查看方法同上，判断服务是否存在漏洞，查看相关

日志文件找到入侵的蛛丝马迹。

若排查完系统、服务、文件、网络后依然未发现病毒或木马，可将该机器上所有服务复制到本地，检查是否存在漏洞或配置错误。

除此之外，还可以使用以下命令，查看服务启动情况：

```
chkcon©g --list                    # 查看所有运行级系统服务的（运行）状态信息
systemctl list-units --type=service # 查看所有启动的服务
```

3.4.3 恶意进程排查

理由	只有新开一个进程才能实施攻击。
目的	根据恶意进程，定位病毒 / 木马的位置。
	下载样本到本地，取样分析，确定攻击轨迹和危害。
	杀死进程清理病毒。

使用命令查看进程，同时查看进程对资源的利用率并对相关进程进行检查。

1）查看进程所打开的端口和文件、启动时间等：

```
ps aux  # 列出目前所有正在内存当中的程序
ps -ef  # 显示所有进程信息
```

启动时间可疑时，需要与前面找到的 Webshell 时间点比对，进程名可能具有混淆性，可通过 lsof 命令查看相关文件和路径：

```
lsof -p pid
```

找到可疑文件后，查看文件类型：

```
©le 文件名
```

2）查看服务占用 CPU、内存的情况（可使用 top 命令）。

3）查看某个进程的启动权限、父进程：

```
ps -ef  #pid 为进程号，ppid 为父进程号
pstree  # 以树状图的方式展示进程之间的派生关系
```

找到可执行文件后，可以利用在线分析软件 https://www.virustotal.com/ 、https://habo.qq.com/ 进行分析。

3.4.4 文件

与 Windows 系统中一样，在 Linux 中，黑客入侵服务器为了维持权限，也会留下后门文件以便再次入侵，而且后门文件一般会比较隐蔽，难以查找，因此需要排查敏感目录，找到可疑文件进行分析。

1. 敏感目录排查

理由 病毒/木马样本可能放在所有用户可读、可写、可执行的目录中。

目的 定位病毒/木马样本。

检查敏感目录（所有用户可读、可写、可执行的目录），查看 /tmp、/var/tmp、/dev/shm 目录下新增或修改的文件：

```
ls -ald /tmp/
©nd /tmp -type f -mtime -20
```

2. 病毒/木马检测

根据定时任务和进程可定位出病毒/样本位置，下载到本地保留样本。

查看文件类型，如果是 shell 脚本，则查看文件内容。如果是可执行文件，如前文所述，可使用在线分析软件 https://www.virustotal.com/、https://habo.qq.com/ 进行分析，得出大概的攻击轨迹和危害。

3.4.5 网络

黑客在攻击服务器或使用后门连接服务器时，会产生网络流量，因此通过分析网络连接和网络流量便可以发现黑客行踪。

1. 异常网络连接排查

理由 通常情况下，病毒/木马发送本机信息到远程服务器，或者从远程服务器下载其他病毒或木马进一步感染主机。

目的 通过查看网络连接溯源分析攻击轨迹和危害。

需要查看网络的连接状态，必要时抓取数据包并进行后续分析：

1）查看已经建立的网络连接：

```
netstat -aultnp # 显示出所有处于监听状态的应用程序及进程号和端口号
netstat -aultnp | grep ESTABLISHED # 查看已建立的网络连接
lsof -l
```

2）检查端口：

```
netstat -apn | grep 8080 # 查看端口占用情况
lsof - i :8080             # 列出占用某个端口的文件句柄
```

要重点关注与外网 IP 的连接，使用一些威胁情报平台分析 IP 的可靠性，找到发起该网络连接的应用程序和进程号。

2. 异常流量分析

理由	病毒 / 木马一般会发送本机信息到远程服务器，或者从远程服务器下载其他病毒或木马进一步感染主机。
目的	根据实时流量分析攻击轨迹和危害。

使用 tcpdump 命令抓取一段时间的网络流量，下载到本地，使用 Wireshark 工具进行分析：

```
tcpdump src host srcIP and dst host dstIP  #抓取 srcIP和dstIP之间的流量
tcpdump host IP -w tmp.cap  #抓取所有IP收到或发出的数据包，将结果保存在tmp.cap
tcpdump port 25  #抓取目标或源端口为25的流量
```

关于 tcpdump、Wireshark 的使用，可以参考前面的介绍或官方文档。

3.5 主机入侵检测系统

主机入侵检测系统（Host-based Intrusion Detection System，HIDS）的主要作用为检测系统的部分或者全部的主机行为、整个计算机的状态，可以作为多层防御中主机防御的重要组成部分。可以与第 1 章介绍的 NIDS 配合使用，弥补 NIDS 无法检测主机内部发生的安全事件这一缺陷。随着企业不断“上云”，流量收集已经不能像在传统 IDC 内做一个 SPAN 就可以完成，因此，要确保云上主机的安全，更多的要靠 HIDS。本节将介绍常见的 HIDS 工具，重点介绍 OSSEC 的安装与应用。

3.5.1 OSSEC 简介及其应用

OSSEC 是一款开源的 HIDS，客户端兼容市面上大部分操作系统，是一款比较实用的 HIDS。OSSEC 主要有以下功能：

- 文件完整性检测：可以检测实时文件、Windows 注册表等的变更情况。
- 日志分析：根据设定的规则，对指定的日志进行分析，OSSEC 本身也提供大量的规则。
- Rootkit 检测：检测 Rootkit 或恶意软件，不过笔者觉得效果不是非常理想。
- 关联响应（active-response）：可以通过操作系统内部防火墙（Linux）等行为自动阻断攻击（慎用）。

其官方网站为 https://www.ossec.net/，核心架构如图 3-15 所示。

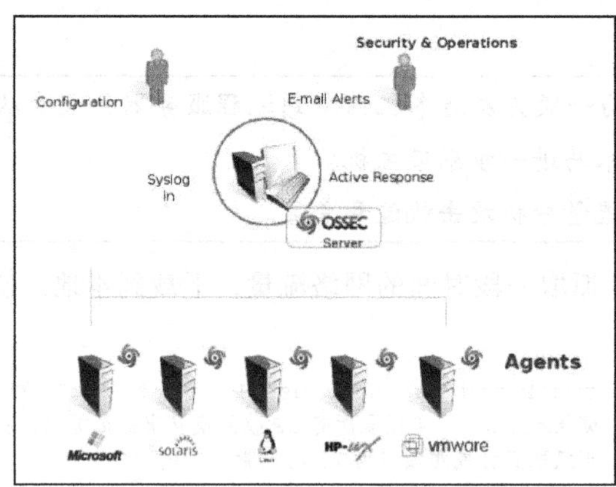

图 3-15　OSSEC 架构图

下面就从 OSSEC 的安装开始介绍其重点功能的使用方法。

1. 安装 OSSEC Server

从官方网站 https://www.ossec.net/downloads/ 下载 OSSEC，以 3.2.0 版本为例：

1）下载 OSSEC，并解压缩至适当位置（本例中为 /home/ossec-hids-3.2.0）。

2）运行 yum install mysql-devel sqlite-devel 命令安装数据库支持文件，运行 yum install gcc zlib-devel.x86_64 sendmail-devel.x86_64 pcre2-devel openssl-devel.x86_64 libevent-devel.x86_64 安装其他必要组件。

3）运行 export PCRE2_SYSTEM=yes，使用 PCRE2 。

4）选择安装的语言，若为中文，则输入 cn。

```
[root@localhost ossec-hids-3.6.0]# ./install.sh
which: no host in (/usr/local/sbin:/usr/local/bin:/usr/sb

  ** Para instalação em português, escolha [br].
  ** 要使用中文进行安装, 请选择 [cn].
  ** Fur eine deutsche Installation wohlen Sie [de].
  ** Για εγκατάσταση στα Ελληνικά, επιλέξτε [el].
  ** For installation in English, choose [en].
  ** Para instalar en Español , eliga [es].
  ** Pour une installation en français, choisissez [fr]
  ** A Magyar nyelvű telepítéshez válassza [hu].
  ** Per l'installazione in Italiano, scegli [it].
  ** 日本語でインストールします. 選択して下さい. [jp].
  ** Voor installatie in het Nederlands, kies [nl].
  ** Aby instalować w języku Polskim, wybierz [pl].
  ** Для инструкций по установке на русском ,введите [ru]
  ** Za instalaciju na srpskom, izaberi [sr].
  ** Türkçe kurulum için seçin [tr].
  (en/br/cn/de/el/es/fr/hu/it/jp/nl/pl/ru/sr/tr) [en]: cn
```

5）选择安装方式，这里安装服务端，输入 server：

```
-- 按 ENTER 继续或 Ctrl-C 退出. --


1- 您希望哪一种安装 (server, agent, local or help)? server
```

6）选择安装路径，默认安装在 /var/ossec 下，本书采用默认路径：

```
1- 您希望哪一种安装 (server, agent, local or help)? server

  - 选择了 Server 类型的安装.

2- 正在初始化安装环境.

 - 请选择 OSSEC HIDS 的安装路径 [/var/ossec]:
```

注意： 选择路径时一定要确定空间的大小，OSSEC 启用文件监控，会将监控文件至少按 1:1 的比例复制进安装目录，所以一定要确定安装目录的空间是否足够。

7）配置与邮件相关的参数，即使选择 n，也可以稍后在配置文件中配置：

```
3- 正在配置 OSSEC HIDS.

  3.1- 您希望收到e-mail告警吗? (y/n) [y]: n

   --- Email告警没有启用 .
```

8）其他相关配置根据需要选择，这里笔者建议开启接收远程机器 syslog 功能，(即使不开启也可以在后续进行配置)：

```
3.5- 您希望接收远程机器syslog吗 (port 514 udp)? (y/n) [y]: y

 - 远程机器syslog将被接收.
```

需要强调的是，笔者不太推荐在实际使用中开启关联响应功能，除非确定告警规则十分准确。这里开启仅仅是为了以后介绍功能。

9）其他配置完成后，开始进行安装，几秒钟后安装完成。

```
- 系统类型是  Redhat Linux.
- 修改启动脚本使 OSSEC HIDS 在系统启动时自动运行

- 已正确完成系统配置.

- 要启动 OSSEC HIDS:
    /var/ossec/bin/ossec-control start

- 要停止 OSSEC HIDS:
    /var/ossec/bin/ossec-control stop

- 要查看或修改系统配置,请编辑  /var/ossec/etc/ossec.conf



  感谢使用 OSSEC HIDS.
  如果您有任何疑问,建议或您找到任何bug,
  请通过  contact@ossec.net 或邮件列表 ossec-list@ossec.net 联系我们.
  ( http://www.ossec.net/en/mailing_lists.html ).

  您可以在  http://www.ossec.net 获得更多信息

  --- 请按  ENTER 结束安装 (下面可能有更多信息). ---
```

需要修改安装目录下的etc/ossec.conf文件，在<remote>标签下增加<allowed-ips>any</allowed-ips>以允许任何IP，如下所示：

```
<remote>
  <connection>syslog</connection>
  <allowed-ips>any</allowed-ips>
</remote>

<remote>
  <connection>secure</connection>
  <allowed-ips>any</allowed-ips>
</remote>
```

10）Hybrid模式介绍。如果选择英文安装，会发现多一种Hybrid模式：

```
1- What kind of installation do you want (server, agent, local, hybrid or help)?
```

Hybrid模式主要用于解决多个IDC问题，如图3-16所示。

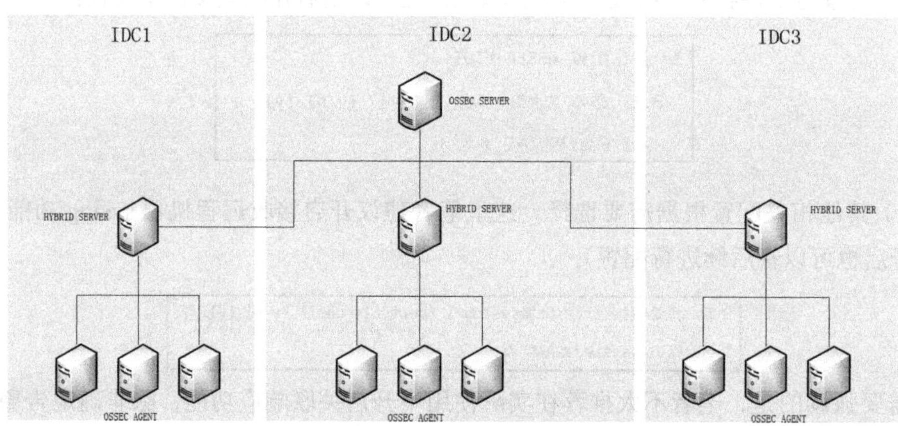

图3-16　Hybrid模式

对于Agent来说，Hybrid是Server角色，而对于真正的Server角色，Hybrid为Client角色。

11）OSSEC主要文件夹介绍：

- active-response：存放关联响应相关的脚本。
- bin：OSSEC执行目录，包括启动、客户端管理、认证、Log测试等。
- etc：OSSEC配置文件目录，包括配置文件、decode规则文件等。
- logs: OSSEC日志目录，包括告警、自动响应等日志。
- rules：OSSEC规则目录，包括各种规则文件。其中local_rules.xml为本地规则配置文件，不会因为OSSEC更新而改变，所以，建议将自定义规则写到这个文件内。

12）OSSEC.CONF文件结构说明。OSSEC.conf文件主要由以下内容构成：

- global 区域：主要为全局配置区域，包括邮件配置、IP 白名单配置。
- rules 区域：加载 rule 配置文件。
- syscheck 区域：配置需要检测文件的位置。
- remote 区域：配置接受远端源告警。
- alerts 区域：定义告警级别及告警方式。
- command：active-response 文件夹下脚本，用于执行关联响应。
- active-response：设置关联响应内容。
- localfile：设置分析文件的位置，与 syscheck 的区别为 syscheck 检测文件变更情况，localfile 根据 rule 规则分析文件内容。

2. 安装 OSSEC Agent（Linux）

这里使用 3.2.0 版本测试时，在使用更高版本作为 Agent 时会出现无法注册的 bug，解决方法会在公众号发表。

1）根据上文安装 mysql-devel、sqlite-devel 等相关依赖后，运行 sh install.sh 命令，配置 Server 等信息：

```
1- 您希望哪一种安装 (server, agent, local or help)? agent

  - 选择了 Agent(client) 类型的安装.

2- 正在初始化安装环境.

 - 请选择 OSSEC HIDS 的安装路径 [/var/ossec]:

    - OSSEC HIDS 将安装在  /var/ossec .

3- 正在配置 OSSEC HIDS.

  3.1- 请输入 OSSEC HIDS 服务器的IP地址或主机名: 192.168.1.51

   - 添加服务器IP  192.168.1.51

  3.2- 您希望运行系统完整性检测模块吗? (y/n) [y]: y

   - 系统完整性检测模块将被部署.

  3.3- 您希望运行 rootkit检测吗? (y/n) [y]: y

   - rootkit检测将被部署.
```

至安装完成，出现提示信息，如下所示：

```
- 系统类型是  Redhat Linux.
- 修改启动脚本使 OSSEC HIDS 在系统启动时自动运行

- 已正确完成系统配置.

- 要启动 OSSEC HIDS:
    /var/ossec/bin/ossec-control start

- 要停止 OSSEC HIDS:
    /var/ossec/bin/ossec-control stop

- 要查看或修改系统配置,请编辑  /var/ossec/etc/ossec.conf



  感谢使用 OSSEC HIDS.
  如果您有任何疑问,建议或您找到任何bug,
  请通过  contact@ossec.net 或邮件列表 ossec-list@ossec.net 联系我们.
  ( http://www.ossec.net/en/mailing_lists.html ).

  您可以在  http://www.ossec.net 获得更多信息

  --- 请按  ENTER 结束安装 (下面可能有更多信息). ---
```

2）配置认证密钥。对于 Server 端，在 OSSEC 安装目录下的 bin 目录执行 ./manage_agent 命令：

```
* The following options are available: *
****************************************
   (A)dd an agent (A).
   (E)xtract key for an agent (E).
   (L)ist already added agents (L).
   (R)emove an agent (R).
   (Q)uit.
Choose your action: A,E,L,R or Q: a

- Adding a new agent (use '\q' to return to the mai
  Please provide the following:
   * A name for the new agent: 1.52
   * The IP Address of the new agent: 192.168.1.52
   * An ID for the new agent[001]:
Agent information:
   ID:001
   Name:1.52
   IP Address:192.168.1.52
```

选择 A，添加 Agent，再选择 E，导出 Agent key，稍后复制到 Agent 端，然后输入 Q 退出即可。

```
*****************************************
* OSSEC HIDS v3.6.0 Agent manager.     *
* The following options are available: *
*****************************************
   (A)dd an agent (A).
   (E)xtract key for an agent (E).
   (L)ist already added agents (L).
   (R)emove an agent (R).
   (Q)uit.
Choose your action: A,E,L,R or Q: e

Available agents:
   ID: 001, Name: 1.52, IP: 192.168.1.52
Provide the ID of the agent to extract the key (o

Agent key information for '001' is:
MDAxIDEuNTIgMTkyLjE2OC4xLjUyIGUyZDc5NTJhNDU4NWZlZj
MDc2OGM2NjNhYzMxNTZkMzczYzk=
```

对于 Agent 端，在 OSSEC 安装目录下的 bin 目录中执行 ./manage_agent 命令，选择 I，导入 key 后，选择 Q，退出，重启 OSSEC 服务，Server 端也重启一下服务：

```
*****************************************
* OSSEC HIDS v3.2.0 Agent manager.     *
* The following options are available: *
*****************************************
   (I)mport key from the server (I).
   (Q)uit.
Choose your action: I or Q: i

* Provide the Key generated by the server.
* The best approach is to cut and paste it.
*** OBS: Do not include spaces or new lines.

Paste it here (or '\q' to quit): MDAxIDEuNTIgM
MmExMWIxNWFhMGQ0MDc2OGM2NjNhYzMxNTZkMzczYzk=

Agent information:
   ID:001
   Name:1.52
   IP Address:192.168.1.52

Confirm adding it?(y/n): y
Added.
** Press ENTER to return to the main menu.
```

此时在 Server 端运行 ./manage_agent -l 命令后可以看到 Agent 端，即表示安装成功：

```
[root@localhost bin]# ./manage_agents -l

Available agents:
   ID: 001, Name: 1.52, IP: 192.168.1.52
```

在 alert 日志中也可以看到有 Agent 进行连接：

```
** Alert 1586795174.155: mail  - ossec,
2020 Apr 14 00:26:14 (1.52) 192.168.1.52->ossec
Rule: 501 (level 3) -> 'New ossec agent connected.'
ossec: Agent started: '1.52->192.168.1.52'.
```

也可以看一下 Server OSSEC 的相关进程，如下所示：

```
[root@Server bin]# ps axu |grep ossec
root      44122  0.0  0.0 107992   616 pts/1    S+   21:19   0:00 tail -f /var/ossec/logs/ossec.log
root      44238  0.0  0.1  43620  1052 ?        S    21:20   0:00 /var/ossec/bin/ossec-execd
ossec     44242  0.1  0.2  45204  2744 ?        S    21:20   0:00 /var/ossec/bin/ossec-analysisd
root      44247  0.0  0.1  41624  1116 ?        S    21:20   0:00 /var/ossec/bin/ossec-logcollector
ossecr    44253  0.0  0.1  60188  1312 ?        Sl   21:20   0:00 /var/ossec/bin/ossec-remoted
root      44259  0.0  0.1  42280  1680 ?        S    21:20   0:00 /var/ossec/bin/ossec-syscheckd
ossec     44264  0.0  0.1  43784  1044 ?        S    21:20   0:00 /var/ossec/bin/ossec-monitord
root      44541  0.0  0.0 112724   988 pts/0    S+   21:25   0:00 grep --color=auto ossec
```

注意 ossec-remoted 进程是否开启，此进程用于与 Agent 进行通信，端口默认为 1514：

```
udp6       0      0 :::1514                 :::*                                44253/ossec-remoted
```

当然如果 Agent 较多，则需要考虑使用程序自动完成。

3. 安装 OSSEC Agent（Windows）

在 Windows 系统中安装 OSSEC Agent 比较容易，在 Server 端生成 key 后，设置相关参数即可，如图 3-17 所示。

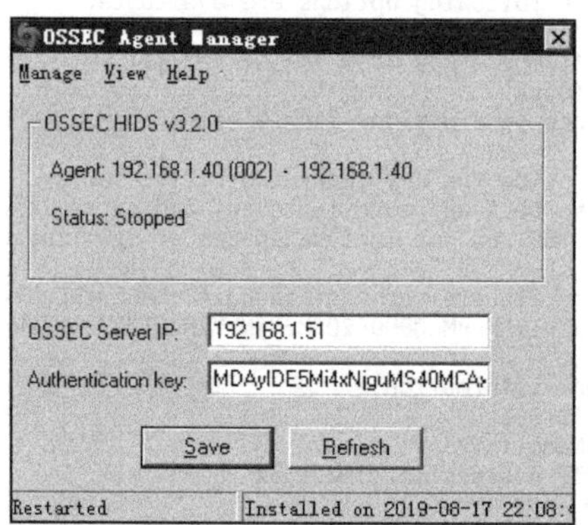

图 3-17　在 Windows 中安装 OSSEC Agent

同样，查看 Server 端 alert 文件，可以看到 Agent 连接信息：

```
** Alert 1566050982.3612: mail  - ossec,
2019 Aug 17 22:09:42 (192.168.1.40) 192.168.1.40->ossec
Rule: 501 (level 3) -> 'New ossec agent connected.'
ossec: Agent started: '192.168.1.40->192.168.1.40'.
```

4. OSSEC 规则管理

OSSEC 有着非常丰富的规则，在 OSSEC 安装目录的 rules 文件夹下可以查看到，文件采用 XML 格式编写。每一条规则有一个唯一编号，称为 Rule id，可以使用 bin 目录下的 ossec-logtest 工具测试一条规则到底匹配哪条规则，如下所示。

```
[root@Server bin]# ./ossec-logtest
2019/08/17 22:29:38 ossec-testrule: INFO: Reading local decoder file.
2019/08/17 22:29:38 ossec-testrule: INFO: Started (pid: 50031).
ossec-testrule: Type one log per line.

Aug 17 21:30:02 agent useradd[33899]: new user: name=lion, UID=1003, GID=1003, home=/home/lion, shell=/bin/bash


**Phase 1: Completed pre-decoding.
       full event: 'Aug 17 21:30:02 agent useradd[33899]: new user: name=lion, UID=1003, GID=1003, home=/home/lion, shell=/bin/bash'
       hostname: 'agent'
       program_name: 'useradd'
       log: 'new user: name=lion, UID=1003, GID=1003, home=/home/lion, shell=/bin/bash'

**Phase 2: Completed decoding.
       No decoder matched.

**Phase 3: Completed filtering (rules).
       Rule id: '5902'
       Level: '8'
       Description: 'New user added to the system'
**Alert to be generated.
```

如果想了解更详细的信息，可以使用 -v 参数。

5. 文件监控（syscheck）

关于文件的监控存储在 OSSEC.CONF 文件中，如下所示：

```
<ossec_con©g>
<syscheck>
#... 文件监控内容
</syscheck>
</ossec_con©g>
```

先给出一份简单的配置选项：

```
<syscheck>
<!-- Frequency that syscheck is executed - default to every 22 hours  -->
<frequency>79200</frequency>
<!-- Directories to check (perform all possible veri©cations)  -->
<directories check_all="yes" realtime="yes" report_changes="yes">/test</directories>
<!-- Files/directories to ignore  -->
<ignore>/etc/mtab</ignore>
<!-- Windows ©les to ignore  -->
<ignore>/etc/test</ignore>
</syscheck>
```

下面简单介绍一下其中的参数。

<frequency> 为扫描频率，即每隔多长时间进行扫描。

<directories check_all="yes" realtime="yes" report_changes="yes"> 是监控的 /test 目录，OSSEC 可以分别对目录和文件进行监控，但如果使用了 realtime 参数，在 Linux 系统下需要确认已经安装了 inotify-tools 相关组件。其中：

- check_all：检测所有选项，包括文件的 MD5、SH1 文件的大小、宿主等。
- report_changes：报告文件改变内容。
- <ignore>：忽略文件。

还有一个 auto_ignore 开关，使用方式为 <auto_ignore>yes|or</auto_ignore>，这是为了防止文件被频繁改变而产生告警，如果为 yes，则默认 3 次之后不会产生告警，为 no，则文件改变就产生告警。

要想了解更多其他标签的含义，可以参考官方文档 https://www.ossec.net/docs/manual/syscheck/index.html 。

关于 realtime（实时检测），可以在 OSSEC 日志 ossec.log 中看到是否成功，需要说明的是，需要等 syscheck 任务执行完，才可以开始进行实时监测，例如：

```
2019/08/18 10:57:40 ossec-syscheckd: INFO: Directory set for real time monitoring: '/test'.
```

```
2019/08/18 11:09:28 ossec-syscheckd: INFO: Starting syscheck scan (forwarding database).
2019/08/18 11:09:28 ossec-syscheckd: INFO: Starting syscheck database (pre-scan).
2019/08/18 11:09:28 ossec-syscheckd: INFO: Initializing real time file monitoring (not started).
2019/08/18 11:09:28 ossec-syscheckd: INFO: Real time file monitoring started.
```

此时，更改文件内容，即可看到相关告警：

```
** Alert 1566098233.303126: mail  - ossec,syscheck,
2019 Aug 18 11:17:13 (192.168.1.52) 192.168.1.52->syscheck
Rule: 550 (level 7) -> 'Integrity checksum changed.'
Integrity checksum changed for: '/test/xcccc.txt'
Size changed from '10' to '16'
Old md5sum was: '8483cb39e092ae550055e226fb6c789d'
New md5sum is : 'e25e2ed21b1da8821da154373dfbc0f2'
Old sha1sum was: '72d77f69447eca15fa9772b0fec3e09aef6a40bf'
New sha1sum is : 'f11850008289bf272fea5454da31b4f6b71fd369'
What changed:
1c1
< fsafsafas
---
> fzzzzzsafsafas
```

6. 编写自定义规则和 decoder 功能

OSSEC 之所以产生报警，就是由于抓到了信息后由 decoder 功能对信息进行解码，然后匹配规则（rule）进行相关告警，产生 AlertID，因此会编写 decode，这对使用 OSSEC 有很大的帮助。这里，我们随便“造”一条日志“ Server1:lion come from 192.168.1.1 will go to 202.100.1.1 port 6666 ,use tcp port 5555 and say hello”，首先用 logtest 工具看一下：

```
[root@Server bin]# ./ossec-logtest
2019/08/18 15:28:30 ossec-testrule: INFO: Reading local decoder file.
2019/08/18 15:28:30 ossec-testrule: INFO: Started (pid: 72667).
ossec-testrule: Type one log per line.

Server1:lion come from 192.168.1.1 will go to 202.100.1.1 port 5555 ,use tcp port 6666  and say hello


**Phase 1: Completed pre-decoding.
       full event: 'Server1:lion come from 192.168.1.1 will go to 202.100.1.1 port 5555 ,use tcp port 6666  and say hello'
       hostname: 'Server'
       program_name: '(null)'
       log: 'Server1:lion come from 192.168.1.1 will go to 202.100.1.1 port 5555 ,use tcp port 6666  and say hello'

**Phase 2: Completed decoding.
       No decoder matched.
```

因为没有合适的 decoder 进行解析，所以不会产生任何告警。

这里我们简单预设一下解析后的内容：

```
user:lion
srcip:192.168.1.1
dstip:202.100.1.1
srcport:5555
dstport:6666
protocol:tcp
other: and say hello
```

根据以上的预解析，我们编写 decoder 文件，首先建议先备份一下安装目录文件 /etc/ decoder.xml，备份完毕后，开始写入如下内容：

```
<decoder name="liontest">     # 设置 decoder 名字为 liontest
<prematch>server1</prematch> # 设置 decoder 的条件为匹配 Server1
</decoder>
```

保存后，再用 logtest 工具看一下，已经有可以解析的 decoder 了。

```
[root@Server bin]# ./ossec-logtest
2019/08/18 15:30:10 ossec-testrule: INFO: Reading local decoder file.
2019/08/18 15:30:10 ossec-testrule: INFO: Started (pid: 72751).
ossec-testrule: Type one log per line.

Server1:lion come from 192.168.1.1 will go to 202.100.1.1 port 5555 ,use tcp port 6666  and say hello


**Phase 1: Completed pre-decoding.
       full event: 'Server1:lion come from 192.168.1.1 will go to 202.100.1.1 port 5555 ,use tcp port 6666  and say hello'
       hostname: 'Server'
       program_name: '(null)'
       log: 'Server1:lion come from 192.168.1.1 will go to 202.100.1.1 port 5555 ,use tcp port 6666  and say hello'

**Phase 2: Completed decoding.
       decoder: 'liontest'
```

接下来，按照预设的解析内容对这条日志进行解析：

```
<decoder name="liontest1">
  <parent>liontest</parent># 设置父 decoder
  <regex offset="after_parent">(\S+) come from (\S+) will go to (\S+) port (\S+) ,use
 (\S+) port (\S+)  (\.*)</regex>    # 这里通过正则表达式解析日志
  <order>user,srcip,dstip,srcport,protocol,dstport,extra_data</order>
  # 每个正则表达式中的 group 表示 # 的内容种类在 decoder.xml 文件中可以找到
</decoder>
```

再使用 logtest 工具进行测试：

```
[root@Server bin]# ./ossec-logtest
2019/08/18 15:49:28 ossec-testrule: INFO: Reading local decoder file.
2019/08/18 15:49:28 ossec-testrule: INFO: Started (pid: 74192).
ossec-testrule: Type one log per line.

Server1:lion come from 192.168.1.1 will go to 202.100.1.1 port 5555 ,use tcp port 6666  and say hello


**Phase 1: Completed pre-decoding.
       full event: 'Server1:lion come from 192.168.1.1 will go to 202.100.1.1 port 5555 ,use tcp port 6666  and say hello'
       hostname: 'Server'
       program_name: '(null)'
       log: 'Server1:lion come from 192.168.1.1 will go to 202.100.1.1 port 5555 ,use tcp port 6666  and say hello'

**Phase 2: Completed decoding.
       decoder: 'liontest'
```

```
    dstuser: ':lion'
    srcip: '192.168.1.1'
    dstip: '202.100.1.1'
    srcport: '5555'
    proto: 'tcp'
    dstport: '6666'
    extra_data: 'and say hello'
```

此时，已经可以解析全部日志内容，我们可以根据解析完的内容编写规则了。

例如，我们的规则为 srcip 为非 192.168.1.1 ，并且 extra_data 内容存在 hello，便进行告警，告警级别为 10。将这个规则写入 local_rule.xml 文件中：

```
<group name="syslog,">
<rule id="9999" level="10">
<decoded_as>liontest</decoded_as>
<srcip>!192.168.1.1</srcip>
<match>hello</match>
<description>liontestalert</description>
<group>syscheck,</group>
</rule>
</group>
```

然后使用 logtest 工具进行测试，可以看到结果如下：

```
[root@Server bin]# ./ossec-logtest
2019/08/18 19:03:20 ossec-testrule: INFO: Reading local decoder file.
2019/08/18 19:03:20 ossec-testrule: INFO: Started (pid: 83842).
ossec-testrule: Type one log per line.

Server1:lion come from 192.168.1.1 will go to 202.100.1.1 port 5555 ,use tcp port 6666  and say hello


**Phase 1: Completed pre-decoding.
       full event: 'Server1:lion come from 192.168.1.1 will go to 202.100.1.1 port 5555 ,use tcp port 6666  and say hello'
       hostname: 'Server'
       program_name: '(null)'
       log: 'Server1:lion come from 192.168.1.1 will go to 202.100.1.1 port 5555 ,use tcp port 6666  and say hello'

**Phase 2: Completed decoding.
       decoder: 'liontest'
       dstuser: ':lion'
       srcip: '192.168.1.1'
       dstip: '202.100.1.1'
       srcport: '5555'
       proto: 'tcp'
       dstport: '6666'
       extra_data: 'and say hello'
Server1:lion come from 192.168.1.2 will go to 202.100.1.1 port 5555 ,use tcp port 6666  and say hello


**Phase 1: Completed pre-decoding.
       full event: 'Server1:lion come from 192.168.1.2 will go to 202.100.1.1 port 5555 ,use tcp port 6666  and say hello'
       hostname: 'Server'
       program_name: '(null)'
       log: 'Server1:lion come from 192.168.1.2 will go to 202.100.1.1 port 5555 ,use tcp port 6666  and say hello'

**Phase 2: Completed decoding.
       decoder: 'liontest'
       dstuser: ':lion'
       srcip: '192.168.1.2'
       dstip: '202.100.1.1'
       srcport: '5555'
       proto: 'tcp'
       dstport: '6666'
       extra_data: 'and say hello'

**Phase 3: Completed filtering (rules).
       Rule id: '9999'
       Level: '10'
       Description: 'liontestalert'
**Alert to be generated.
```

可以看到，如果是 192.168.1.2，便会产生一个 Rule id 为 9999，等级为 10 的告警。

再将条件扩充一下，在上述规则下，并且 dstip 为 202.100.1.2，则产生一条新的告警，级别为 12。此时，我们需要用到一个标签 < if_sid >，继续完善规则：

```
<rule id="10000" level="12">
<decoded_as>liontest</decoded_as>
<if_sid>9999</if_sid>
<dstip>202.100.1.2</dstip>
<description>liontestalertudp</description>
<group>syscheck,</group>
</rule>
```

此时，使用 logtest 工具查看详细规则命中情况：

```
  Trying rule: 9999 - liontestalert
     *Rule 9999 matched.
     *Trying child rules.
  Trying rule: 10000 - liontestalertudp
     *Rule 10000 matched.

*Phase 3: Completed filtering (rules).
     Rule id: '10000'
     Level: '12'
     Description: 'liontestalertudp'
*Alert to be generated.
```

可以看到，规则先命中了 Rule id 为 9999 的规则，然后又命中了 9999 的子规则 10000。

这样，对于任何日志文件，可以通过在 OSSCE.CONF 文件中设置 <localfile> 标签来对日志进行分析，例如要分析的文件名为 testlog，在 /logs 目录下：

```
<local©le>
<location>/logs/testlog</location>    # 定义文件位置及文件名
    <log_format>syslog</log_format>   # 设置默认格式为 syslog 格式
</local©le>
```

OSSEC 的 rule 与 decoder 存在大量的标签与字段，例如判断告警为相同 IP 的 <same_source_ip>，设置频率的 frequency 字段，如果可以灵活运用，便可以设置丰富的更加精准的告警。限于篇幅，关于这些参数的说明与使用不一一介绍，可以参考官方网站内容 https://ossec-docs.readthedocs.io/en/latest/syntax/head_rules.html 及 https://ossec-docs.readthedocs.io/en/latest/syntax/head_decoders.html。

7. 关联响应

OSSEC 的另一个功能是关联响应（active-response），可以针对规则进行自动处理。

例如，使用防火墙屏蔽IP，执行指定的脚本等，不过要慎用这个功能，否则，如果由于误报造成了非预期的效果，就有可能造成损失了。

这里还是先给出一个标准配置，如下所示：

```
<command>
<name>test</name>             #command的名字，在active-response 之后调用
<executable>test.sh</executable> #脚本的名字，需要把这个脚本放到 /var/ossec/
                   #active-response/bin下，而且需要有执行权限，并属于OSSEC这个组
<timeout_allowed>no</timeout_allowed> #超时设置，比如多长时间失效等
<expect></expect>             #脚本需要传递的参数，例如srcip、srcport等
</command>
<active-response>      #这需要放到 <command> 下面，否则就会出现找不到command的情况
<command>test</command> #响应的command 的名字，就是上面<name>标签定义的那个test
<location>server</location> #响应的位置，server 就是服务器响应，比如执行一个脚本，
                            #Agent 就是客户端响应
<rules_id>5902</rules_id>    #指定执行规则的Rule id
<level>1</level>             #响应的级别，这里表示1 级以上就响应
</active-response>
```

脚本的内容也很简单，仅仅增加了一个用户：

```
#!/bin/sh
useradd liontest
ACTION=$1
USER=$2
IP=$3
LOCAL=`dirname $0`;
cd $LOCAL
cd ../
PWD=`pwd`
# Logging the call
echo "`date` $0 $1 $2 $3 $4 $5">> ${PWD}/../logs/active-responses.log
```

当在客户端（注意下面的报警IP为192.168.1.52，为Agent）触发了Rule id为5902的规则（即增加了一个普通用户）：

```
** Alert 1566135494.332611: mail  - syslog,adduser
2019 Aug 18 21:38:14 (192.168.1.52) 192.168.1.52->/var/log/secure
Rule: 5902 (level 8) -> 'New user added to the system'
Aug 18 21:38:13 agent useradd[81319]: new user: name=xxxxxx, UID=1013, GID=1013, home=/home/xxxxxx, shell=/bin/bash
```

可以看到tesh.sh脚本执行，active-responses有执行日志：

```
"Sun Aug 18 21:38:14 CST 2019 /var/ossec/active-response/bin/test.sh add - - 1566135494.333627 5902"
```

并触发了3条增加了liontest用户的告警（这个liontest是test.sh增加的），表示关联响应脚本执行成功！

```
** Alert 1566135494.332900: mail  - syslog,adduser
2019 Aug 18 21:38:14 Server->/var/log/secure
Rule: 5901 (level 8) -> 'New group added to the system'
Aug 18 21:38:14 Server useradd[92753]: new group: name=liontest, GID=1004

** Alert 1566135494.333127: mail  - syslog,adduser
2019 Aug 18 21:38:14 Server->/var/log/secure
Rule: 5902 (level 8) -> 'New user added to the system'
Aug 18 21:38:14 Server useradd[92753]: new user: name=liontest, UID=1003, GID=1004, home=/home/liontest, shell=/bin/bash

** Alert 1566135494.333400: mail  - syslog,adduser
2019 Aug 18 21:38:14 Server->/var/log/secure
Rule: 5901 (level 8) -> 'New group added to the system'
Aug 18 21:38:14 Server useradd[92754]: new group: name=liontest, GID=1005
```

8. OSSEC 小结

尽管前面介绍了 OSSEC 的主要功能，但 OSSEC 非常强大，笔者所介绍的内容犹如蜻蜓点水，没有介绍 OSSEC 配置集中管理、批量安装 OSSEC 等，如果读者有兴趣，还可以继续深入研究。这里要再次说明的是，OSSEC 毕竟是开源软件，而非商业化软件，没有售后支持，因此有许多的"坑"需要自己去填，除了笔者之前提到的 OSSEC 在进行 syscheck 时会对检测文件进行 1 : 1 复制，可能造成磁盘空间不足的问题外，还有在监控端口的时候其采用的是 netstat 命令（可以查看 ossec.conf 文件），如果有业务大量开放端口导致 netstat 命令在一个周期内执行不完，下一个周期又继续执行时，如此反复，便有资源耗尽的风险，因此需要格外注意。

同时笔者的同事也在研究 OSSEC 源代码，发布在公众号"小豹讲安全"中，读者如果有兴趣，也可以订阅此公众号。至此，OSSEC 的主要功能已经介绍完毕，在第 6 章中会将 OSSEC 与日志分析工具 ELK 结合使用，使告警日志可视化。

3.5.2 商业 Agent

如上文提到的，"上云"之后，流量抓取会变得相对复杂，因此主机 HIDS 变得十分重要，而市面上也不乏商业 HIDS，青藤云的 Agent 是笔者认为比较成熟的一款商业 Agent，其核心架构如图 3-18 所示。

1. 青藤云的主要功能

1）资产清点：通过安装 Agent，可在 15 秒内，从正在运行的环境中反向自动化构建主机业务资产结构，上报中央管控平台，集中统一管理，可以进行主机发现、应用清点，包括进程、端口、账号、中间件、Web 应用、Web 框架等，如图 3-19 所示。

针对主机也可进行非常详尽的资产信息收集，如图 3-20 所示。

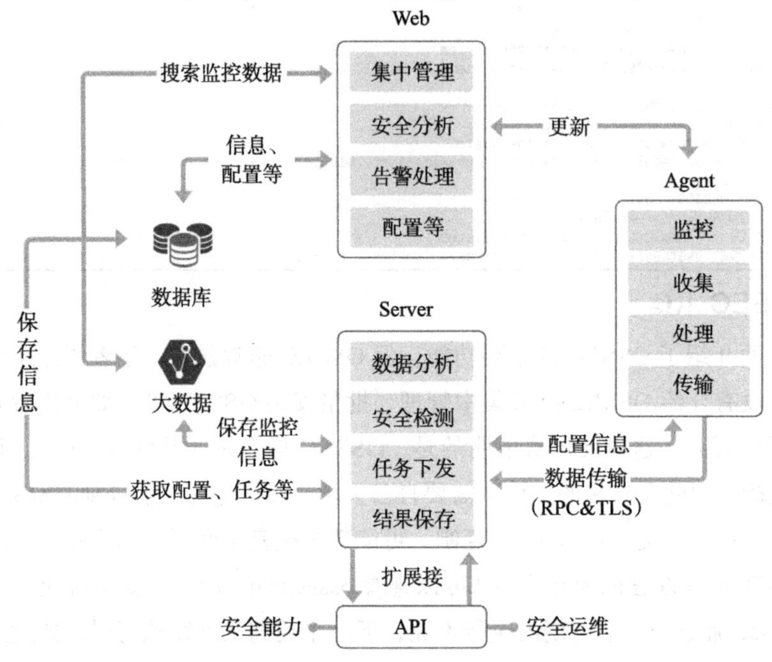

图 3-18　青藤云架构图

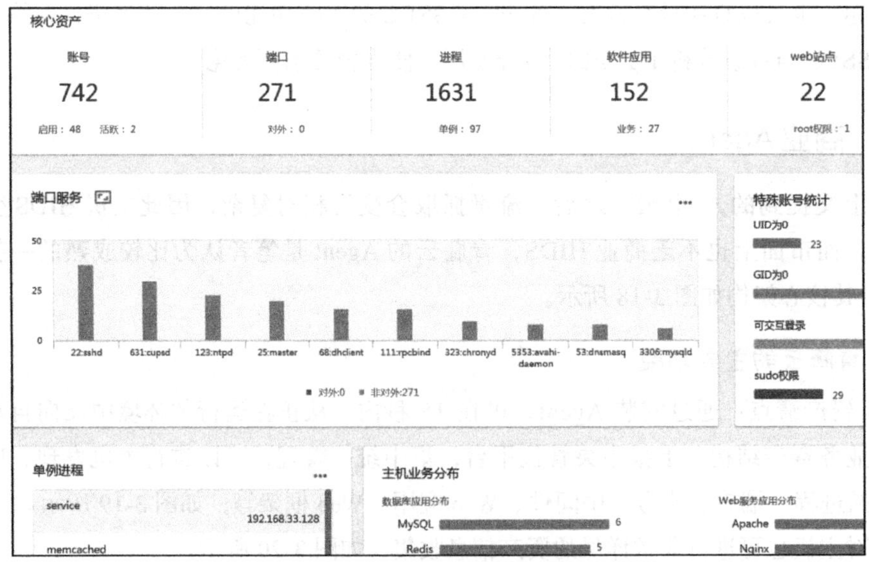

图 3-19　青藤云资产清点界面

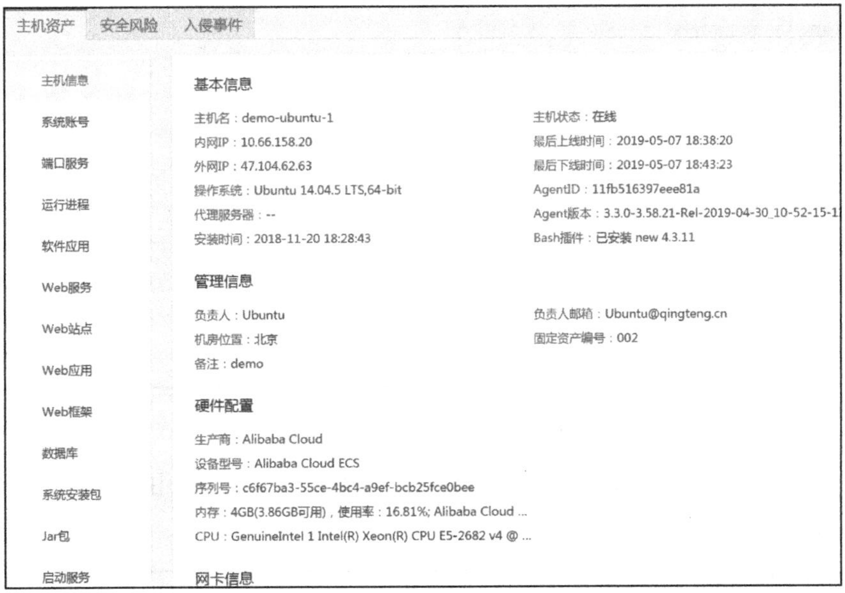

图 3-20 “主机资产”页面

2）风险发现：可以发现系统未安装的重要补丁，发现应用配置缺陷导致的安全问题，可以进行弱口令检测，支持多种应用，例如 SSH、Tomcat、MySQL、Redis 等，如图 3-21 所示。

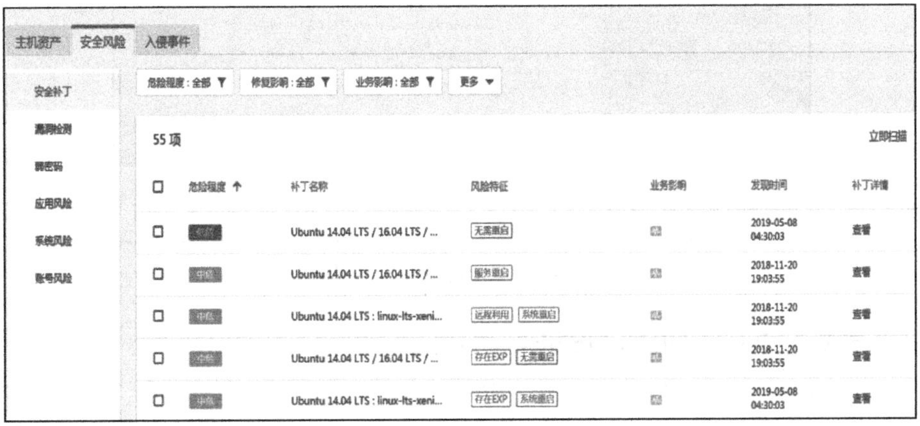

图 3-21 “安全风险”页面

3）入侵检测：可以进行暴力破解监控、Web 后门监控、反弹 Shell、本地提权监控、系统后门监控等，如图 3-22 所示。

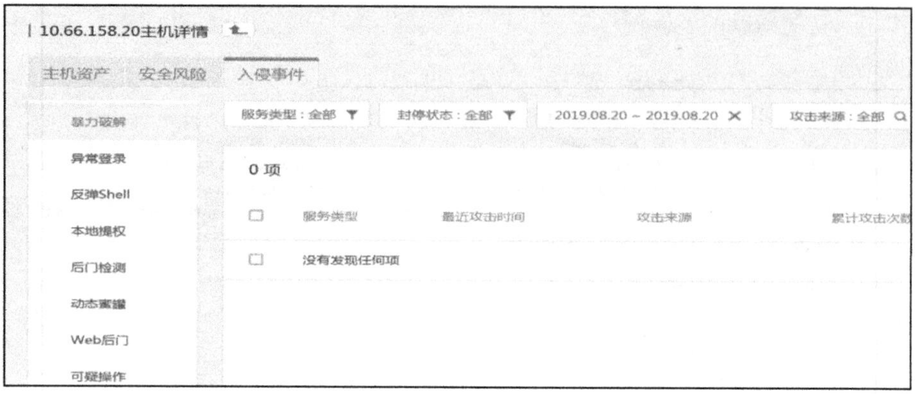

图 3-22 “入侵事件”页面

4）合规基线：支持等保 /CIS 等多重标准、覆盖各类系统 / 应用基线，一键任务化检测，基线检查结果可视化呈现，如图 3-23 所示。

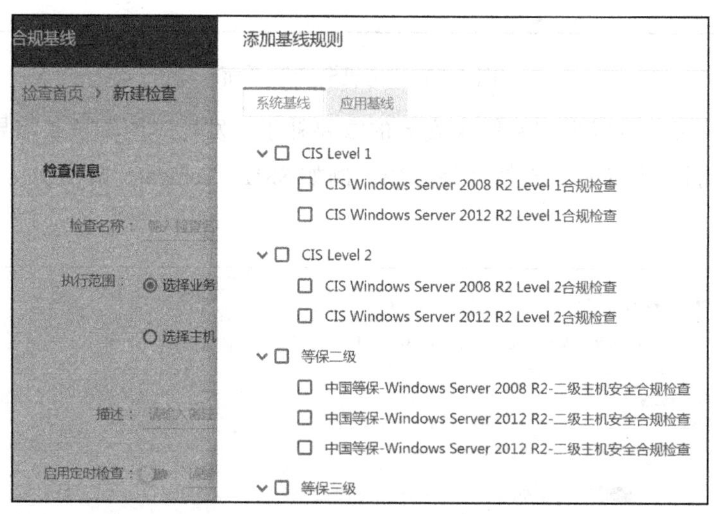

图 3-23 “合规基线”页面

2. 青藤云与开源 HIDS OSSEC 的对比

青藤云 Agent 作为一款商业 HIDS，有着丰富而强大的资产识别功能，也可以对系统补丁情况进行提示，包括补丁说明，是否影响业务，是否需要重启服务 / 重启机器，设置针对补丁是否有相关漏洞的 EXP 等，也有着良好的界面并提供了相关 API，方便进行二次开发。笔者对其 Web 后门检测进行过测试，认为几乎也可以接近实时监测，对系统资源的占用率也比较低，而且提供了资源使用限制功能，这些都是 OSSEC 或开源软件所不具备的。不过青藤云 Agent 暂时缺乏针对 SYSLOG 或自定义日志的识别及解析功能，因此不能针对以上情况进行规则设定，而这正是 OSSEC 的优势之处。此外，OSSEC 可以针对文件完整性进行检测，也可以设定关联响应（建议慎用），这些青藤云 Agent 也暂时无法实现。

综上所述，两种 Agent 各有所长，选择哪一款可以视具体情况而定，也可以进行互补，例如，只部署一台 OSSEC Server，将其他服务器需要监控的 LOG 文件通过 SYSLOG 的方式发送给 OSSEC Server，在 OSSEC Server 上编写相关 rule/decode，进行告警，来弥补青藤 Agent 无法识别 LOG 的问题。

3.5.3 其他主机 Agent 简介

1. Osquery

Osquery（https://www.osquery.io/）是 Facebook 公司为系统管理、运维开发的一款管理工具，适用于 OS X/macOS、Windows 和 Linux，可以使用 SQL 语句直接查询系统环境变量、进程运行状况、资源占用等，也可以对文件设置完整性监控，以及检测网络连接等功能。部分功能如图 3-24 所示。

List the users:

```
SELECT * FROM users;
```

Check the processes that have a deleted executable:

```
SELECT * FROM processes WHERE on_disk = 0;
```

Get the process name, port, and PID, for processes listening on all interfaces:

```
SELECT DISTINCT processes.name, listening_ports.port, processes.pid
  FROM listening_ports JOIN processes USING (pid)
  WHERE listening_ports.address = '0.0.0.0';
```

Find every macOS LaunchDaemon that launches an executable and keeps it running:

```
SELECT name, program || program_arguments AS executable
  FROM launchd
  WHERE (run_at_load = 1 AND keep_alive = 1)
  AND (program != '' OR program_arguments != '');
```

Check for ARP anomalies from the host's perspective:

```
SELECT address, mac, COUNT(mac) AS mac_count
  FROM arp_cache GROUP BY mac
  HAVING count(mac) > 1;
```

图 3-24 Osquery 的部分功能

2. Wazuh

Wazuh（https://wazuh.com/）是一个安全检测、可视化和安全合规开源项目。它最初是OSSEC HIDS的一个分支，后来与Elastic Stack和OpenSCAP集成在一起，发展成一个更全面的解决方案。其核心功能依旧为OSSEC功能，加上OpenSCAP的漏洞扫描管理能力，将所有日志、数据通过Filebeat传入Elasticsearch，最后可视化由Kibana提供。架构如图3-25所示。

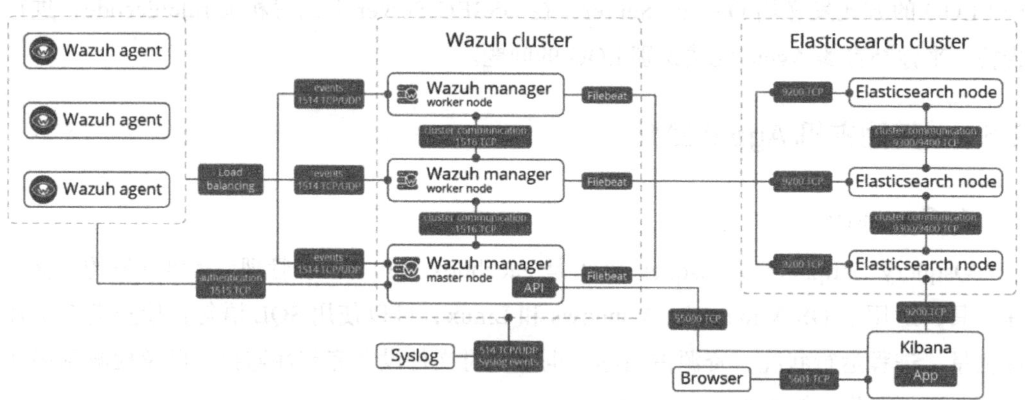

图3-25　Wazuh架构图

3. AgentSmith-HIDS

AgentSmith-HIDS是点融安全团队开源的HIDS，代码地址为https://github.com/EBWi11/AgentSmith-HIDS，在Centos6/7 Kernel 2.6.32/3.10上进行过充分的测试，具有以下功能：

- 通过加载LKM的方式Hook了execve、connect、accept、accept4、init_module、finit_module的system_call。
- 通过对Linux namespace兼容的方式实现了对Docker容器行为的情报收集。
- 实现了两种将Hook Info从内核态传输到用户态的方式：netlink和共享内存，共享内存传输损耗相较于netlink减少30%。
- 系统文件完整性检测，系统用户列表查询，系统端口监听列表查询，系统RPM LIST查询，系统定时任务查询功能。
- 支持自定义检测模块。
- 实时检测Rootkit（Beta Feature）。

以上便是互联网中常见的HIDS工具，读者可以根据各自特点及具体业务需求选择使用，而且笔者仅仅从使用功能的角度进行介绍，关于底层的技术细节，例如内核监控的实现、如何进行检测逃避都没有提及，还有很多 HIDS 未能一一列举，读者也可以自行查找并研究。

3.6 本章小结

本章介绍了主机安全方面的相关内容，包括安全配置、溯源分析、HIDS 等。关于安全配置部分也介绍了一些常见的加固策略，更详细的加固方案读者可以参考 www.cisecurity.org，这里提供了非常详尽的基线配置方案与工具，读者也可以根据实际情况选择主机方案。

第4章

办公网安全

由于办公网一般不会提供太多的外部服务，而且在公司内部，因此其安全性往往会被忽略，但很多的安全事件都是来自办公网络，同时笔者也咨询过很多安全同行，大家都认为办公网的防御比较薄弱，因此本章专门介绍办公网方面的一些安全技术。

4.1 办公网安全总览

关于办公网的安全策略，笔者认为总体上要考虑以下几点：

- 设备安全
- 网络安全
- 无线安全
- 人员安全
- DNS 监控
- 物理安全

4.1.1 设备安全

办公网设备种类繁多，有 PC、打印机、移动设备、网络设备、服务器，等等，而笔者认为首先要考虑的便是安装杀毒软件及做好软件安装的管控，这样可以缓解病毒传播、木马攻击，同时要注意及时更新补丁，避免遭到勒索病毒的侵害。参照第 3 章针对主机进行一些安全加固，如开启防火墙等功能，同时准入控制也是必不可少的技术方案，笔者将在本章后面介绍。

4.1.2 网络安全

说到办公网的网络安全，笔者认为最重要的就是做好网络隔离，将技术、财务、人事、会议室、访客、服务器等网络分开，避免互相访问，产生安全隐患。但有时可能会出现需要单向访问的情况，例如，客户端需要访问服务器端，但是不希望服务器端主动访问客户端，这就需要进行单向访问控制了。单向访问控制有两种方式：

- 带 established 的访问控制列表。
- 自反访问控制列表。

下面分别介绍这两种单向访问方式。办公网的拓扑图如图 4-1 所示。

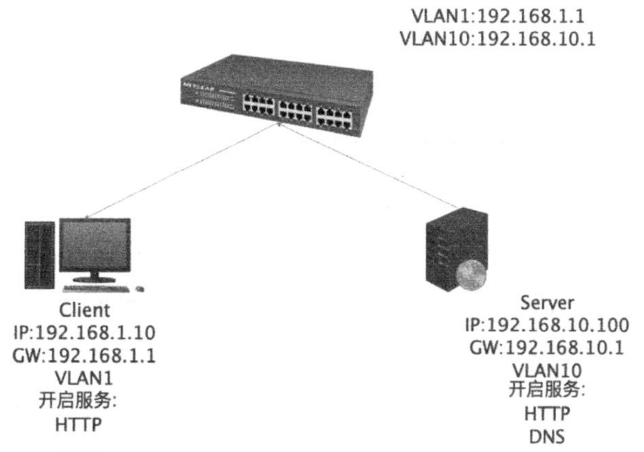

图 4-1　办公网拓扑图

由于测试条件所限，Client 及 Server 由两台路由器替代，整个实验使用 dynamips 完成，这里将 www.test.com 解析为 Server 地址，即 192.168.10.100。

1. 带 established 的访问控制列表

在没有任何访问控制的情况下，可以看到 Client 可以正常地通过 Server 解析地址，代码如下：

```
Client#ping www.test.com
*Mar  1 00:24:55.355: %SYS-5-CONFIG_I: Configured from console by console
Client#ping www.test.com

Translating "www.test.com"...domain server (192.168.10.100) [OK]

Type escape sequence to abort.
Sending 5, 100-byte ICMP Echos to 192.168.10.100, timeout is 2 seconds:
!!!!!
Success rate is 100 percent (5/5), round-trip min/avg/max = 4/14/44 ms
```

Server 与 Client 互相访问对方的 80 端口，均可以正常访问：

```
Server#telnet 192.168.1.10 80
Trying 192.168.1.10, 80 ... Open
```

```
Client#telnet 192.168.10.100 80
Trying 192.168.10.100, 80 ... Open
```

然后，配置 established 的访问控制列表，并将其用在 Server vlan 的入方向：

```
ip access-list extended vlan10
 permit tcp any any established
 permit icmp any any
 deny   ip 192.168.10.0 0.0.0.255 192.168.1.0 0.0.0.255
 permit ip any any
```

```
interface Vlan10
 ip address 192.168.10.1 255.255.255.0
 ip access-group vlan10 in
```

此时，Client 依旧可以访问 Server 端的 80 端口，代码如下：

```
Client#telnet 192.168.10.100 80
Trying 192.168.10.100, 80 ... Open
```

但服务器端已经无法再访问 Client 端的 80 端口，实现单向访问控制。

原因是 established 的访问控制列表只匹配已经建立的 TCP 会话的流量（特征是标志位 ACK=1 或 RST=1），因此 Client 数据包从 vlan1 入方向进入（vlan1 入方向没有访问控制列表，因此放行数据包），到达 Server 端，此时 Server 端回送数据包内 ack 标志位为 1，符合 established 访问控制列表规则，因此放行数据包，完成通信。但从 Server 端主动发起的数据包有明确的访问控制列表进行限制，所以数据包无法正常通过，因此完成了单向访问功能，如下所示：

```
Server#ping 192.168.1.10

Type escape sequence to abort.
Sending 5, 100-byte ICMP Echos to 192.168.1.10, timeout is 2 seconds:
!!!!!
Success rate is 100 percent (5/5), round-trip min/avg/max = 4/17/48 ms
Server#telnet 192.168.1.10 80
Trying 192.168.1.10, 80 ...
% Destination unreachable; gateway or host down
```

但这里有个问题：established 只能针对有状态标识位的 TCP，而无状态的 UDP 便无法通过，因此 Client 无法使用任何 UDP，如下所示。

```
Client#ping www.test.com

Translating "www.test.com"...domain server (192.168.10.100)
% Unrecognized host or address, or protocol not running.
```

所以，如果不仅仅考虑 TCP，还要考虑 UDP 或其他协议，就需要使用自反访问控制列表。

2. 自反访问列表

自反访问列表（reflexive access list）会根据一个方向的访问控制列表自动创建出一个反方向的控制列表（源地址和目的地址、源端口和目的端口完全相反的一个控制列表），并且有一定的时间限制，过了规定时间就会超时，这个新创建的列表就会消失，这样大大增加了安全性。

首先看一下配置情况，此时，需要将访问控制列表放入 vlan1 下（也可以放在 vlan10 下，但需要考虑方向问题）：

```
ip access-list extended vlan1in
 permit ip 192.168.1.0 0.0.0.255 192.168.10.0 0.0.0.255 reflect r-acl
 permit ip any any
ip access-list extended vlan1out
 evaluate r-acl
 deny   ip 192.168.10.0 0.0.0.255 192.168.1.0 0.0.0.255
 permit ip any any
```

```
interface Vlan1
 ip address 192.168.1.1 255.255.255.0
 ip access-group vlan1in in
 ip access-group vlan1out out
```

在没有流量触发时，可以看到只有 5 条 acl，如下所示：

```
SW#show ip access-lists
Reflexive IP access list r-acl
Extended IP access list vlan1in
    10 permit ip 192.168.1.0 0.0.0.255 192.168.10.0 0.0.0.255 reflect r-acl
    20 permit ip any any
Extended IP access list vlan1out
    10 evaluate r-acl
    20 deny ip 192.168.10.0 0.0.0.255 192.168.1.0 0.0.0.255
    30 permit ip any any
```

此时分别发送 ICMP 及让客户端访问服务端 80 端口的 TCP。

```
Client#ping 192.168.10.100

Type escape sequence to abort.
Sending 5, 100-byte ICMP Echos to 192.168.10.100, timeout is 2 seconds:
!!!!!
Success rate is 100 percent (5/5), round-trip min/avg/max = 8/31/100 ms
Client#
Client#
Client#telnet 192.168.10.100 80
Trying 192.168.10.100, 80 ... Open
```

再次看访问控制列表，便多了两条反方向的 acl（TCP 带端口，而 ICMP 没有端口），evaluate 与 reflect 两个关键字是成对出现的，即在 reflect 处的 acl 在符合条件时会在 evaluate 处以相反的方向出现（地址相反，即原地址、目的地址端口也相反）。

```
SW#show ip access-lists
Reflexive IP access list r-acl
     permit tcp host 192.168.10.100 eq www host 192.168.1.10 eq 32656 (4 matches) (time left 296)
     permit icmp host 192.168.10.100 host 192.168.1.10  (time left 268)
Extended IP access list vlan1in
    10 permit ip 192.168.1.0 0.0.0.255 192.168.10.0 0.0.0.255 reflect r-acl (5 matches)
    20 permit ip any any
Extended IP access list vlan1out
    10 evaluate r-acl
    20 deny ip 192.168.10.0 0.0.0.255 192.168.1.0 0.0.0.255
    30 permit ip any any
```

同样，UDP 也可以正常使用了，客户端可以通过服务器端解析地址，如下所示：

```
Client#ping www.test.com

Translating "www.test.com"...domain server (192.168.10.100) [OK]

Type escape sequence to abort.
Sending 5, 100-byte ICMP Echos to 192.168.10.100, timeout is 2 seconds:
!!!!!
Success rate is 100 percent (5/5), round-trip min/avg/max = 8/19/48 ms
```

但服务器端依然无法主动连接客户端，完成单向访问控制，如下所示：

```
Server#
Server#telnet 192.168.1.10 80
Trying 192.168.1.10, 80 ...
% Destination unreachable; gateway or host down
```

另外，针对内部网络，也可以在出口或重要位置部署 ips/ 蜜罐等设备，检测异常情况，例如木马病毒的外连特征或异常的反向连接，等等。平时针对类似 teamview、向日葵这样的远程连接软件的管控也要备案审批。当然，网络设备本身也要考虑设备安全性问题，需要备份日志、操作记录、防止弱口令、更新补丁等，不再赘述。

4.1.3 无线安全

笔者最早接触无线安全的时候无意间看到了 blacktrack3 系统，那时用 blacktrack3 来破解 wep/wpa/wpa2 密码非常有效，不过随着越来越多的企业使用了认证，甚至二次认证技术，通过无线工具破解密码的事件已经很少再出现了。但员工有可能私搭无线，或使用类似万能密码的工具，这点需要格外注意。因此笔者建议开启准入 + 二次验证机制，同样做好 vlan 隔离。更多无线安全方面的资料，可以参考《黑客大揭秘：近源渗透测试》一书，该书非常专业、全面地介绍了无线方面的安全知识。

4.1.4 人员安全

人员安全主要是指关注内部人员的安全意识，大到可以识别常见的钓鱼邮件、钓鱼 WiFi 等，小到可以做到离开计算机时锁屏，养成良好的安全习惯。为防止数据泄露，可以安装 dlp 软件，甚至采用 edr 解决方案等。

在有条件的情况下，可以采用 UEBA 技术监控或发现员工（设备）的异常行为等。例如，笔者曾经遇到过员工的计算机中了远程操控而遭到入侵的事件。回查后发现早有痕迹：周一至周四晚员工已经不在公司，计算机中却有访问记录。要周期性扫描员工的账号，防止因弱口令引起的 VPN 拨入内网等威胁，因此对于一些重要的系统，建议使用双因素认证机制。另外，要注意人员离职后相关权限的清理、入职时的背调等工作。

4.1.5 DNS 监控

笔者在日常工作中发现通过监控 DNS 请求，往往可以发现一些异常情况，因此简单介绍如何使用 SVM 识别一些恶意域名。

1. 特征提取

网页包含如下一些特征：

1）ALEXA 全球排名。用来评价网站访问量的一个指标。域名的 ALEXA 全球排名越靠前，是正常域名的概率越大，如图 4-2 所示。

2）域名长度。DGA 域名一般都比较长，短的域名往往都被注册了。

3）必应（bing）收录数量。收录数值越大，是正常域名的概率越大，如图 4-3 所示。

4）信息熵。熵值越大，域名的随机性越大。

5）是否有 CNAME 解析。DGA 域名一般都是解析到某个临时 IP，很少见到用 CNAME 解析。

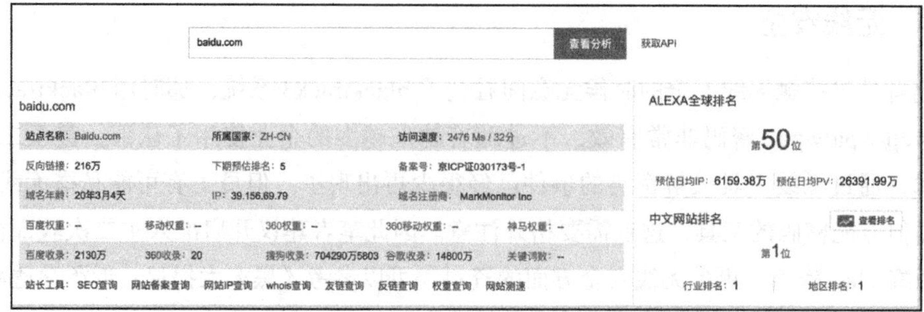

图 4-2　域名的 ALEXA 全球排名越靠前，是正常域名的概率越大

国内版　国际版

www.baidu.com

网页　图片　视频　学术　词典　地图

70,800,000 条结果　时间不限

图 4-3　收录数值越大，是正常域名的概率越大

6）页面完整度。一个正常的网站首页，HTML 元素的种类比较多（如 body、p、table、td、th、ul、li 等）。恶意的 DGA 页面大部分都粗制滥造，包含的元素种类相对较少。

特征提取的示例结果如下：

```
#ALEXA排名，bing收录数，域名长度，页面完整度，信息熵，是否CNAME解析，Label
3,2640000000,12,0,3.022060,1,legit
1,827000000,10,7,2.646440,1,legit
2,124000000,11,0,3.095800,1,legit
6,1030000000,9,0,2.641600,1,legit
4,147000000,9,8,3.169920,1,legit
5,87200000,13,0,3.334680,1,legit
11,4120000000,10,0,2.721930,1,legit
17,49800000,8,0,3.000000,1,legit
7,51100000,6,2466,2.251630,1,legit
20,116000000,10,7,2.646440,1,legit
25,0,12,6,3.188720,1,legit
99999999,0,20,0,3.921930,0,dga
99999999,0,25,0,3.783470,0,dga
99999999,0,19,0,3.681880,0,dga
99999999,0,10,0,2.921930,0,dga
99999999,0,21,0,3.463280,0,dga
99999999,0,23,0,3.882050,0,dga
99999999,0,18,0,3.683540,0,dga
99999999,0,21,0,3.653760,0,dga
99999999,0,23,0,3.882050,0,dga
```

其中，99999999 代表 ALEXA 中无排名。

2. 数据规范化

不同评价指标往往具有不同的量纲，数值间的差别可能很大。这种差异往往会影响机器学习的结果判定。为了消除取值范围的差异，需要进行标准化处理。标准化方法有很多种，这里采用“零－均值规范化”。转化公式如下：

$$x^* = \frac{x - \bar{x}}{\sigma}$$

其中 $\bar{x}$ 为原始数据的均值，σ 为原始数据的标准差。

标准化处理的代码如下：

```
import numpy as np
import pandas as pd


if __name__ == '__main__':
    data = pd.read_csv('sample.csv',usecols = [0,1,2,3,4,5])
    stdata = (data - data.mean()) / data.std()
    print stdata
```

运行之后的标准化结果如下：

```
      ALex      bing    length      html     entry     cname
-0.881631  2.048415 -0.416362 -0.226278 -0.415310  0.881631
-0.881631  0.345156 -0.749452 -0.213576 -1.166764  0.881631
-0.881631 -0.315291 -0.582907 -0.226278 -0.267787  0.881631
-0.881631  0.535869 -0.915997 -0.226278 -1.176447  0.881631
-0.881631 -0.293683 -0.915997 -0.211761 -0.119505  0.881631
-0.881631 -0.349863 -0.249817 -0.226278  0.210109  0.881631
-0.881631  3.438830 -0.749452 -0.226278 -1.015741  0.881631
-0.881631 -0.384999 -1.082542 -0.226278 -0.459442  0.881631
-0.881631 -0.383778 -1.415632  4.248471 -1.956610  0.881631
-0.881631 -0.322806 -0.749452 -0.213576 -1.166764  0.881631
-0.881630 -0.431785 -0.416362 -0.215390 -0.081894  0.881631
 1.077549 -0.431785  0.915997 -0.226278  1.384944 -1.077549
 1.077549 -0.431785  1.748722 -0.226278  1.107945 -1.077549
 1.077549 -0.431785  0.749452 -0.226278  0.904707 -1.077549
 1.077549 -0.431785 -0.749452 -0.226278 -0.615627 -1.077549
 1.077549 -0.431785  1.082542 -0.226278  0.467382 -1.077549
 1.077549 -0.431785  1.415632 -0.226278  1.305162 -1.077549
 1.077549 -0.431785  0.582907 -0.226278  0.908028 -1.077549
 1.077549 -0.431785  1.082542 -0.226278  0.848451 -1.077549
 1.077549 -0.431785  1.415632 -0.226278  1.305162 -1.077549
```

3. SVM 模型训练

SVM（Support Vector Machine，支持向量机）是一种二分类模型，其基本思路就是找到一个分割样本集的超平面，并且使得样本中所有的点都离它尽可能远，如图 4-4 所示。

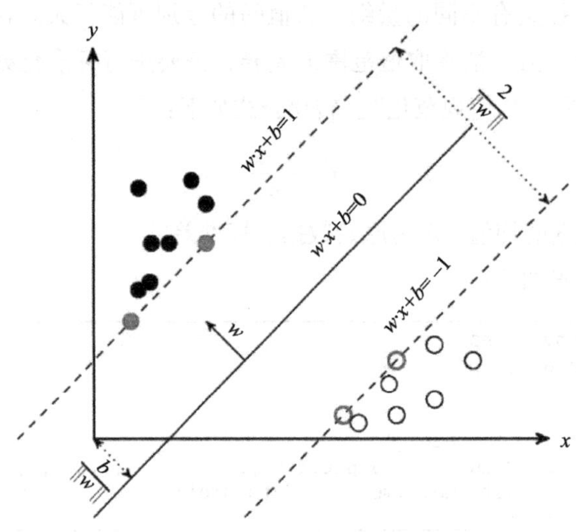

图 4-4　SVM 模型训练

数据处理代码如下：

```
if __name__ == '__main__':
    data = np.loadtxt("sample.txt", delimiter=',', converters={6: domain_type})
    x, y = np.split(data, (6,), axis=1)
    x_train, x_test, y_train, y_test = train_test_split(x, y, random_state=1, train_size=0.8)

    clf = svm.SVC(C=30, kernel='rbf', gamma=2.5, decision_function_shape='ovr')
    rf = clf.fit(x_train, y_train.ravel())

    joblib.dump(rf, 'model/rf.model') #保存模型文件
```

预测结果如下：

```
正常: facebook.com
异常: 1ceqek7sfz2gh202ir8kfr5fq.org
正常: google.com
正常: youtube.com
异常: 996r2t1pux8lf109sipyiy8zq6.net
正常: yahoo.com
正常: baidu.com
异常: 1a050ew69vemgqvuhe09k0jor.net
异常: 1xnxogd1qwm8q353h6kh1d6w0fy.com
正常: wikipedia.org
正常: amazon.com
正常: live.com
正常: qq.com
异常: 1h2jhzb131bpdm1u2gtsxfm9u4r.net
异常: i.kpzip.com
异常: down2.abckantu.com
```

这里的案例仅仅提出思路，因为在实际应用中，即使 0.001% 的误报率也会因为访问量过大，导致报警率较高，因此特征值及模型都需要再进一步进行优化。另外，一些木马或恶意流量可能通过 DNS 通道传输数据，这点也需要关注。

4.1.6　物理安全

物理安全是指办公场所应设置保安，人员进出需要刷卡，访客进入需要登记，进行监控、防盗报警等。

4.2　Windows 域控安全

提起 Windows 域控，读者应该不会陌生，这是微软提供的一个非常重要的功能，很多微软产品都依赖 Windows 域控才可以使用，例如 Exchange、SQL Server、SCCM 等。域控的作用有很多，例如，集中管理、统一认证等。但也正是因为域控有非常强大的功能，所以也会被很多黑客盯上，下面介绍域控方面的安全问题。

4.2.1　SYSVOL 与 GPP 漏洞

SYSVOL 为域内共享文件夹，保存着与组策略相关的信息。如果涉及在脚本或配置中引入用户密码，则会产生安全问题。对 SYSVOL 目录搜索以 vbs、ps1 为后缀的文件，很快就能找到相应的脚本文件，打开即可发现其中的密码，如图 4-5 所示。

Changes the local Administrator password. The script should be deployed using Group Policy or through a logon script.

Visual Basic

```
Set oShell = CreateObject("WScript.Shell")
Const SUCCESS = 0

sUser = "administrator"
sPwd = "Password2"

' get the local computername with WScript.Network,
' or set sComputerName to a remote computer
Set oWshNet = CreateObject("WScript.Network")
sComputerName = oWshNet.ComputerName

Set oUser = GetObject("WinNT://" & sComputerName & "/" & sUser)

' Set the password
oUser.SetPassword sPwd
oUser.Setinfo

oShell.LogEvent SUCCESS, "Local Administrator password was changed!"
```

图 4-5　对 SYSVOL 目录搜索以 vbs、ps1 为后缀的文件

还有一种问题，在组策略首选项里输入了用户名密码，例如，同样是修改本地内置管理员密码，在首选项里可以进行配置。在相应的组策略文件夹下，xml 配置文件包含了以上信息。密码通过 AES 256 进行加密，密钥是公开在微软官网的，解密效果如图 4-6 所示。这就是 GPP 漏洞。

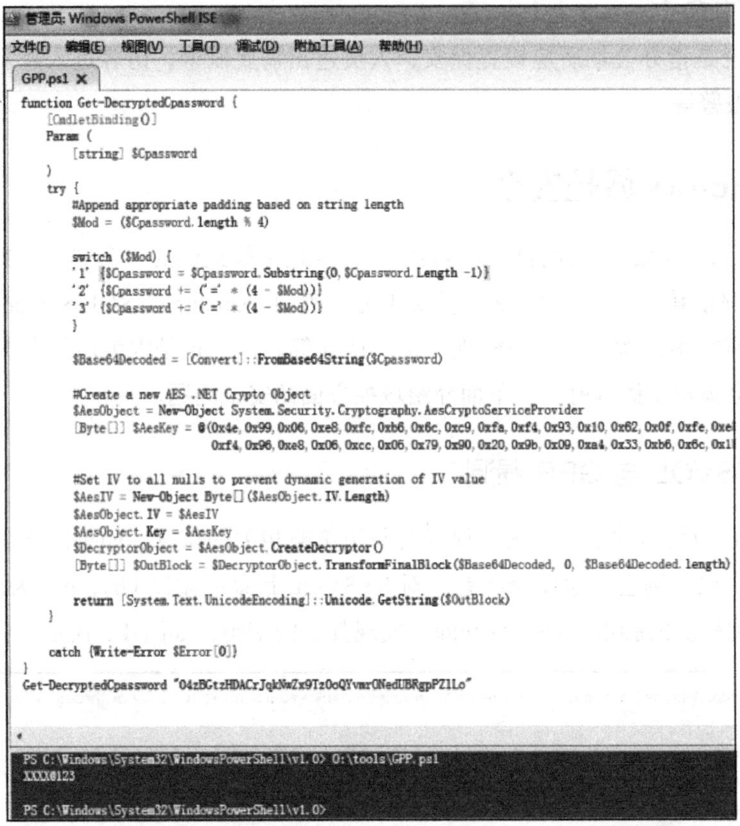

```
管理员: Windows PowerShell ISE
文件(F) 编辑(E) 视图(V) 工具(T) 调试(D) 附加工具(A) 帮助(H)
GPP.ps1 X
function Get-DecryptedCpassword {
    [CmdletBinding()]
    Param (
        [string] $Cpassword
    )
    try {
        #Append appropriate padding based on string length
        $Mod = ($Cpassword.length % 4)

        switch ($Mod) {
        '1' {$Cpassword = $Cpassword.Substring(0,$Cpassword.Length -1)}
        '2' {$Cpassword += ('=' * (4 - $Mod))}
        '3' {$Cpassword += ('=' * (4 - $Mod))}
        }

        $Base64Decoded = [Convert]::FromBase64String($Cpassword)

        #Create a new AES .NET Crypto Object
        $AesObject = New-Object System.Security.Cryptography.AesCryptoServiceProvider
        [Byte[]] $AesKey = @(0x4e,0x99,0x06,0xe8,0xfc,0xb6,0x6c,0xc9,0xfa,0xf4,0x93,0x10,0x62,0x0f,0xfe,0xe
                             0xf4,0x96,0xe8,0x06,0xcc,0x05,0x79,0x90,0x20,0x9b,0x09,0xa4,0x33,0xb6,0x6c,0x1

        #Set IV to all nulls to prevent dynamic generation of IV value
        $AesIV = New-Object Byte[]($AesObject.IV.Length)
        $AesObject.IV = $AesIV
        $AesObject.Key = $AesKey
        $DecryptorObject = $AesObject.CreateDecryptor()
        [Byte[]] $OutBlock = $DecryptorObject.TransformFinalBlock($Base64Decoded, 0, $Base64Decoded.length)

        return [System.Text.UnicodeEncoding]::Unicode.GetString($OutBlock)
    }

    catch {Write-Error $Error[0]}
}
Get-DecryptedCpassword "O4zBGtzHDACrJqkNwZx9Tz0oQYvmrONedUBRgpPZ1Lo"

PS C:\Windows\System32\WindowsPowerShell\v1.0> O:\tools\GPP.ps1
XXXX@123

PS C:\Windows\System32\WindowsPowerShell\v1.0>
```

图 4-6　组策略首选项里输入了用户名和密码

针对 GPP 漏洞，微软发布了 KB2962486 补丁，在配置组策略的机器上打上相应的补丁后，组策略中设置用户名和密码的地方是灰色的，无法使用，但对于登录脚本中的明文密码，还是需要关注这个问题的。而微软本地的 Administrator 密码解决方案（LAPS）就是微软提供的最好的更改本地 Administrator 密码的方法（https://adsecurity.org/?p=1790）。

4.2.2　不要轻易在其他机器中使用域控密码

在针对域控的渗透测试中，很多域控被攻陷是因为在非域控机器上，甚至是在普通用户的机器上使用了类似 mimikatz 这样的软件，渗透测试人员可以将域控密码直接攻破，如下所示：

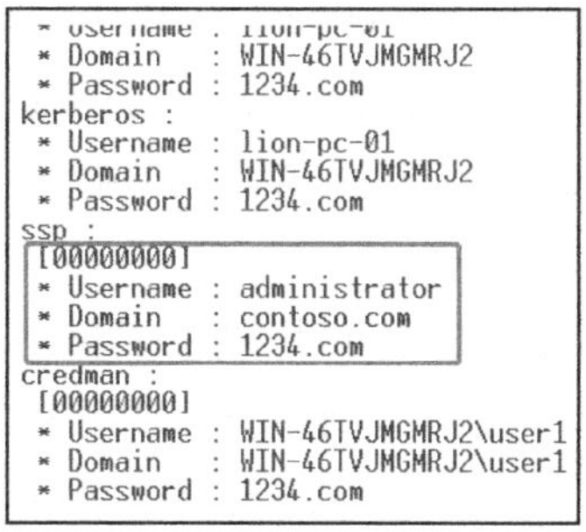

```
 * Username : lion-pc-01
 * Domain   : WIN-46TVJMGMRJ2
 * Password : 1234.com
kerberos :
 * Username : lion-pc-01
 * Domain   : WIN-46TVJMGMRJ2
 * Password : 1234.com
ssp :
 [00000000]
 * Username : administrator
 * Domain   : contoso.com
 * Password : 1234.com
credman :
 [00000000]
 * Username : WIN-46TVJMGMRJ2\user1
 * Domain   : WIN-46TVJMGMRJ2\user1
 * Password : 1234.com
```

究其原因，就是域管理员安全意识薄弱，对域管理员密码管理不够严谨。例如，一个普通员工希望安装软件，管理员为了方便，便使用域管理员身份登录，这样会将密码信息留存在客户端，甚至仅仅使用域管理员密码给用户加入域。因此笔者强烈建议，一定要保存好域控密码，不要轻易在不明环境下使用。

除上述两点外，域控还有很多安全问题，由于域控权限太大，一旦出现安全问题，后果将很难想象，因此笔者建议，在没有一定的安全知识及能力储备的情况下，不要轻易使用域控。这里推荐聂君的文章《内网针对 AD 域的攻击方式和防护方法》，以便了解更多域控方面的安全知识。

4.3　网络准入控制技术

网络准入控制（NAC）是一项由思科发起、多家厂商参加的计划，其宗旨是防止病毒和蠕虫等新兴黑客技术对企业安全造成危害。借助 NAC，客户可以只允许合法的、值得信任的终端设备（例如 PC、服务器、PDA）接入网络，而不允许其他设备接入。使用得最多的准入控制技术是 802.1X 标准，因此本节主要介绍 802.1X 的相关技术。

4.3.1　802.1X

802.1X，也叫 DOT1X，是 IEEE 制定的关于用户接入网络的认证标准，全称是“基于端口的网络接入控制”，属于 IEEE 802.1 网络协议组的一部分。802.1X 于 2001 年标准化，之后为了配合无线网络的接入进行了改版，于 2004 年完成。它为想要连接到 LAN 或 WLAN 的设备提供了一种认证机制。

802.1X 验证涉及三部分：申请者、验证者、验证服务器。申请者是一个需要连接到

LAN/WAN 的客户端设备（如便携机），同时也可以指运行在客户端上，提供凭据给验证者的软件。验证者是一个网络设备，如以太网交换机或无线接入点。验证服务器通常是一个运行着支持 RADIUS（Remote Authentication Dial In User Service，远程用户拨入验证服务）和 EAP（Extensible Authentication Protocol，可扩展认证协议，实际中更多地使用 PEAP，即防护型 EAP，以 TLS 加密保护较弱的 EAP 认证方式）的主机。 验证者就像是一个受保护网络的警卫。

申请者需要经过验证和授权才能访问到受保护的网络。这就像是允许进入一个国家之前要在机场的入境处提供一个有效的签证一样。使用 802.1X 基于端口的验证，申请者向验证者提供凭据，如用户名 / 密码或者数字证书，验证者将凭据转发给验证服务器来进行验证。如果验证服务器认为凭据有效，则申请者就被允许访问被保护侧网络的资源。

关于 802.1X 的具体工作原理这里不再详细介绍，有兴趣的读者可以在网上搜寻资料。

4.3.2　Windows 网络策略和访问服务

在 Windows Server 服务器中可以配置网络策略和访问服务，用于管理本地和远程网络访问权限，还可以使用网络策略服务器（以下简称 NPS）、路由器和远程访问服务、健康注册授权机构以及凭据授权协议来定义和配置网络访问身份验证、授权和客户端健康。

Windows 网络策略和访问服务的主要功能有：

- 网络策略服务器（NPS）：用于配置网络策略。
- 路由和远程访问服务：用于配置路由与远程访问。
- 健康注册机构：用于颁发客户端健康状态证书。
- 主机凭据授权协议：用于对 CISCO 网络访问控制的客户端进行授权。

其中最常使用的是网络策略服务器（NPS），在安装网络策略服务器后，可以部署如下服务：

- IEEE 802.3 有线：可以配置基于 802.1X 的连接请求策略，以实现 IEEE 802.3 有线客户端以太网网络访问。还可以将 802.1X 兼容的交换机配置成 NPS 中的 RADIUS 客户端，将 NPS 用作 RADIUS 服务器以处理连接请求，并为 802.3 以太网连接执行身份验证、授权和记账。可以在部署有线 802.1X 身份验证基础结构时，将 IEEE 802.3 有线客户端访问与 NAP 充分集成。
- IEEE 802.11 无线：可以配置基于 802.1X 的连接请求策略，以实现 IEEE 802.11 无线客户端网络访问。还可以将无线访问点配置成 NPS 中的远程身份验证拨入用户服务（RADIUS）客户端，将 NPS 用作 RADIUS 服务器以处理连接请求，并为

802.11 无线连接执行身份验证、授权和记账。在部署无线 802.1X 身份验证基础结构时，可以将 IEEE 802.11 无线访问与 NAP 充分集成，因此只有在无线客户端的健康状态对照健康策略进行验证后，才会允许客户端连接到网络。

- RADIUS 服务器。NPS 为无线身份验证交换机和远程访问拨号与 VPN 连接执行集中化的连接身份验证、授权和记账。将 NPS 用作 RADIUS 服务器时，请将无线访问点和 VPN 服务器等网络访问服务器配置成 NPS 中的 RADIUS 客户端。还可以配置 NPS 用来对连接请求进行授权的网络策略，并且可以配置 RADIUS 记账，以便 NPS 将记账信息记录到本地硬盘上或 Microsoft SQL Server 数据库中的日志文件内，等等。

4.3.3 网络策略服务器

安装完网络策略服务器后，就可以在“服务管理→角色→网络策略和访问服务”中看到 NPS，如图 4-7 所示。

这里有 4 个模块，分别为：

- RADIUS 客户端和服务器：用于管理 RADIUS 客户端，或配置远程 RADIUS（本地 NSP 作为代理使用）。
- 策略：NPS 核心功能，用于配置连接请求策略、网络策略及健康策略。
- 网络访问保护：设置健康验证程序，更新服务器组等。
- 模板管理：管理模板等功能。

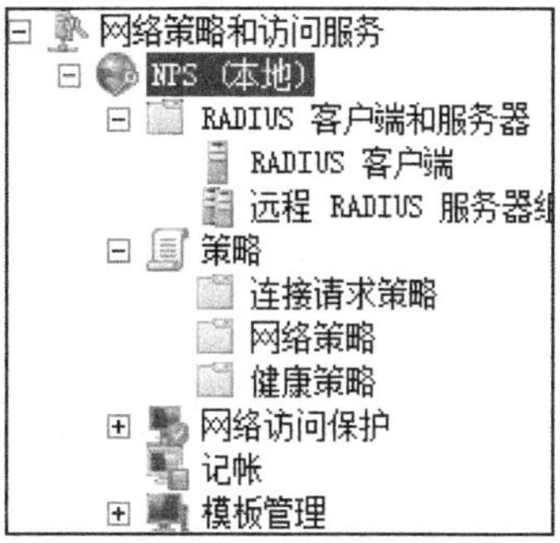

图 4-7 网络策略和访问服务

下面重点介绍“策略”模块。

1. 连接请求策略

连接请求策略用于处理客户端连接请求，如果命中连接请求策略，则使用网络策略和健康策略进行匹配。

使用连接请求策略，可以设置如下条件：

- 时间和星期几
- 连接请求的领域名称
- 请求的连接类型

❑ RADIUS 客户端的 IP 地址

上面这些条件之间的关系为 AND 关系，即所有选择条件必须同时满足。例如，服务器只会处理用户 111 在星期二 0 ～ 19 时发起连接请求，如图 4-8 所示。

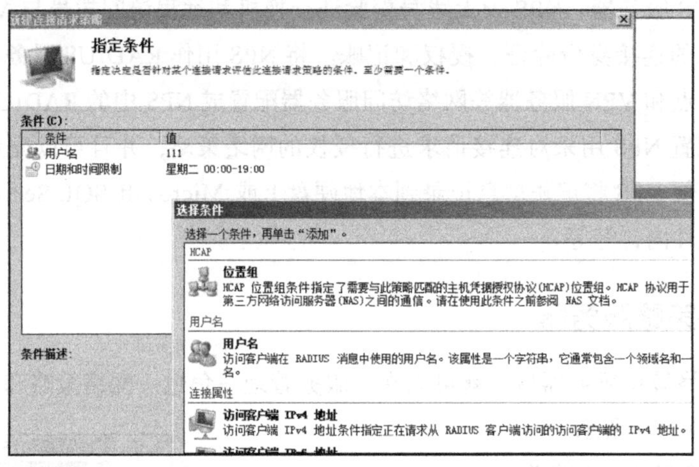

图 4-8　使用连接请求策略

策略与策略之间为 OR 关系，但会按照处理顺序进行处理，如果符合某条策略，便不执行后续请求策略。如图 4-9 所示，如果符合安全无线连接策略，便不会再向下匹配其他策略。

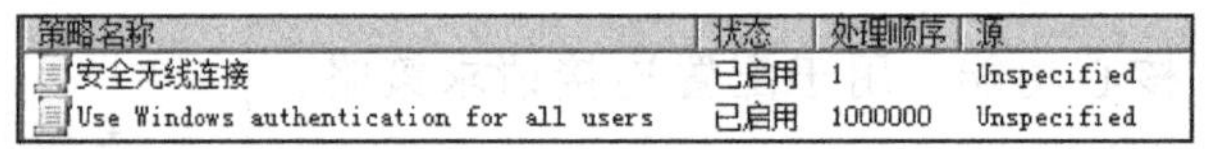

策略名称	状态	处理顺序	源
安全无线连接	已启用	1	Unspecified
Use Windows authentication for all users	已启用	1000000	Unspecified

图 4-9　符合安全无线连接策略

2. 网络策略

网络策略允许指定谁可以连接到网络，以及可以连接和不可以连接的环境。

每个网络策略都有四种类别的属性：

❑ 概述：使用这些属性可以指定是否启用策略、是允许还是拒绝访问策略，以及连接请求是需要特定网络连接方法还是需要网络访问服务器（NAS）类型。使用概述属性还可以指定是否忽略域服务（AD DS）中的用户账户的拨入属性。如果选择该选项，则 NPS 只使用网络策略中的设置来确定是否授权连接。

❑ 条件：使用这些属性，可以指定为了匹配网络策略，连接请求所必须具有的条件；如果策略中配置的条件与连接请求匹配，则 NPS 将在网络策略中指定的设置应用于连接。例如，如果将 NAS IPv4 地址指定为网络策略的条件，并且 NPS 从具有指定 IP 地址的 NAS 接收连接请求，则策略中的条件与连接请求相匹配。

- 约束：约束是匹配连接请求所需的网络策略的附加参数。如果连接请求与约束不匹配，则 NPS 自动拒绝该请求。与 NPS 对网络策略中不匹配条件的响应不同，如果约束不匹配，则 NPS 将拒绝连接请求，而不评估附加网络策略。
- 设置：使用这些属性，可以指定在策略的所有网络策略条件都匹配时，NPS 应用于连接请求的设置。

同样，这里条件为 AND 关系，策略为 OR 关系，依次处理策略，直到第一个匹配策略被执行后结束。

3. 健康策略

健康策略由一个或多个系统健康验证程序（SHV）和其他设置组成，用于定义客户端计算机访问网络的配置。

下面介绍常见的 Windows AD 域控结合 NPS 及对 Cisco 交换机 / 无线控制器进行 802.1X 认证。

4.3.4 Cisco 2500 无线控制器 +NAS + AD 实现 802.1X

无线 802.1X 的使用非常普遍，通过认证的用户，由 NPS 预定义的策略加入不同的 VLAN，从而使用户进行网络分离。此处省略 AD 创建、服务器加入域、证书服务器创建、VLAN 创建等基本步骤。

注意： 将交换机与无线控制器接口配置为 Trunk 模式。

1. 无线控制器部分

对于无线控制器部分，需要设置 Radius Server 来建立无线连接，配置 AAA Server 等操作，具体如下：

1）建立 Radius Server，指定 NPS 地址为 192.168.200.2，并配置预共享密钥，如图 4-10 所示。

图 4-10 配置预共享密钥

2）建立一个新 SSID，出于安全考虑，最好为 Interface/Interface Group 选择一个没具体用处的空 VLAN，如图 4-11 所示。

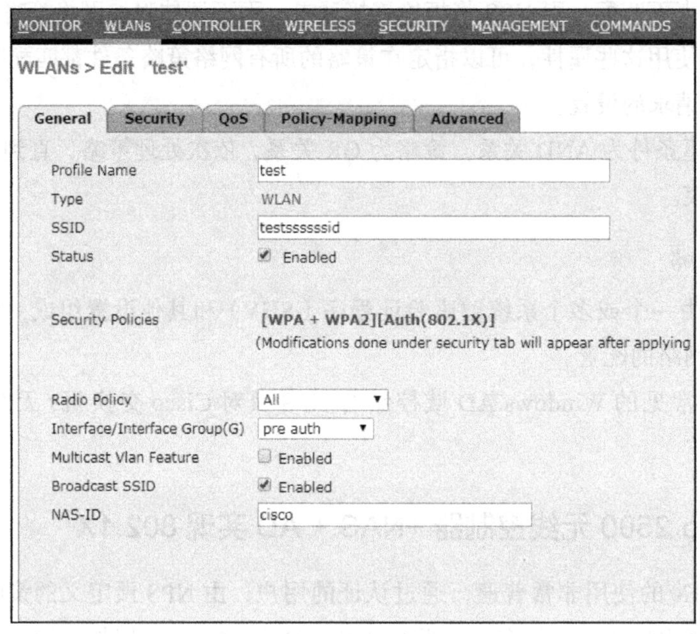

图 4-11　建立一个新 SSID

在 Security 选项卡中选择 AAA Servers 选项卡，在下拉菜单中选择刚才建立的 Radius Server，如图 4-12 所示。

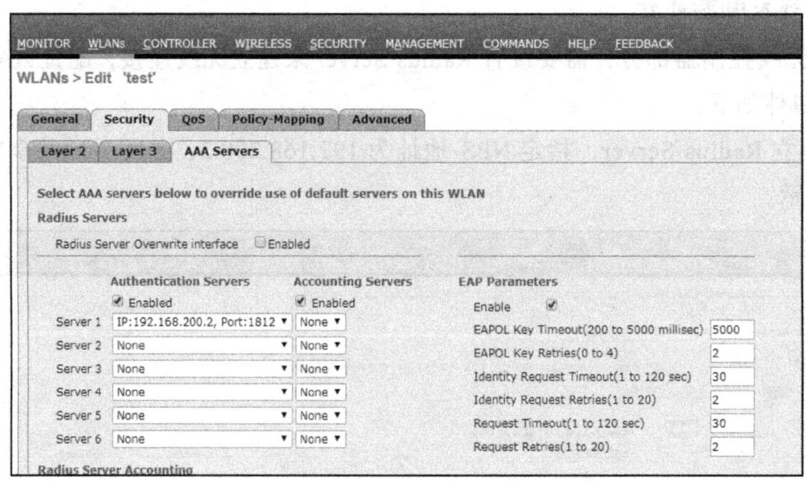

图 4-12　选择已经建立的 Radius Server

在 Advanced 选项卡中将 Allow AAA Override 选中，如图 4-13 所示。

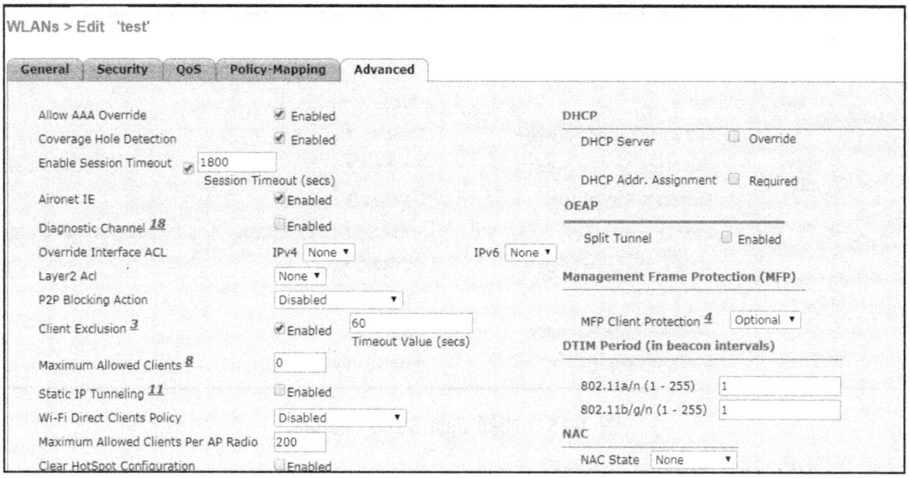

图 4-13　将 Allow AAA Override 选中

关联 SSID 进入 Ap Groups，如图 4-14 所示，至此 AP 部分配置结束。

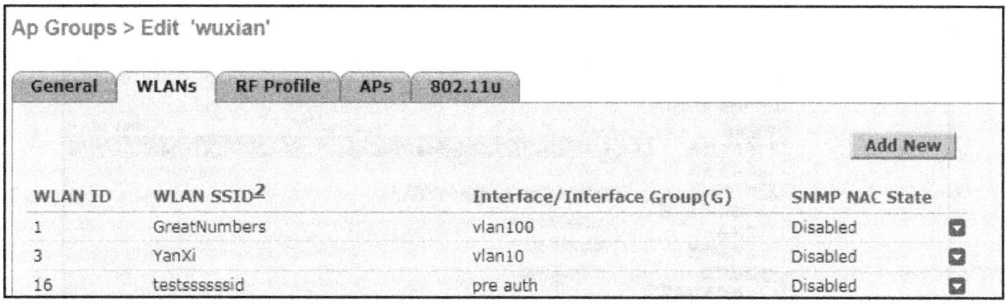

图 4-14　关联 SSID 进入 Ap Groups

3）选择 Fast SSID change（可选）。在实际工作中，有可能会从其他认证方式转换到 802.1X 方式，此时，已经使用过其他认证方式的 iOS 设备可能会出现无法进行 802.1X 验证的情况（具体表现为不弹出验证证书，进而导致验证失败），经过排查，更改 Fast SSID change 为 Enabled 即可解决这个问题，如图 4-15 所示。

2. Windows 部分

在 Windows 部分主要涉及设置 AD、NPS 服务器申请证书、配置 802.1X 连接策略等，步骤如下：

1）在 AD 中增加用户组，并将用户加入组，不同的组，后续认证后会进入不同 VLAN。

MONITOR　WLANs　CONTROLLER　WIRELESS　SECURITY　MANAGEMENT　COMMANDS

Controller

General
Inventory
Interfaces
Interface Groups
Multicast
Internal DHCP Server
Mobility Management
Ports
NTP
CDP

General

Name	cisco
802.3x Flow Control Mode	Disabled
LAG Mode on next reboot	Disabled
Broadcast Forwarding	Disabled
AP Multicast Mode	Multicast 225.0.0.100 Multicast Group Address
AP IPv6 Multicast Mode	Multicast ::
AP Fallback	Enabled
CAPWAP Preferred Mode	ipv4
Fast SSID change	Enabled

图 4-15　选择 Fast SSID change

2）NAP 服务器申请计算机证书。

运行 MMC，在添加 / 删除管理单元中选择“证书→计算机账户”，如图 4-16 所示。

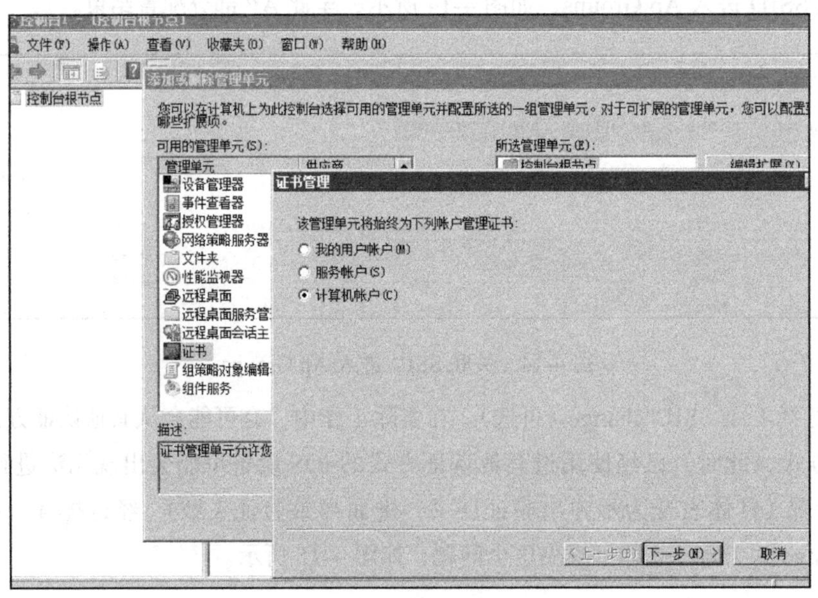

图 4-16　设置账户管理证书

在“个人”选项卡中右侧区域右击，选择“所有任务→申请新证书”命令，如图 4-17 所示。

注册证书，再单击“下一步”按钮即可，如图 4-18 所示。

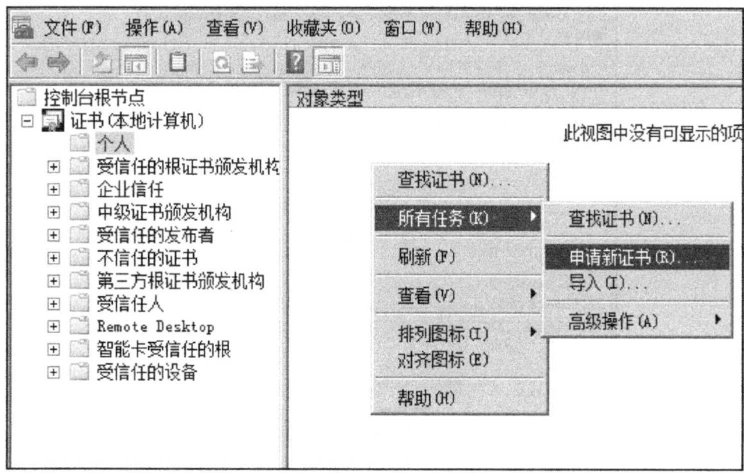

图 4-17　申请新证书

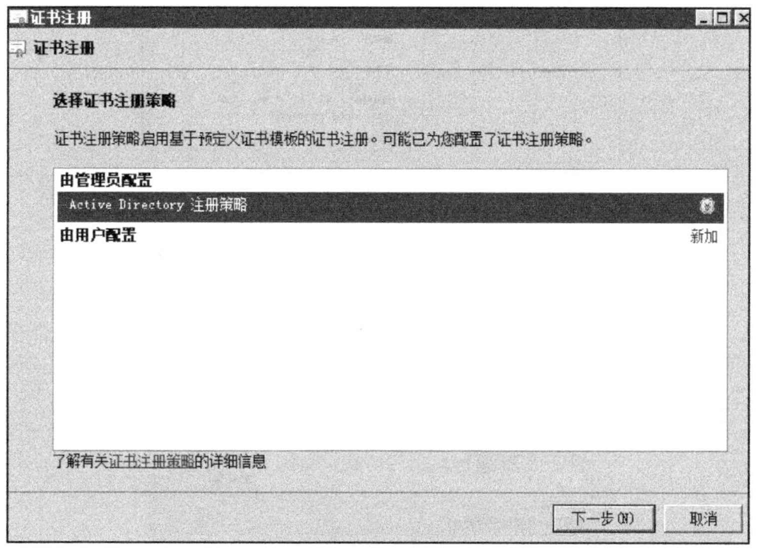

图 4-18　注册证书

选中“计算机”，单击“注册”按钮，即可看到计算机证书，该证书用于向客户端证明身份，如图 4-19 所示。

3. 配置准入策略

1）增加 RADIUS 客户端（即无线控制器地址，或指定认证的地址）及在 AP 上设置的预共享密钥，如图 4-20 所示。这里不能配置错误，否则会出现无法认证的情况。

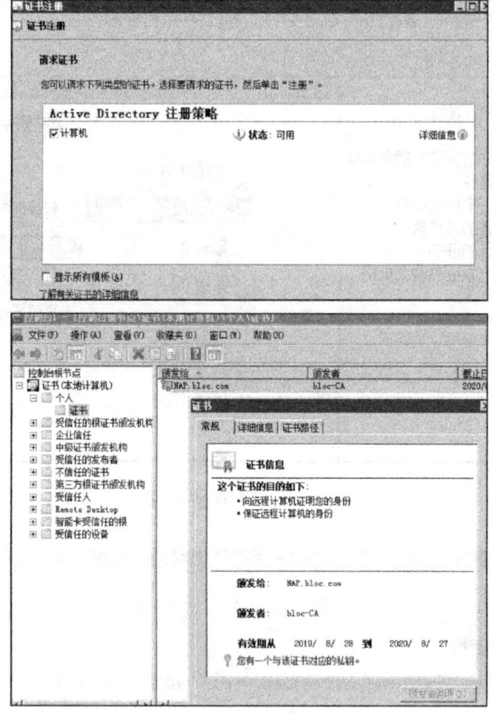

图 4-19　查看证书

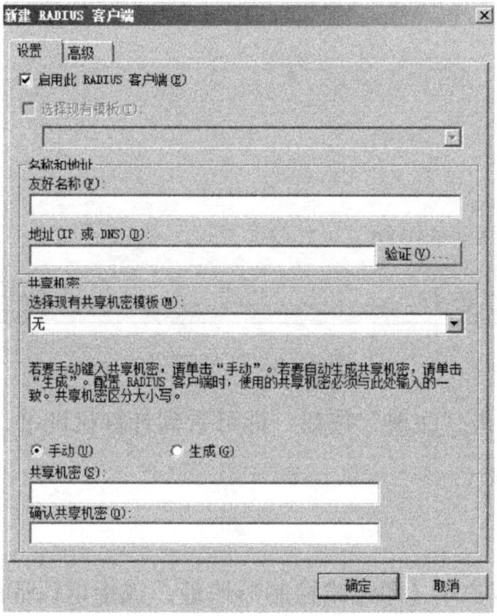

图 4-20　配置 RADIUS 客户端

2）在 NPS 中配置 802.1X 策略，如图 4-21 所示。

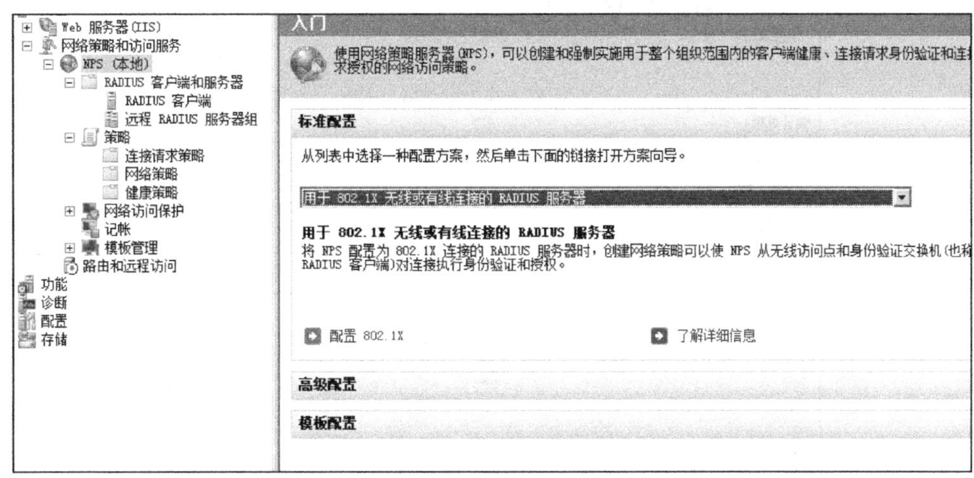

图 4-21　配置 802.1X

设置 802.1X 连接类型，此处选择安全无线连接，如图 4-22 所示。

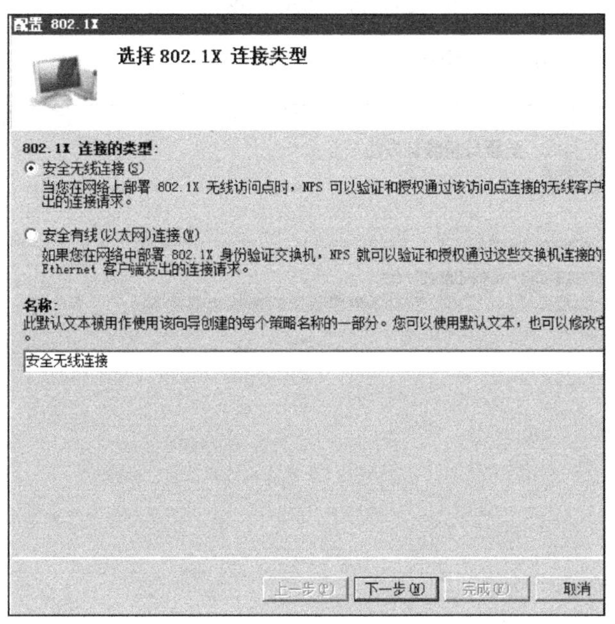

图 4-22　设置 802.1X 连接类型

指定 RADIUS 客户端，此处所有客户端可单独添加，没有 AND 或 OR 关系，如图 4-23 所示。

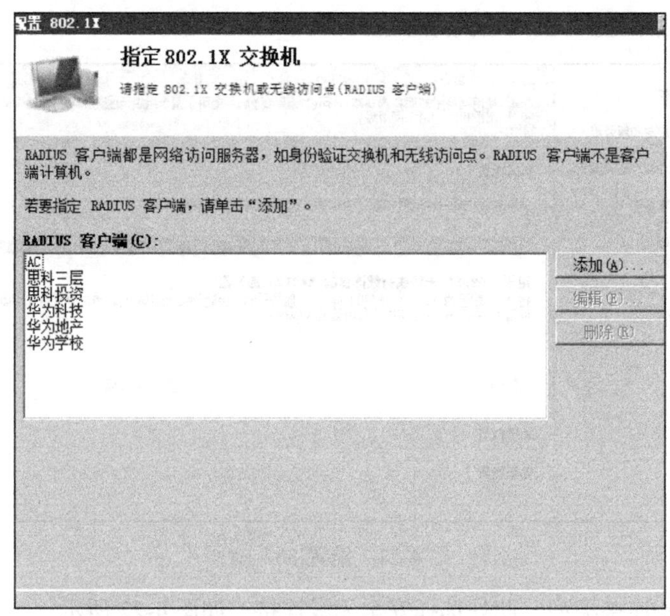

图 4-23　指定 RADIUS 客户端

选择配置身份验证方法为 PEAP，如图 4-24 所示。

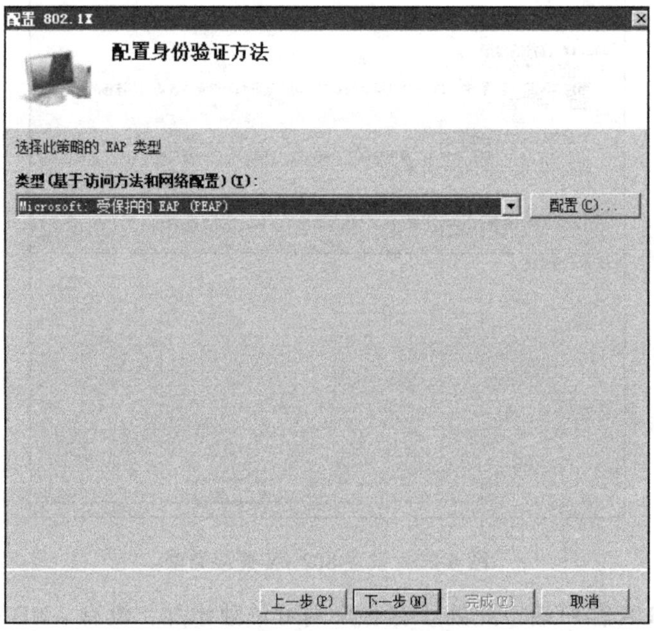

图 4-24　配置身份验证方法

单击“配置”按钮，可以看到使用的是之前申请的计算机证书，如图 4-25 所示。

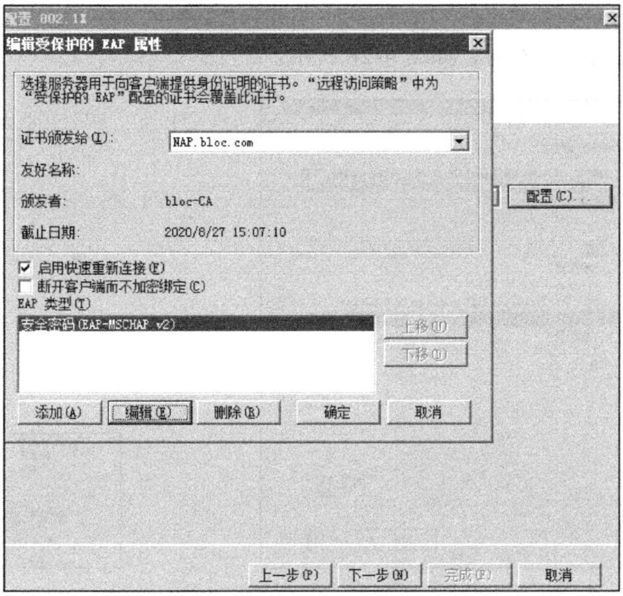

图 4-25 查看使用的证书

单击“下一步”按钮，并指定用户组，如图 4-26 所示。

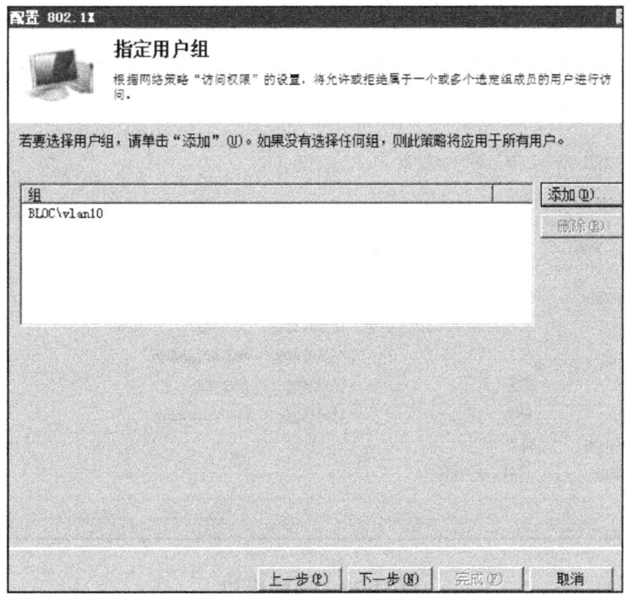

图 4-26 指定用户组

配置流量，Tunnel-Pvt-Group-ID 处为需要配置验证通过进入的 VLAN，其余按图 4-27 配置即可。

最后在 AD 中注册服务器，如图 4-28 所示。

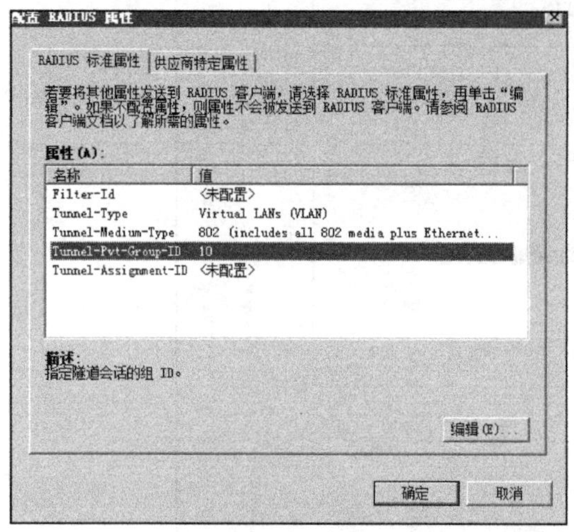

图 4-27 配置 RADIUS 属性

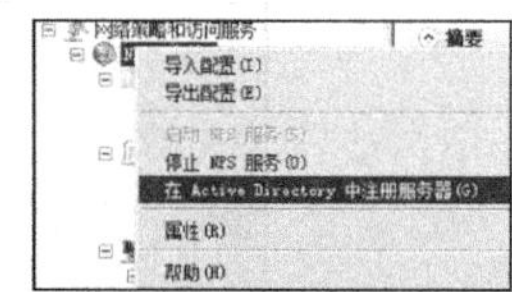

图 4-28 在 AD 中注册服务器

至此配置完成。客户端便可以进行无线连接，如果验证成功，即可在服务器处看到如图 4-29 所示日志（事件 ID：6272，6278）。

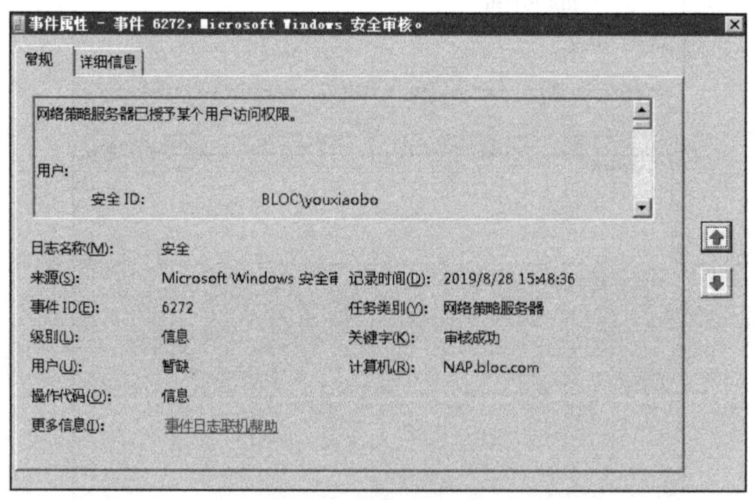

图 4-29 验证成功

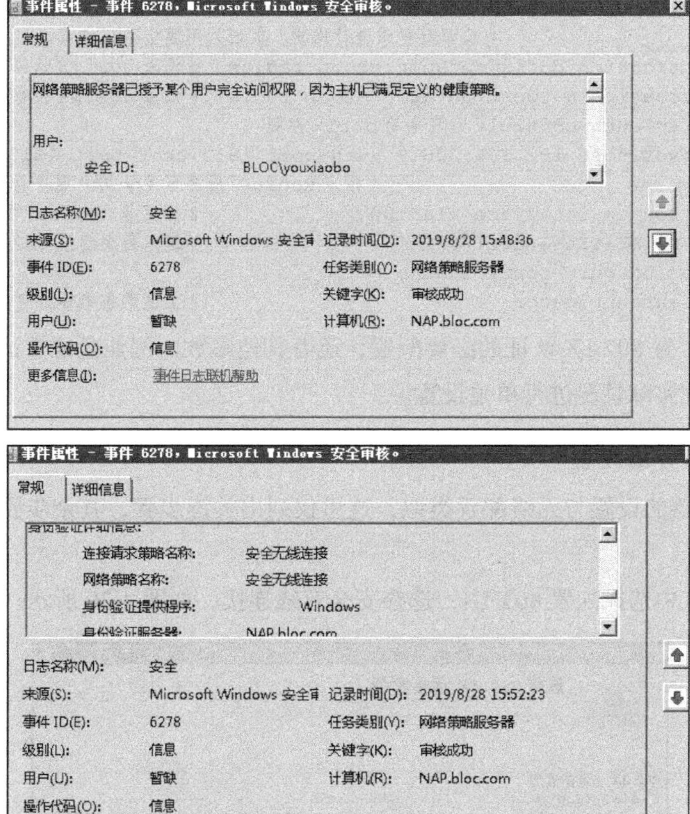

图 4-29 （续）

4.3.5　有线交换机 +NAP 实现 802.1X

随着移动设备的普及，越来越多的设备可以不使用网线而接入网络了，因此无线 802.1X 基本上已经可以满足安全认证的需要了，不过企业中依旧还会用到台式机、打印机等，依然需要连接网线的设备，因此下面将简单介绍有线交换机的 802.1X 配置。

1. 交换机部分

交换机处省略 VLAN 部分、基础路由网关等配置内容，相关配置命令如下（本例为 CISCO 3560 交换机，版本为 12.2.55）：

```
aaa new-model# 全局启用 3A 认证
aaa authentication login nologin line none      # 此命令非常重要，开启 3A 认证后，
```

```
                              # 但并没有验证 3A 服务器是否正常工作时，需要将方法用于登录接口，
                              # 从而对登录进行保护，依旧采用线上验证方式
aaa authentication dot1x default group radius  # 设置 802.1X 认证方式
aaa authorization network default group radius # 设置 802.1X 授权方式
dot1x system-auth-control# 开启全局 dot1x 控制
radius-server host 192.168.200.9 auth-port 1812 acct-port 1813 key 123456
                                   # 指定 Radius 服务器（即 NAP 服务器）位置及共享密钥
ip radius source-interface Vlan100             # 指定与 Radius 服务器通信的接口
interface GigabitEthernet1/0/13                # 进入需要启用 802.1X 的交换机接口
authentication port-control auto
dot1x pae authenticator                        # 上述两条命令开启 802.1X 验证
```

以上仅为配置 802.1X 认证的必要配置，还有其他参数，例如验证重试次数、超时时间等，可以根据实际情况进行单独设置。

2. NAP 服务器设置

NAP 服务器的设置与无线配置类似，这里仅列出关键步骤，其余步骤可以参考无线配置部分。

1）在 NPS 中选择配置 802.1X，选择安全有线连接，如图 4-30 所示。

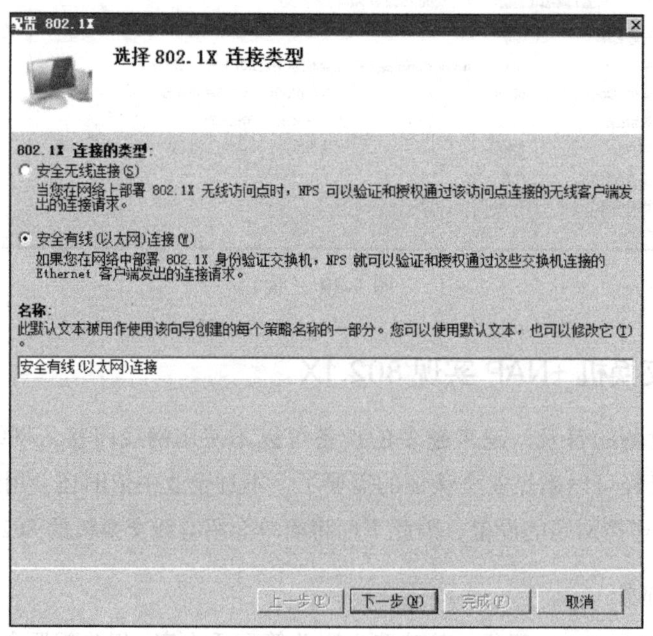

图 4-30　选择 802.1X 连接类型

2）在“配置 Radius 属性”对话框中，在 Tunnel-Pvt-Group-ID 处，写入验证成功后的 VLAN（需要提前创建），其他配置如图 4-31 所示。

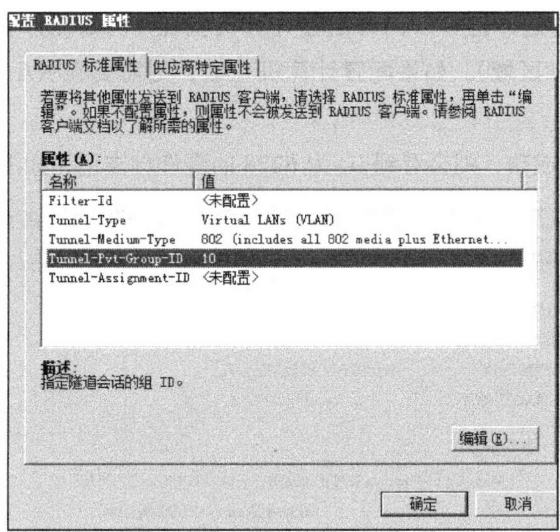

图 4-31　配置 Radius 属性

3. PC 端

PC 端需要启动 Wired AutoConfig 服务，否则可能会无法显示身份验证界面。另外，需要在客户端安装根证书服务，否则无法进行验证。根证书可以通过域策略下发，也可以让用户直接访问 https:// 证书服务器地址 /certsrv 进行下载。主要步骤如下。

1）在身份验证处，选择启用 IEEE 802.1X 身份验证，如图 4-32 所示。

2）在其他设置中，选择用户身份验证，如图 4-33 所示。

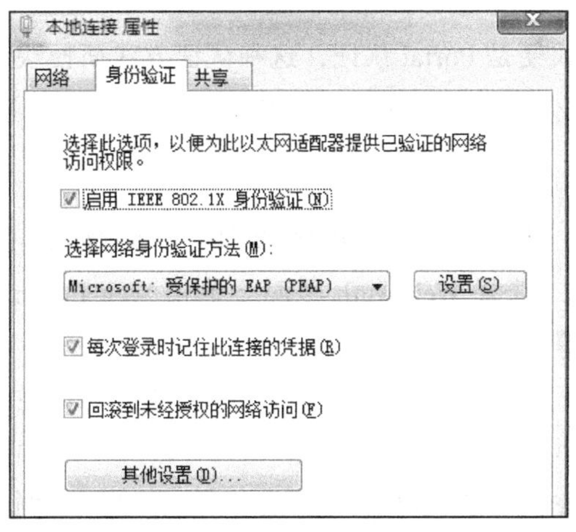

图 4-32　启用 IEEE 802.1X 身份验证

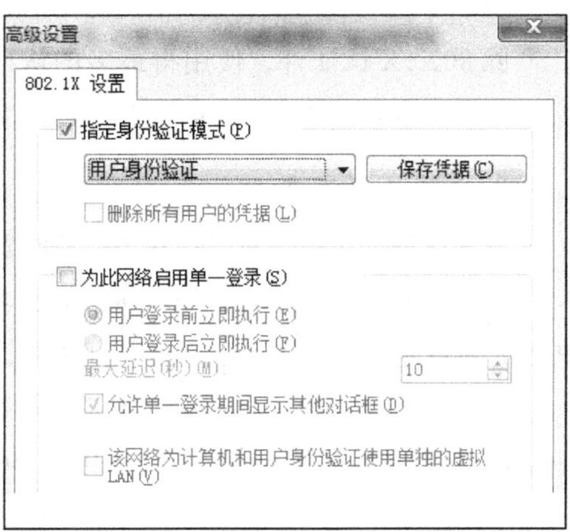

图 4-33　用户身份验证

这里需要说明的是，也可以同时配置计算机验证（例如在计算机注销状态，则单独进入另一个 VLAN 区域），如果配置计算机验证，则需要在 NAP 服务器中进行额外配置。

如果客户端验证成功，则会看到 ID 为 6278 的事件日志记，如图 4-34 所示。

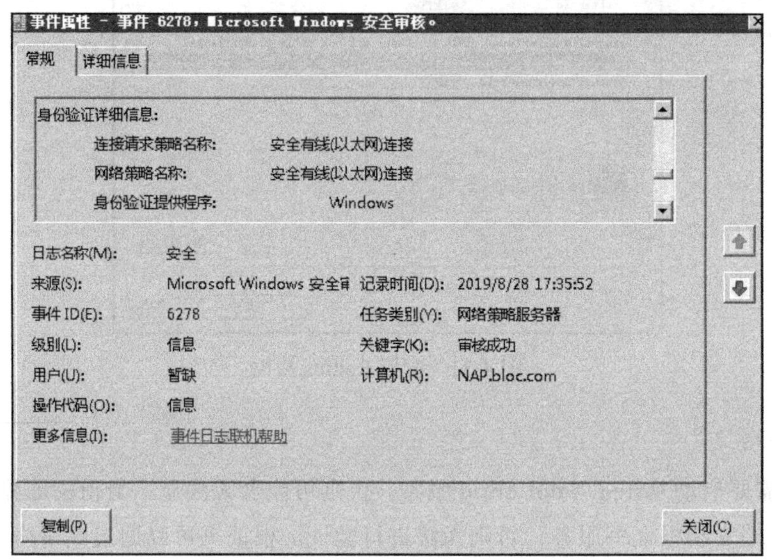

图 4-34　客户端验证成功

4.3.6　Portal 登录

除 802.1X 认证外，使用得最多的认证方式便是 Portal 认证，这种认证方式简便快捷，可在很多公众场合（如宾馆中）使用，下面介绍 Portal 的登录方式。

1. 本地认证方式

本地认证即用户信息保存在无线控制器上，只需要设置无线控制器即可，步骤如下。

1）登录系统后单击 SECURITY 选项卡，选择 Web Auth 界面，单击 Web Login Page，可以定义登录界面、Web 认证类型，等等，如图 4-35 所示。

2）在 SECURITY 选项卡中，选择 Local Net Users，建立用户并设置密码，在 WLAN Profile 处选择 webportal，如图 4-36 所示。

3）在 SECURITY 选项卡中单击 Local EAP，单击 Profiles，新建一个 Profile（本例为 test1），进入并选中 LEAP，如图 4-37 所示。

图 4-35 定义登录界面

图 4-36 建立用户并设置密码

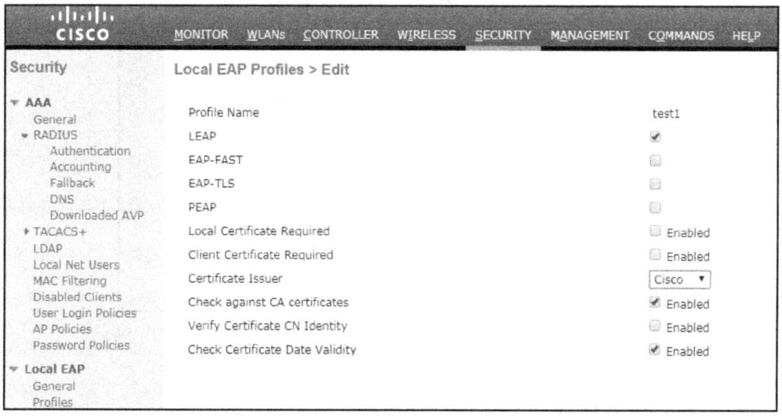

图 4-37 新建一个 Profile

4）创建 SSID。在 WLANs 选项卡中选择 General，设置在 Interface/Interface Group 中选择认证成功后的 VLAN（需要提前创建），如图 4-38 所示。

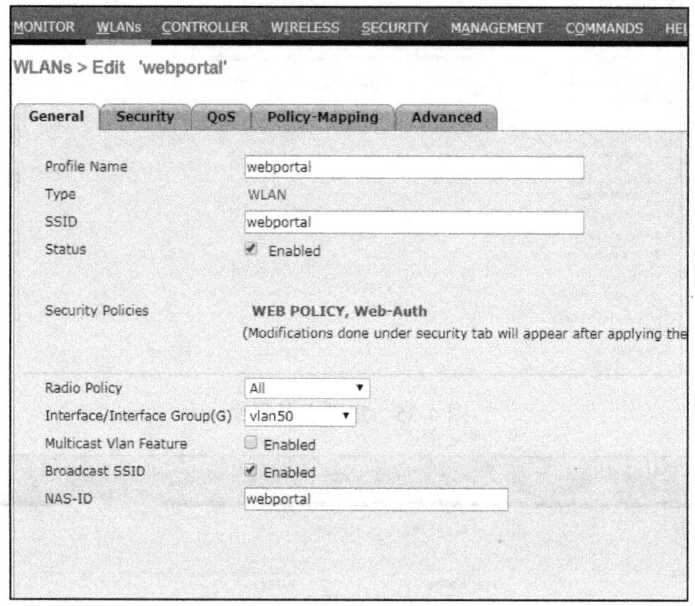

图 4-38　选择认证成功后的 VLAN

5）在 WLANs 选项卡中单击 Security，在 Layer 2 选项卡中的 Layer 2 Security 选项中选择 None，如图 4-39 所示。

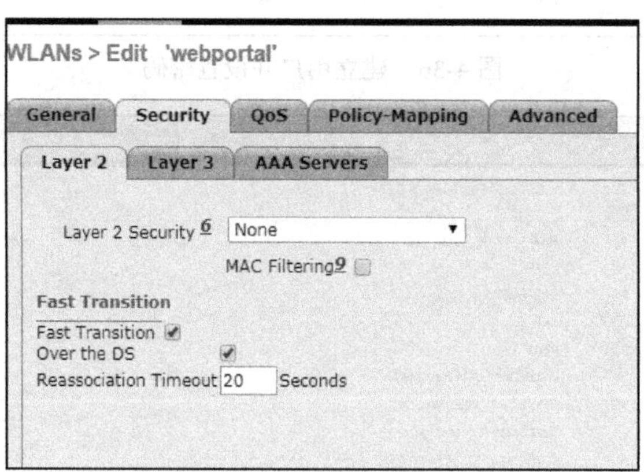

图 4-39　Layer2 选项卡设置

Layer 3 选项卡中的选项设置如图 4-40 所示。

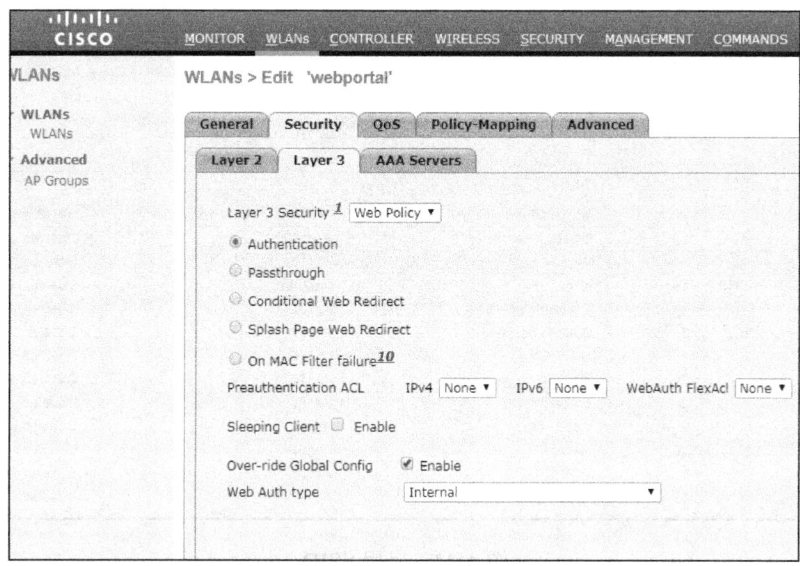

图 4-40　Layer 3 选项卡设置

6）在 AAA Servers 选项卡中，将 Local EAP Authentication 的 Enable 选中，设置 EAP Profile Name 为 test1（即第 3 步中创建的 Profile），在 Order Used For Authentication 中，将 LOCAL 置于最上，即为本地验证，如图 4-41 所示。

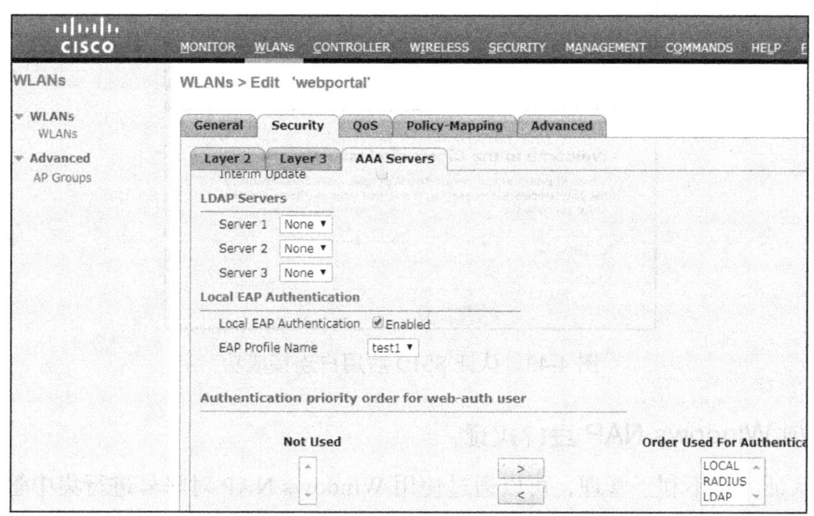

图 4-41　AAA Servers 选项卡中的设置

7）启用 SSID，如图 4-42 所示。

MONITOR　WLANs　CONTROLLER　WIRELESS　SECURITY　MANAGEMENT　COMMANDS　HELP　FEEDBACK

WLANs
- WLANs
  - WLANs
- Advanced
  - AP Groups

Ap Groups > Edit 'wuxian'

General | WLANs | RF Profile | APs | 802.11u

Add New

WLAN ID	WLAN SSID2	Interface/Interface Group(G)	SNMP NAC State
1	GreatNumbers	vlan100	Disabled
3	YanXi	vlan10	Disabled
16	bloc	pre auth	Disabled
4	GreatNumbers-CW	vlan20	Disabled
5	GreatNumbers-KF	vlan30	Disabled
6	YanXi-CW	vlan70	Disabled
7	YanXi-KF	vlan80	Disabled
2	Educate	vlan11	Disabled
9	bloc-guest	vlan40	Disabled
10	Manage	vlan50	Disabled
8	YXKJ	vlan18	Disabled
11	webportal	vlan50	Disabled

图 4-42　启用 SSID

此时，用户便可以看到一个 portal 认证的 SSID，用户连接后，可以看到如图 4-43 所示的界面，输入第 2 步创建的用户名、密码即可登录成功。

图 4-43　认证 SSID 后用户连接成功

2. 使用 Windows NAP 进行认证

本地认证方式不利于管理，可以通过使用 Windows NAP 对账号进行集中管理。

无线控制端处的设置如下：

1）修改本地以证第 6 步中的 AAA Server 配置，取消选中 Local EAP Authentication，选择 NAP 服务器，如图 4-44 所示。

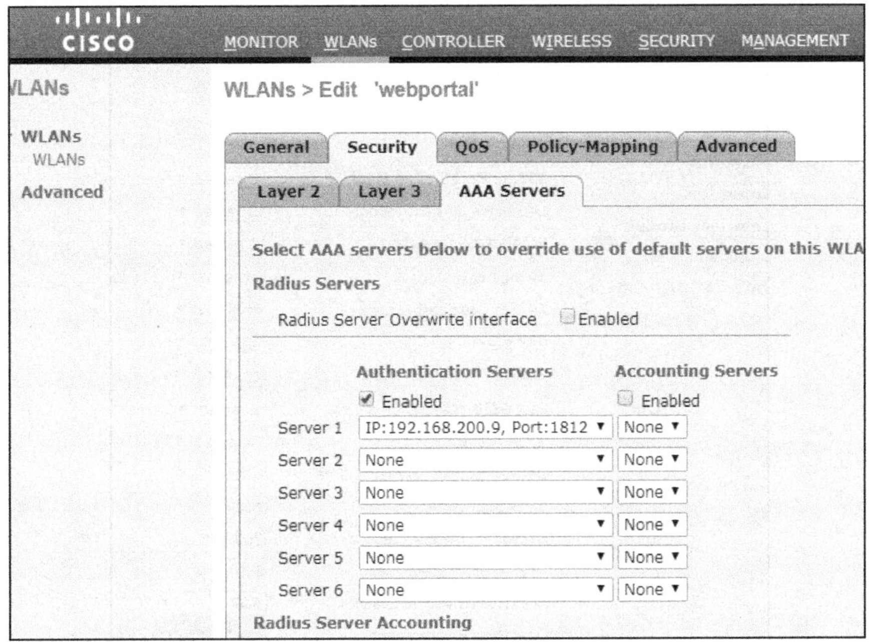

图 4-44　选择 NAP 服务器

2）在配置 SSID 时，选择 Advanced 选项卡，激活 Allow AAA Override，其余配置不变，如图 4-45 所示。

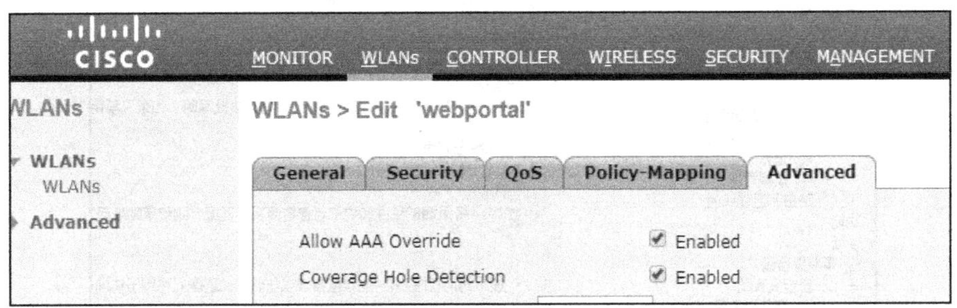

图 4-45　设置 Advanced

3）在 CONTROLLER 中的 General 选项卡中选择 PAP（或 CHAP），如图 4-46 所示。

4）在 NAP 中建立网络策略（连接请求策略，可以沿用前文无线 802.1X 的配置），设置条件为用户组，在身份验证中选择 PAP 或 CHAP（主要与第 3 步选择对应），其余配置不变，如图 4-47~ 图 4-49 所示。

CISCO　MONITOR　WLANs　CONTROLLER　WIRELESS　SECU

ntroller

General
Inventory
Interfaces
Interface Groups
Multicast
Internal DHCP Server
Mobility Management
Ports
NTP
CDP
IPv6
mDNS
Advanced

General

Name	cisco
802.3x Flow Control Mode	Disabled
LAG Mode on next reboot	Disabled
Broadcast Forwarding	Disabled
AP Multicast Mode 1	Multicast　225.0.
AP IPv6 Multicast Mode 1	Multicast　::
AP Fallback	Enabled
CAPWAP Preferred Mode	ipv4
Fast SSID change	Enabled
Link Local Bridging	Disabled
Default Mobility Domain Name	cisco
RF Group Name	cisco
User Idle Timeout (seconds)	300
ARP Timeout (seconds)	300
Web Radius Authentication	PAP
Operating Environment	PAP　to 4
Internal Temp Alarm Limits	CHAP MD5-CHAP

图 4-46　选择 PAP 或 CHAP

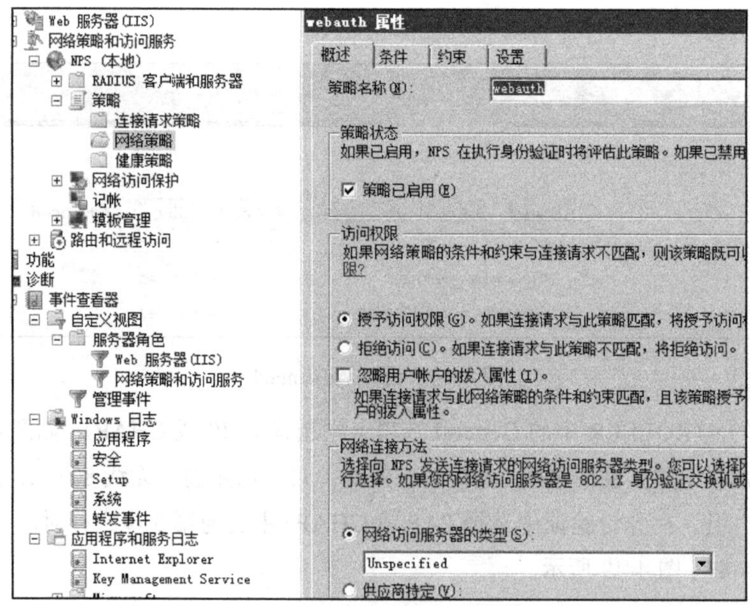

图 4-47　webauth 属性 / 概述界面

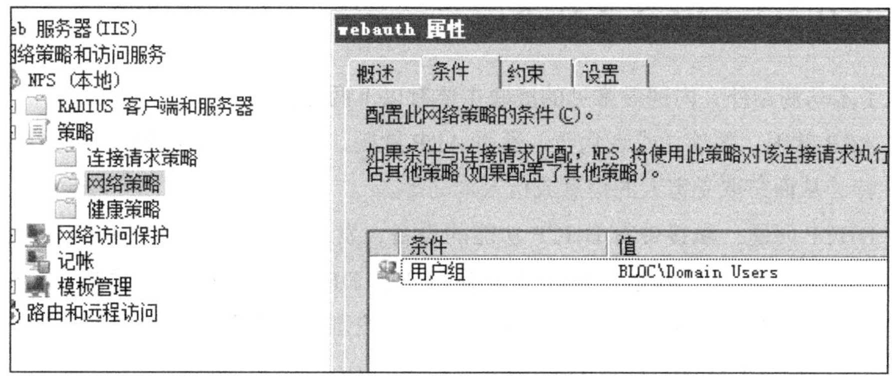

图 4-48　webauth 属性 / 条件界面

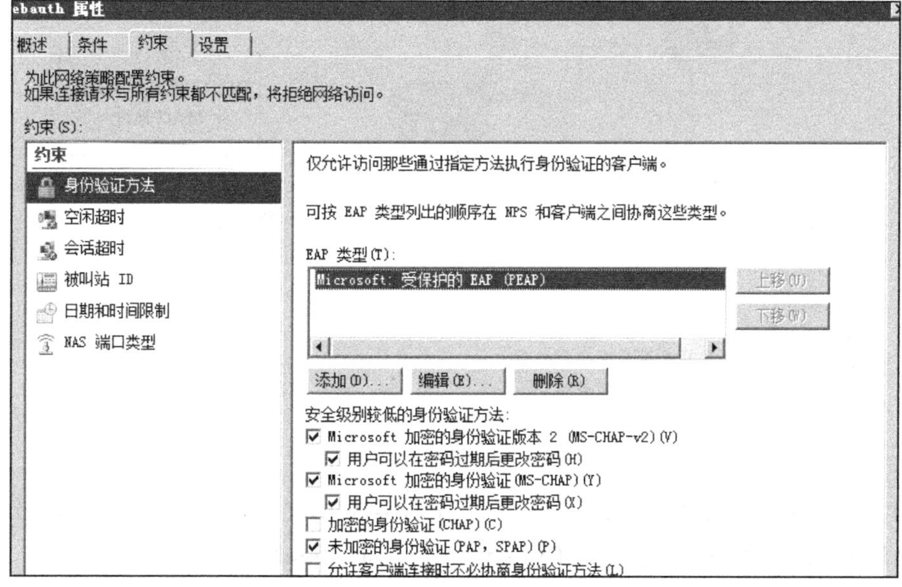

图 4-49　webauth 属性 / 约束界面

之后在无线控制器端启用 SSID 即可。

不过，笔者不建议企业使用此种方式：第一，在此网络中，二层数据帧并未对上层数据加密（见图 4-38），连接此网络的用户的明文数据传输很可能被嗅探，因此需要支持 Wi-Fi Enhanced Open 协议（目前还没有普及）；第二，在登录环节处填写的用户名、密码是以明文方式提交，也存在被监听的可能。所以如本节开始所说，这种方式可以在安全性要求不是很高的场景下使用。

4.4　其他办公网络安全技术

除了木马病毒外，内网最常见的威胁主要有以下两点：

- ARP 欺骗：黑客（或者病毒）通过 ARP 欺骗、修改受害人的网关，进行流量劫持，从而窃取受害人的信息或植入木马等。
- DHCP 问题：私接带有 DHCP 功能的设备，发送虚假的 DHCP OFFER 信息，造成网络混乱。黑客也可以在恶意耗尽正常 DHCP 可分配 IP 资源后，提供虚假 DHCP 服务，受害人网关被指定为黑客所控制的服务器，造成流量被劫持的风险。图 4-50 为 DHCP 攻击示意图。

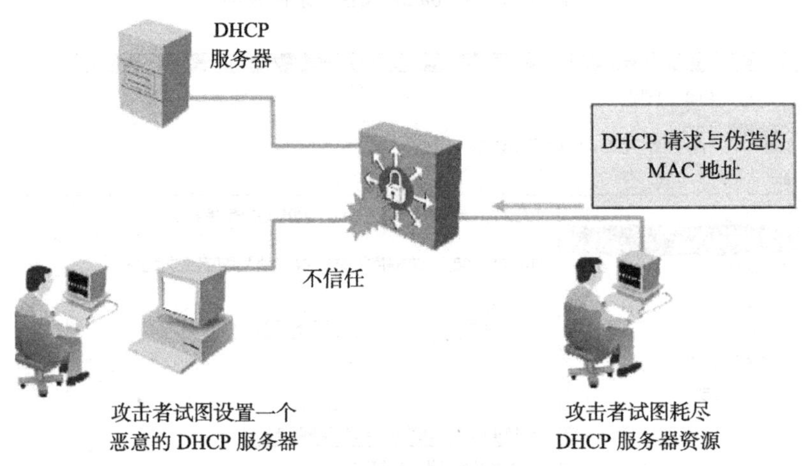

图 4-50　DHCP 攻击

针对上述情况，有两种技术方案可以分别解决 ARP 欺骗和 DHCP 问题，分别是 DCHP Snooping 及 CISCO 的 DAI（Dynamic ARP Inspection）技术。

4.4.1　DHCP Snooping 简介和配置

DHCP Snooping 是 DHCP 的一种安全特性，主要应用在交换机上，作用是屏蔽接入网络中的非法的 DHCP 服务器。即开启 DHCP Snooping 功能后，网络中的客户端只有从管理员指定的 DHCP 服务器获取 IP 地址。由于 DHCP 报文缺少认证机制，如果网络中存在非法 DHCP 服务器，管理员将无法保证客户端从管理员指定的 DHCP 服务器获取合法地址，客户机有可能从非法 DHCP 服务器获得错误的 IP 地址等配置信息，导致客户端无法正常使用网络。启用 DHCP Snooping 功能后，必须将交换机上的端口设置为信任

（Trust）和非信任（Untrust）状态，交换机只转发信任端口的 DHCP OFFER/ACK/NAK 报文，丢弃非信任端口的 DHCP OFFER/ACK/NAK 报文，从而达到阻断非法 DHCP 服务器的目的。建议将连接 DHCP 服务器的端口设置为信任端口，其他端口设置为非信任端口。此外，DHCP Snooping 还会监听经过本机的 DHCP 数据包，提取其中的关键信息并生成 DHCP Binding Table 记录表，一条记录包括 IP、MAC、租约时间、端口、VLAN、类型等信息，结合 DAI（Dynamic ARP Inspection）和 IPSG（IP Source Guard）可实现 ARP 防欺骗和 IP 流量控制功能。

下面通过一个实验专门介绍 HCP Snooping 的配置。

实验拓扑如图 4-51 所示。

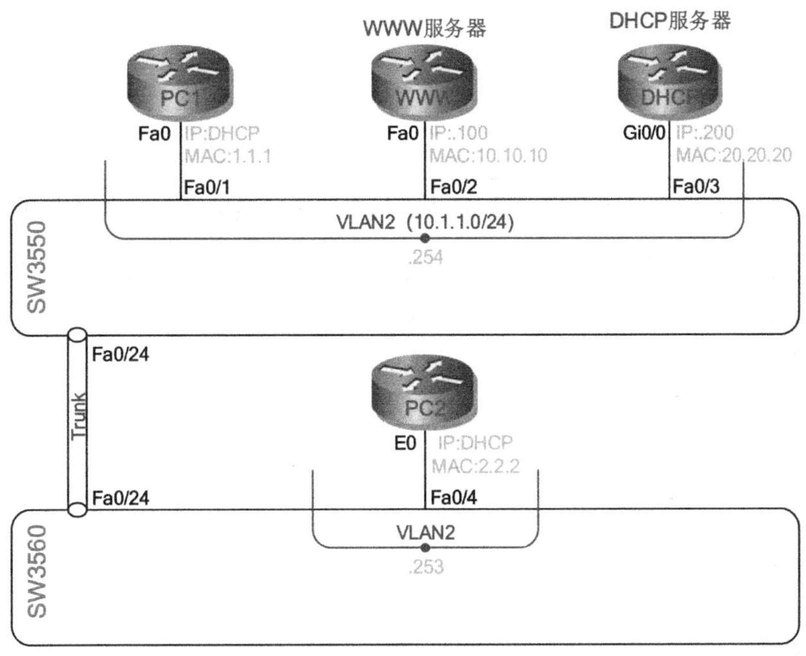

图 4-51　实验环境拓扑图

配置步骤大致如下。

1）配置 DHCP Snooping（省略创建 VLAN VTP 的相关配置）。

在交换机上全局激活 DHCP Snooping 特性：

```
SW3550(con©g)#ip dhcp snooping
SW3560(con©g)#ip dhcp snooping
```

2）指定一个持久的 DHCP Snooping 绑定数据库的位置。

```
SW3550(con©g)#ip dhcp snooping database °ash:/SW3550.db#位置也可以指定为
FTP或TFTP等
SW3560(con©g)#ip dhcp snooping database °ash:/SW3560.db
```

3）把连接合法 DHCP 服务器的端口配置为 Trust。

在 SW3550 上进行如下配置：

```
interface FastEthernet0/3
switchport access vlan 2
switchport mode access
spanning-tree portfast
ip dhcp snooping trust #主要配置，开启dhcp snooping trust
```

配置交换机间链路接口为 Trust。

SW3550、SW3560 同时配置：

```
interface FastEthernet0/24
 switchport trunk encapsulation dot1q
 switchport mode trunk
 spanning-tree portfast trunk
 ip dhcp snooping trust
```

注意： 需要在两个启用 DHCP Snooping 技术的交换机互联接口的两端配置 ip dhcp snooping trust。

4）在其他非信任的端口上配置 DHCP 限速（可选配置）。

SW3550 配置：

```
interface FastEthernet0/1
 switchport access vlan 2
 switchport mode access
 spanning-tree portfast
 ip dhcp snooping limit rate 10 #核心配置，限制DHCP request发包速率
```

SW3560 配置：

```
interface FastEthernet0/4
 switchport access vlan 2
 switchport mode access
 spanning-tree portfast
 ip dhcp snooping limit rate 10
```

5）在特定的 VLAN（VLAN2）中开启 DHCP Snooping：

```
SW3550(con©g)#ip dhcp snooping vlan 2
SW3560(con©g)#ip dhcp snooping vlan 2
```

6）需要关闭 DHCP Snooping 的 Option 82（仅仅在 CISCO 设备作为 DHCP 服务器时需要关闭）。

```
SW3550(con©g)#no ip dhcp snooping information option
SW3560(con©g)#no ip dhcp snooping information option
```

可以通过如下命令显示映射表。

对于 SW3550：

```
SW3550#show ip dhcp snooping binding
MacAddress          IpAddress     Lease(sec)  Type           VLAN  Interface
00:01:00:01:00:01   10.1.1.1      86346       dhcp-snooping  2     FastEthernet0/1
Total number of bindings: 1
```

对于 SW3560：

```
SW3560#show ip dhcp snooping binding
MacAddress          IpAddress     Lease(sec)  Type           VLAN  Interface
00:02:00:02:00:02   10.1.1.2      86372       dhcp-snooping  2     FastEthernet0/4
Total number of bindings: 1
```

由上可看到 MAC、IP、VLAN 及端口之间的绑定关系，如果需要手动绑定，可以使用 ip source binding 命令，例如：

```
SW3550(con©g)#ip dhcp snoop binding 0010.0010.0010 vlan 2 10.1.1.100 interface Fa0/2
```

通过 show ip dhcp snooping database 命令查看数据库表项：

```
SW3550#show ip dhcp snooping database
```

结果如下：

```
Agent URL : flash:/SW3550.db
Write delay Timer : 300 seconds
Abort Timer : 300 seconds

Agent Running : No
Delay Timer Expiry : Not Running
Abort Timer Expiry : Not Running

Last Succeded Time : 00:27:38 UTC Mon Mar 1 1993
Last Failed Time : None
Last Failed Reason : No failure recorded.

Total Attempts        :   2   Startup Failures :   0
Successful Transfers :    2   Failed Transfers :   0
Successful Reads      :   1   Failed Reads     :   0
Successful Writes     :   1   Failed Writes    :   0
Media Failures        :   0
```

4.4.2 DAI 简介及配置

在局域网中，威胁最大的便是 ARP 攻击，可以利用 ARP 进行中间人攻击、劫持流量信息、挂马等，DAI 技术依托 DHCP Snooping 映射表，对 MAC 地址、VLAN 地址、IP 地址的合法性进行检查，并可以设置某个端口的 ARP 请求报文数量，通过这些技术可以防范“中间人”攻击。

下面用实验展示DAI的配置，实验拓扑不变，与4.4.1节相同，并已经建立好DHCP Snooping映射表。

1）配置启用ARP监控交换机之间的互联链路接口为Trust。

SW3550、SW3560同时配置：

```
interface FastEthernet0/24
 switchport trunk encapsulation dot1q
 switchport mode trunk
 ip arp inspection trust     # 主要配置，开启交换机互联接口为 ARP 监控信任接口
 spanning-tree portfast trunk
 ip dhcp snooping trust
```

2）对端口发ARP包进行限制（可选）。

SW3550配置：

```
interface FastEthernet0/1
 switchport access vlan 2
 switchport mode access
 ip arp inspection limit rate 50   # 核心配置，限制 ARP 发包速率
 spanning-tree portfast
 ip dhcp snooping limit rate 10
```

SW3560配置：

```
interface FastEthernet0/4
 switchport access vlan 2
 switchport mode access
 ip arp inspection limit rate 50
 spanning-tree portfast
 ip dhcp snooping limit rate 10
```

3）为非信任端口上的所有静态主机配置ARP监控豁免的ACL（可选）。

SW3550配置：

```
arp access-list ARP-Filter
 permit ip host 10.1.1.100 mac host 0010.0010.0010
 permit ip host 10.1.1.200 mac host 0020.0020.0020
SW3550(con©g)#ip arp inspection ©lter ARP-Filter vlan 2
# 针对 SW3550 交换机上的 WWW 服务器和 DHCP 服务器不进行 ARP 监控
```

4）将违规端口error-disable的恢复时间调整为300秒

```
SW3550(con©g)#errdisable recovery cause arp-inspection
SW3550(con©g)#errdisable recovery interval 300
SW3560(con©g)#errdisable recovery cause arp-inspection
SW3560(con©g)#errdisable recovery interval 300
```

此时可以进行测试，正常情况下，PC1是可以通过DHCP获取地址并Ping通PC2的。

```
PC1#sh ip inter brie
Interface          IP-Address      OK? Method Status          Protocol
FastEthernet0        10.1.1.1      YES DHCP   up              up
Ethernet0          unassigned      YES unset  administratively down down

PC1#ping 10.1.1.2
Type escape sequence to abort.
Sending 5, 100-byte ICMP Echos to 10.1.1.2, timeout is 2 seconds:
!!!!!

PC1#show arp
Protocol  Address       Age (min)  Hardware Addr   Type   Interface
Internet  10.1.1.2             1   0002.0002.0002  ARPA   FastEthernet0

SW3550#show ip dhcp snooping binding
MacAddress         IpAddress    Lease(sec)  Type           VLAN   Interface
00:01:00:01:00:01  10.1.1.1     84841       dhcp-snooping  2      FastEthernet0/1
```

但修改 PC1 端口（F0）的 MAC 地址为 0003.0003.0003，再次 Ping PC2（10.1.1.2）:

```
PC1#ping 10.1.1.2

Type escape sequence to abort.
Sending 5, 100-byte ICMP Echos to 10.1.1.2, timeout is 2 seconds:
.....
Success rate is 0 percent (0/5)
```

此时 Ping 不通 PC2 是因为 ARP 监控参考 DHCP Snooping 绑定表，发现 MAC 不一致后，禁止 PC1 发送 ARP 请求包所致。可以在交换机上查看系统消息：

```
*Mar  1 01:53:44.988: %SW_DAI-4-DHCP_SNOOPING_DENY: 1 Invalid ARPs (Req) on Fa0/1, vlan
    2.([0003.0003.0003/10.1.1.1/0000.0000.0000/10.1.1.2/01:53:44 UTC Mon Mar 1 1993])
*Mar  1 01:53:47.001: %SW_DAI-4-DHCP_SNOOPING_DENY: 1 Invalid ARPs (Req) on Fa0/1, vlan
    2.([0003.0003.0003/10.1.1.1/0000.0000.0000/10.1.1.2/01:53:46 UTC Mon Mar 1 1993])
```

以上便是 IP DHCP Snooping 及 DAI 技术介绍。更详细的介绍以及其他内网安全方案，例如，同样利用 DHCP Snooping 绑定表防止基于 IP 或（IP 和 MAC）欺骗的 IP Source Guard 技术、交换机端口安全技术（包括限制 MAC 地址的 Port Security 技术）等，可以参考 Cisco 的网站 https://www.cisco.com/c/en/us/td/docs/switches/datacenter/sw/4_1/nx-os/security/configuration/guide/sec_nx-os-cfg.html。

4.5　浅谈 APT 攻击

APT（Advanced Persistent Threat，高级可持续威胁）是时下比较热门的安全话题，也是具有很大威胁的网络攻击之一。这种目的性很强的攻击行为具有高度的潜伏性、专业性及隐蔽性。可以针对特定对象，长期有计划、有组织地窃取机密数据，可以对企业、国家、造成重大的损失。

先来回顾一下一些 APT 攻击的经典案例：针对谷歌等高科技公司的极光攻击，是通过谷歌一个员工的计算机获得了 GMAIL 系统中很多敏感用户的访问权限；针对 RSA 窃取 SECURID 的令牌攻击，是通过发送一封附件带有 FLASH 0day 的电子邮件，取得了财务部门一名员工的系统权限，逐步渗透，窃取了 SECURID 令牌种子。针对伊朗核电站的震网攻击，是利用了 USB 移动设备攻击到了物理隔离的网络，等等。可见，APT 攻击往往会攻击到安全体系中的最薄弱环节，而这恰好也验证了安全理论中的木桶原则。

如何做到有效地防御 APT ？笔者认为需要从时间角度和流程角度进行划分，在划分的每个阶段进行防御。

4.5.1　防御阶段

从时间角度可以将 APT 攻击划分为事前、事中、事后三个阶段。

1. 事前阶段

事前阶段需要做的事情是非常多的，不过笔者认为首先需要确定核心的机密数据。针对核心的数据进行保护，确定安全区域，同时做好相应的基线（baseline）建立工作。例如网络流量、系统登录正误频率、对关键系统的访问频率等，建立好具有一定防护能力的网络。

一般来说，网络大体分为如下三层：核心层、汇聚层以及接入层，如图 4-52 所示。

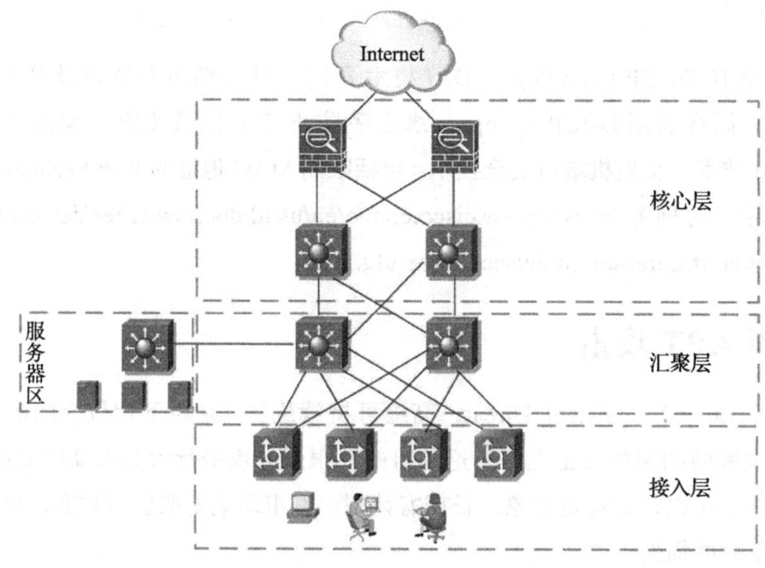

图 4-52　普通办公网络架构图

核心层一般与 Internet 直接连接，因此需要部署网络 IPS，对内网与 Internet 之间的数据交互进行检查，以便及时发现恶意的流量或攻击。而汇聚层以服务器居多，因此需要配置主机 IDS，针对主机所产生的异常行为事件进行报警。此外也可以部署蜜罐这类技术，也会收到一些不错的效果。而接入层大多为工作人员的 PC 机，因此，需要对这些 PC 机安装杀毒软件及主机 IDS，并且配置相应的准入策略，以防止从内部攻陷整个安全体系。同样，日志收集分析及事件关联系统也可以部署在网络中，以便对整体网络进行集中分析。加入安全设备的对应架构图如图 4-53 所示。

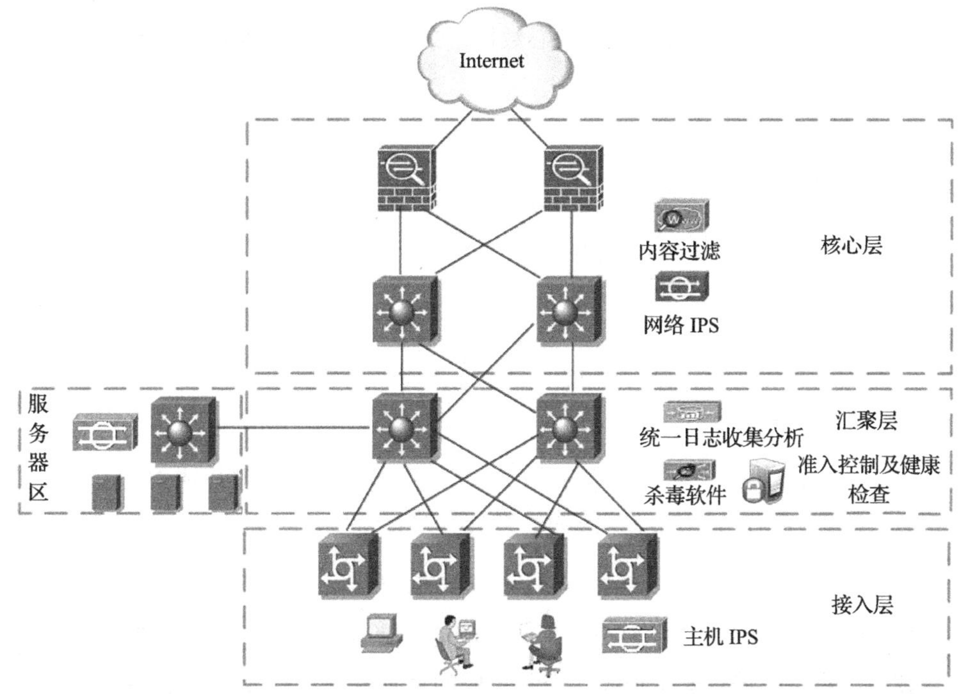

图 4-53　加入安全设备后的办公网架构图

另外，更重要的一点：三分技术，七分管理。从上面的 APT 例子看出，攻击都是由于员工的一些安全意识不足而产生的，因此，加强员工的安全意识教育也是非常有必要的。

2. 事中阶段

事中阶段是指已经检测到有（APT）攻击，这个时候便是与黑客在时间上赛跑，虽然内部安全人员会比较了解内部的网络环境，但潜伏时间很长的黑客也可能同样了解，这时，安全人员就失去了优势。因此需要的便是及时响应，这也需要事先进行准备与多次演练，做到及时切断攻击源，甚至切断对核心资源的访问。需要有多条备份系统及链路，保证可以从多渠道进行，同时也可以站在黑客的角度，分析黑客的动机及轨迹。

3. 事后阶段

事后阶段评估损失，进行总结分析，发现不足，以免下次遭受同样的攻击。

4.5.2 防御节点

APT 攻击流程大致如图 4-54 所示。黑客利用 0day 攻击有漏洞的员工计算机或者服务器，登录后扫描其他服务器，找到核心数据，拿到数据后将数据转移到外网。

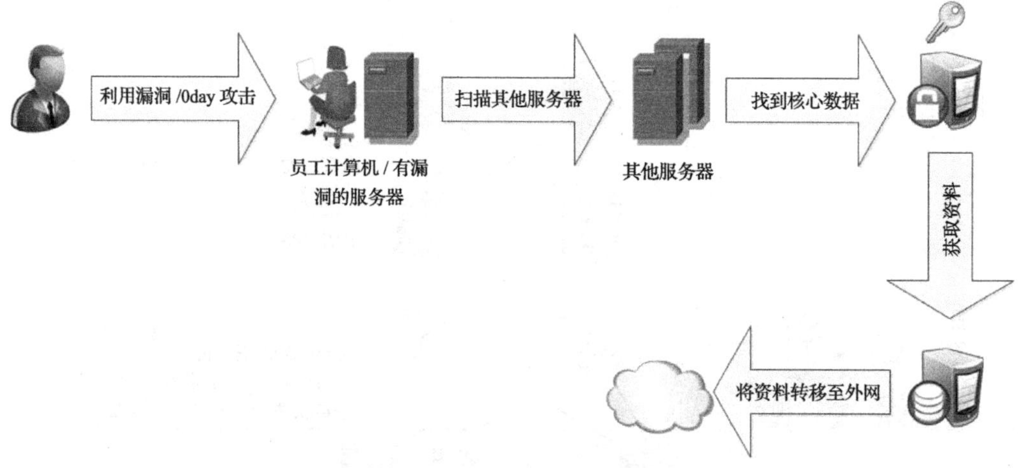

图 4-54　APT 攻击流程

根据 APT 攻击的流程，在每个攻击节点都可以做一些工作来预防。例如，对员工进行安全教育，对系统进行安全加固，安装对应的杀毒软件与 IDS。当已经突破了第一道防线后，黑客在对其他服务器进行扫描以及窃取数据时，势必会留下一些蛛丝马迹，分析这些蛛丝马迹，需要由 IDS 及相应的流量分析系统完成，同时，可以针对数据进行加密或对文件系统进行改变，使其看得见，拿不到，拿得到，用不了。最后，当黑客试图将这些数据进行转移，也会给网络流量带来一定的波动，即使不产生波动，也可以事先对核心文件、数据进行基于 MD5 或类似技术的签名，之后若发现网络中存在签名的流量，便可以判断存在泄露问题。因此，在每个环节均做好对应的防御，也可以对 APT 起到一定的防御作用，如图 4-55 所示。

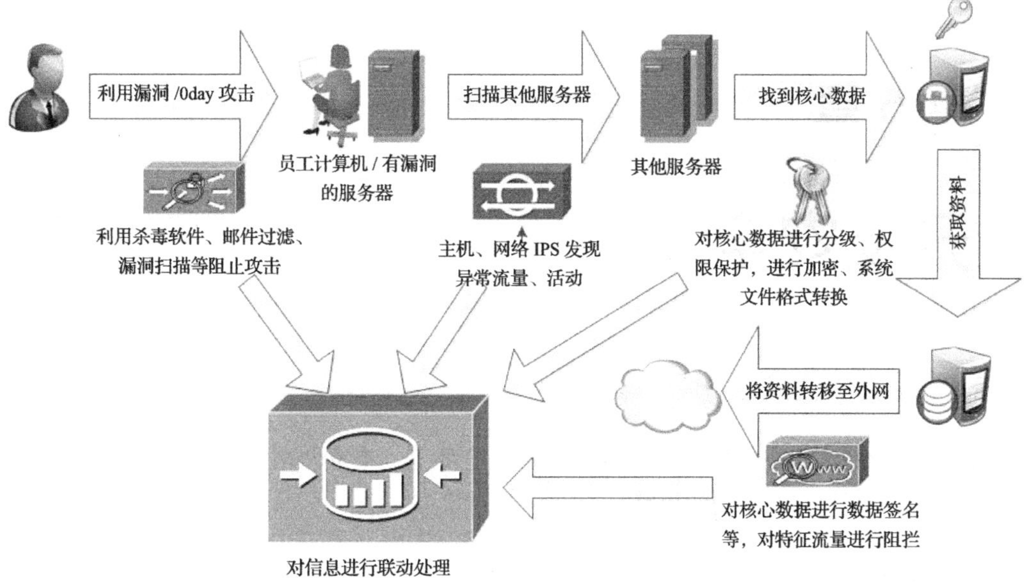
利用漏洞 /0day 攻击
扫描其他服务器
找到核心数据
员工计算机 / 有漏洞的服务器
其他服务器
获取资料
利用杀毒软件、邮件过滤、漏洞扫描等阻止攻击
主机、网络 IPS 发现异常流量、活动
对核心数据进行分级、权限保护，进行加密、系统文件格式转换
将资料转移至外网
对核心数据进行数据签名等，对特征流量进行阻拦
对信息进行联动处理

图 4-55　防御手段

综上，便是针对 APT 攻击所采用的部分解决方案。当然 APT 攻击千变万化，如人身体的恶性肿瘤一般潜伏在网络内部，想彻底防御 APT，除了需要有足够的技术支持外，还需要完善的体系制度，分层次的防御体系，几乎无缝隙的安全体系，像一个坚持锻炼、身体健康、免疫力强的人一样，使攻击者无处下手，无处躲藏。同时我们也可以想象到，在一个大型的网络内部，每日的信息及事件告警量也会很多，如何将这些海量日志进行系统分析，从中分离出有用的信息，也考验了内部安全人员敏锐的观察能力与分析细节及蛛丝马迹的洞察力，同时也需要一定的实践经验。另外，限于篇幅，还没有对时下比较流行的无线网络以及移动设备安全问题进行说明，但并不代表可以忽视这部分。这部分也应该作为安全考虑的重要环节。

总之，需要防范 APT，要考虑到方方面面，不能给黑客留下任何死角，亦要动态和静态相结合，虽然很难，但却无法避免这些工作。一旦疏忽了一个小细节，便可能使整个防御体系变成马其诺防线。因此防范 APT，任重而道远。

4.6　本章小结

本章介绍了办公网管理的一些技术，可以看到办公网管理涉及技术、人员、制度等方方面面，而且安全防御也容易被忽视，因此确保办公网安全确实是一件比较困难的事情，但不得不承认的是，这也是一项非常重要的工作，值得花费时间与精力在办公网的安全上。

第 5 章

开发安全

开发安全也是互联网安全中比较重要的一个环节，本章介绍有关开发安全方面的一些经验，以及开发扫描系统的思路。

5.1 SDL

提到开发安全，就不得不提及微软公司提出的 SDL（Security Development Lifecycle，安全开发生命周期），这是一个能帮助开发人员加强开发安全性的架构，并能够在达到安全合规要求的同时降低开发成本。

自 2004 年起，SDL 就成为微软公司在内部强制执行的政策，其核心理念就是将安全嵌入软件开发的每一个阶段：需求分析、设计、编码、测试和维护。从需求分析、设计到产出产品的每一个阶段都增加相应的安全活动与规范，尽量将软件中的安全缺陷降到最低。SDL 侧重于软件开发的安全保证过程，流程框架如图 5-1 所示。

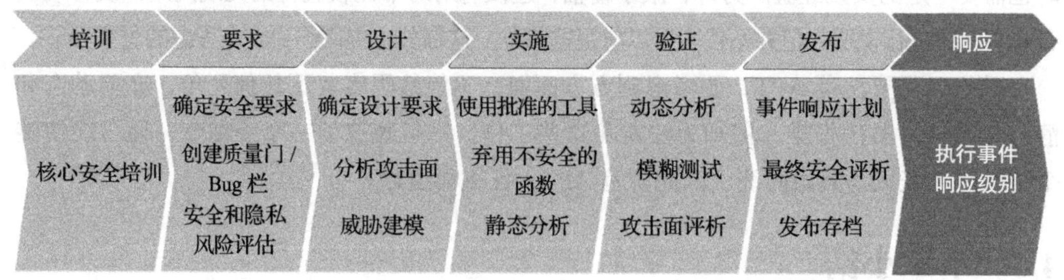

图 5-1　微软公司提出的 SDL 架构

后来，微软公司又基于新的场景（例如云、物联网、人工智能）对实践进行了一些更新，提出了 12 条最佳安全实践，如图 5-2 所示。

图 5-2　SDL 的 12 项最佳安全实践

关于这 12 项安全实践，有兴趣的读者可以参考微软的官方文档（https://www.microsoft.com/en-us/securityengineering/sdl/practices#practice2）。

笔者认为，按照 SDL 进行开发对于中小企业的安全人员来讲，是一件比较奢侈的事情，因此笔者建议，可以重点关注产品需求阶段，以及涉及用户信息、交易相关的项目，做好上线前的黑白盒测试。如果有条件，可以提供知识库以及代码安全规范、安全 SDK 供开发使用。如果有更多条件，可以将整个流程落地。

5.2　代码安全

互联网应用中最多的便是 Web 应用，因此本节主要介绍 Web 代码方面的安全问题。

1. OWASP TOP 10 与安全编码指南、测试指南

关于 Web 安全问题排名，笔者认为比较权威的便是 OWASP Top 10，如图 5-3 所示。

2013年版《OWASP Top 10》	➔	2017年版《OWASP Top 10》
A1 – 注入	➔	A1:2017 – 注入
A2 – 失效的身份认证和会话管理	➔	A2:2017 –失效的身份认证
A3 – 跨站脚本（XSS）	↘	A3:2017 –敏感信息泄漏
A4 – 不安全的直接对象引用 [与A7合并]	∪	A4:2017 – XML外部实体（XXE） [新]
A5 – 安全配置错误	↘	A5:2017 – 失效的访问控制 [合并]
A6 – 敏感信息泄漏	↗	A6:2017 – 安全配置错误
A7 – 功能级访问控制缺失 [与A4合并]	∪	A7:2017 – 跨站脚本（XSS）
A8 – 跨站请求伪造 （CSRF）	☒	A8:2017 – 不安全的反序列化 [新，来自于社区]
A9 – 使用含有已知漏洞的组件	➔	A9:2017 –使用含有已知漏洞的组件
A10 – 未验证的重定向和转发	☒	A10:2017 – 不足的日志记录和监控 [新，来自于社区]

图 5-3　OWASP Top10

OWASP Top 10 不仅总结了 Web 应用程序最可能、最常见、最危险的十大安全隐患，还给出了如何消除这些隐患的建议，以及针对各种风险因素的总结，参见图 5-4。

风险	威胁代理	攻击向量	安全弱点		影响		分数
		可利用性	普遍性	可检测性	技术	业务	
A1:2017-注入	应用描述	容易：3	常见：2	容易：3	严重：3	应用描述	8.0
A2:2017-失效的身份认证	应用描述	容易：3	常见：2	平均：2	严重：3	应用描述	7.0
A3:2017-敏感数据泄露	应用描述	平均：2	广泛：3	平均：2	严重：3	应用描述	7.0
A4:2017-XML外部实体（XXE）	应用描述	平均：2	常见：2	容易：3	严重：3	应用描述	7.0
A5:2017-失效的访问控制	应用描述	平均：2	常见：2	平均：2	严重：3	应用描述	6.0
A6:2017-安全配置错误	应用描述	容易：3	广泛：3	容易：3	中等：2	应用描述	6.0
A7:2017-跨站脚本(XSS)	应用描述	容易：3	广泛：3	容易：3	中等：2	应用描述	6.0
A8:2017-不安全的反序列化	应用描述	难：1	常见：2	平均：2	严重：3	应用描述	5.0
A9:2017-使用含有已知漏洞的组件	应用描述	平均：2	广泛：3	平均：2	中等：2	应用描述	4.7
A10:2017-不足的日志记录和监控	应用描述	平均：2	广泛：3	难：1	中等：2	应用描述	4.0

图 5-4　OWASP Top 10 中的风险总结

关于 OWASP Top 10 的介绍，官方文档已经十分详细这里不展开介绍，读者可以直接下载相关文档查看。

此外，关于代码安全规范与测试，笔者也推荐 OWASP 的安全编码指南、测试指南，其中非常详尽地介绍了安全编码规范与测试方法。关于编码，笔者认为有一点非常重要，那就是永远不要相信用户输入（如客户端提交的参数、数据等），而应该在服务器端做好验证、过滤和逻辑校验。例如常见的 SQL 注入漏洞、文件上传漏洞、1 分钱支付漏洞等，都是因没有非常严谨地验证客户端数据而产生的漏洞。

2. 逻辑漏洞

除编码安全外，逻辑漏洞也同样给业务带来很大的风险，而且逻辑漏洞相对于编码安全更加隐蔽，无法使用工具进行检测，只能靠有经验的人员通过测试才能发现。笔者认为出现逻辑漏洞的原因有以下几点：

- 缺少经验：这点自然不用多说，没有见过类似的问题，自然不会考虑这方面的安全性，因此只能通过时间与实践慢慢积累。
- 考虑不够周全：虽然考虑到了防御手段，但是疏忽了其他方面的因素（例如时间、网络环境等），导致安全防御被破解或绕过，如图 5-5 所示，便是忽略了磨损的因素。

图 5-5 没有考虑磨损因素

例如，某网盘平台在设置购买会员时忽略了数据溢出的情况，造成在购买时间里填写若干个 9 后，出现购买金额为负数的漏洞。

- 想当然：与考虑不周类似，黑客往往会打破常规，不走寻常路，一般开发者很难想到。

如图 5-6 所示，我们自认为设置了层层防线，自以为黑客会按照我们设计好的路线走，但事实上，这些防线可能只会阻挡正常用户，黑客往往会另辟蹊径，从我们想不到的地方或薄弱的地方进攻。例如，找回密码功能，需要验证之前的手机，但黑客跳过了这个步骤，直接修改目标手机。

常见的逻辑漏洞还有很多，例如越权操作，在找回密码处、登录处、交易支付处的验证等，这类问题没有太好的解决方案，只能靠开发人员慢慢积累经验，熟悉业务逻辑，针对不同业务做好防范并进行响应监控。更多逻辑漏洞案例可以参考《 Web 安全测试中常见逻辑漏洞解析（实践篇）》(https:www.freebuf.com/vuls/112339.html）这篇文章。

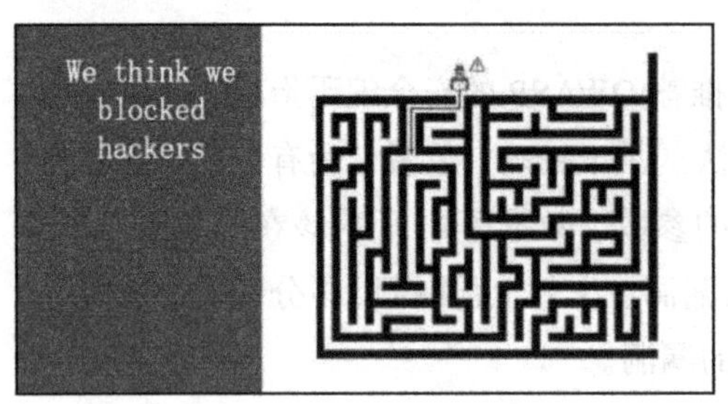

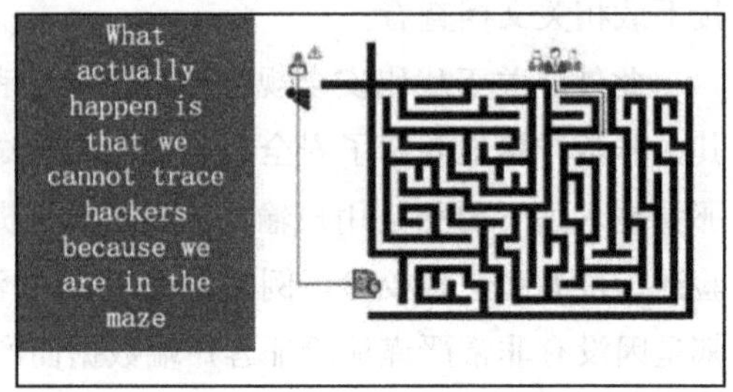

图 5-6　事实往往与设定不符

5.3　漏洞扫描系统建设

说到漏洞，就要提到漏洞扫描器，目前市面上漏洞扫描器已经有很多了，开源的、自研的、商用的应有尽有，这里着重讲一下企业自研漏洞扫描系统的建设思路。

既然有了商用和开源的各种工具，为什么还要自研呢？原因如下：

- 商用的成本高，不能完全满足所在企业的需求等。
- 开源的功能简单，不易扩展，不能满足企业的需求等。

因此，已经建立了安全团队且有研发能力的企业，大多会选择自研一套适用于企业实际需求的漏洞扫描系统，下面浅谈一下互联网企业在自研漏洞扫描系统时的一些思路，下节介绍在系统运营过程中的一些建议。

一般企业在自研漏洞扫描系统之前，首先要明确目标是什么，要解决什么问题，这决定了研发扫描系统大致的功能架构是怎样的。一般我们根据自己所在企业的业务情况来判断需要开发什么样的漏洞扫描系统。通常企业分为以下两种类型：

- 业务丰富型企业。
- 业务单一型企业。

下面分别介绍面对这两种企业如何考虑扫描系统的建设。

5.3.1　业务丰富型企业的扫描系统建设

业务丰富型企业往往业务线长，网站多且迭代快，因此漏洞自然也多，靠人工去及时发现所有漏洞非常困难。这时一般就会选择自研爬虫，再加上能覆盖 OWASP Top 10 漏洞规则的漏洞扫描系统。如果爬虫够强大，规则够精准，一般来说 80% 以上的 XSS、SQL 注入、文件包含等应用漏洞都能及时发现。这类扫描系统一般大企业用得比较多，如腾讯、阿里等业务线繁长的，都有自研的漏洞扫描系统，这类扫描系统对标的商用产品有 AWVS、APPSCAN 等，都是不错的产品，也是我们在自研漏洞扫描系统过程中很好的借鉴对象，这类扫描系统我们称之为主动扫描系统。

有过自研扫描系统经验的读者可能都知道，主动扫描最重要的就是爬虫引擎，有一个稳定、快速、覆盖抓取全的爬虫引擎，直接决定了之后发现的漏洞数量与质量。现在互联网技术发展迅速，在短短几年间已经从 Web 1.0 发展到 Web 3.0，网站所用到的前端技术也是日新月异，再使用普通的爬虫，已经很难发现更多、更全的链接供规则引擎来分析漏洞了。关于爬虫技术，网上有很多技术文章，这里不多介绍，主要介绍自研爬虫引擎时对 Webkit 的选型。

1. 爬虫模块（WebKit 选型）

（1）PhantomJS

早期使用 Python 作为开发语言且写过动态爬虫的读者，一定都知道 PhantomJS 这个 Webkit（一种无头浏览器，支持多平台），用基本的 Ajax、JS 触发各种事件、自动交互、表单提交等都是可以实现的，但在真正运用的过程中，其实还是有很多不足，其 JavaScript 驱动的 Webkit 和真正的浏览器相比还是有不小差距的，并不能完全模拟真实用户操作，另外它具有单线程的弱点，需要用异步来模拟多线程，但异步处理上的问题也很让人头疼，而且由于 JavaScript 的 ES6 语法的广泛使用，PhantomJS 缺乏维护（项目组在 2018 年初宣布暂停开发），也越来越力不从心，综合这些问题，使用它来做一个稳定的爬虫似乎并不是最好的选择。

（2）Chrome-Headless

这时，Chrome-Headless（另一种无头浏览器）开始进入人们的视线，无头浏览器可以理解为没有界面的浏览器，通过开发程序调用可以模拟真正浏览器大部分的功能。相比于 PhantomJS，Chrome-Headless 诞生在顶级互联网公司，至少应该不会出现停止维护的情况，且有更好的性能及效率（有人实验过，速度快且占用内存少），其次，Headless 随 Chrome 对 ECMAScript 2017（ES8）支持更新，意味着也可以使用最新的 JS 语法来编写脚本，例如 async、await 等，同时也支持多平台运行以及方便调试（支持 remote-debugging）。综合两个项目的优缺点，相信读者也都知道该选用哪个 WebKit 项目作为开发动态爬虫的浏览器引擎了。

建议先读一遍官方文档了解主要功能特性及一些优秀文章，通过前期的阅读，可以了解到如何导致页面阻塞，如何关闭函数（如 window.alert、window.prompt、window.

confirm、window.close）的 hook 过滤，如何处理 location 跳转，如何 hook 网络获取加载链接，如何针对相似链接进行去重，如何进行调度处理，如何优雅地遍历触发各种事件以获取更全的链接等。最后，我们解决很多 Bug 后，终于可以测试爬虫的效果了。

这里推荐几个动态爬虫测试网站，如 http://testphp.vulnweb.com/（AWVS 官方扫描系统测试站）、http://demo.aisec.cn/demo/aisec/（国内某扫描器测试站）等，可以很好地测试爬虫能否支持动态链接的获取，如图 5-7 和图 5-8 所示。

平台名称	扫描结果		平台特点
Sec 漏洞扫描器测试平台	AIScanner扫描结果		综合检测平台
IBM Appscan 测试平台	AIScanner扫描结果		
WVS Ajax 漏洞扫描器测试平台	AIScanner扫描结果		Ajax环境
WVS PHP+Ajax 漏洞扫描器测试平台	AIScanner扫描结果	WVS扫描结果	PHP多漏洞环境
WVS .Net 漏洞扫描器测试平台	AIScanner扫描结果		
WVS ASP 漏洞扫描器测试平台	AIScanner扫描结果		
crackme.cenzic.com 测试平台	AIScanner扫描结果		
zero.webappsecurity.com 测试平台	AIScanner扫描结果		

图 5-7　爬虫测试平台

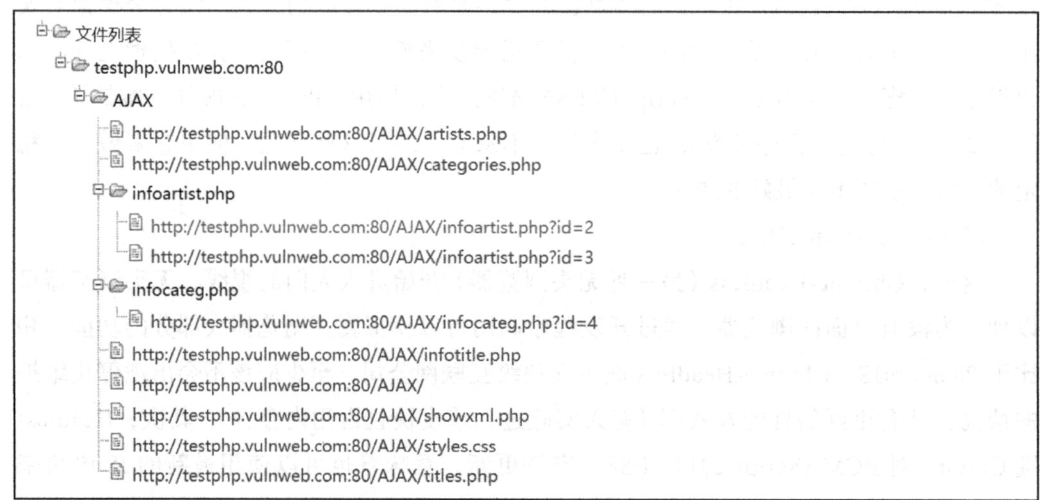

图 5-8　爬取链接样例

2. 漏洞检测模块

（1）应用漏洞检测模块

应用漏洞指的是 SQL 注入、XSS、文件包含等 OWASP 标准漏洞类型（如图 5-9 所示是一款自研的扫描器的扫描结果)，扫描方法已经千篇一律，这里不过多介绍。比如SQL注入可以参考优秀的开源扫描工具SQLMAP，它支持各种SQL注入类型检测，当然，也可以直接使用它的sqlmapapi模式进行封装，只需将爬虫获取到的链接、请求参数、Headers信息传入即可。其他漏洞类型检测需要收集尽量全的测试向量，且遍历到每一个爬取到链接的参数，根据请求响应包特征判断是否存在漏洞。

另外，一般扫描器都有个通病，就是很难发现一些业务逻辑漏洞，比如条件竞争、绕过某些限制，使用某些功能等，需要靠人的经验结合功能逻辑来判断问题是否存在，这也是目前工具不能完全取代安全测试工程师的原因。

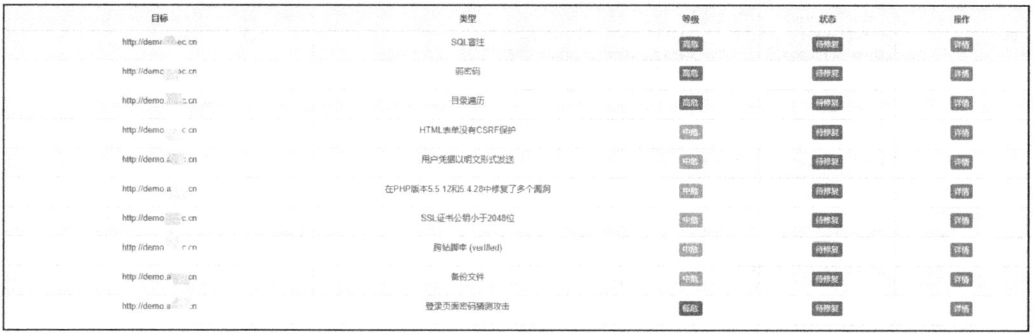

目标	类型	等级	状态	操作
http://dem[illegible]ec.cn	SQL盲注	高危	待修复	详情
http://demo[illegible]ec.cn	弱密码	高危	待修复	详情
http://demo.[illegible]c.cn	目录遍历	高危	待修复	详情
http://demo[illegible]c.cn	HTML表单没有CSRF保护	中危	待修复	详情
http://demo.a[illegible].cn	用户凭据以明文形式发送	中危	待修复	详情
http://demo.a[illegible]cn	在PHP版本5.5.12和5.4.28中修复了多个漏洞	中危	待修复	详情
http://demo[illegible]c.cn	SSL证书公钥小于2048位	中危	待修复	详情
http://demo[illegible]c.cn	跨站脚本 (verified)	中危	待修复	详情
http://demo.a[illegible]cn	备份文件	中危	待修复	详情
http://demo.a[illegible]cn	登录页面密码猜测攻击	低危	待修复	详情

图 5-9　应用漏洞检测

（2）通用漏洞检测模块

一般企业在开发业务功能时，为了快速实现某个功能，可能会用到一些第三方框架、组件，当这些应用出现漏洞时，往往也会被黑客扫描并进行攻击。像Java语言使用到的一些框架，如Spring、Struts，像一些组件，如Fastjson等，像PHP语言会用的一些框架如ThinkPHP、Discuz等，都出现过严重的命令执行漏洞，如果不及时发现并修复，将可能被黑客攻击并获取到服务器权限，危害巨大。

这时，如果需要快速发现业务用到的框架、组件是否存在对应漏洞，就需要这样一个模块来支撑。这里建议自己写一个漏洞插件验证框架，然后让团队中有开发能力的小伙伴一起来使用统一框架来扩充插件库，这样可以通过快速的丰富漏洞检测插件库来提升漏洞扫描的能力。

然而，随着漏洞插件越来越多，当扫描一个目标时，如果将全部插件遍历一遍，耗费的时间会越来越长，被扫描目标接收到的无效Payload也会越来越多，这个时候就需要对指定的扫描目标先进行预判断（CMS指纹识别），比如有两个插件，一个是“ThinkPHP远程命令执行漏洞”检测插件，另一个是“Java Spring Boot远程命令执行”

检测插件，扫描的目标是一个 PHP 站点，这时候，其实“Java Spring Boot 远程命令执行”插件是无用的，如果能通过对目标的响应包以及一些特定特征进行一些判断，能够精确识别出这个目标用到了 ThinkPHP 框架或者用到了 PHP 语言，并且插件也做了相应判断，那么就直接调用 ThinkPHP 或者和 PHP 相关的漏洞插件就可以了，这样能够减少大量的无效测试请求，从而提升扫描效率以及减少误报。

网上有很多优秀的漏洞插件验证框架可以借鉴，这里不过多介绍，自行通过搜索引擎检索即可，图 5-10 所示是笔者同事在自研扫描系统时编写的一个插件框架。

```
class TScript_Info():
    def __init__(self, request=None, response=None):
        self.info = {}
        self.info['auther'] = "加菲猫"  # 插件作者
        self.info['create_date'] = "2019-05-15"  # 插件编辑时间
        self.info['algroup'] = "http_basic_authentication弱密码"  # 漏洞名称
        self.info['affects'] = "http_basic_auth"  # 漏洞影响
        self.info['parameter'] = "basic_authentication_crack"  # 插件名称
        self.info['desc_content'] = "系统所使用的HTTP Basic Authentication认证存在弱密码，用户可通过爆破进入系统！"  # 漏洞描述
        self.info['impact_content'] = "绕过认证查看后台非授权数据！"  # 潜在危害
        self.info['recm_content'] = "设置强密码，或配合设置IP白名单。"  # 修复建议
        self.info['request'] = request  # http请求信息，默认为空
        self.info['response'] = response  # http响应信息，默认为空

headers = {
    "User-Agent": "Mozilla/5.0 (Windows NT 6.1; WOW64) AppleWebKit/537.36 (KHTML, like Gecko) Chrome/46.0.2490.86 Safari/53
    "Content-Type": "application/x-www-form-urlencoded",
    "Upgrade-Insecure-Requests": "1",
}

class ServiceBrute(object):
    def __init__(self, server,  banner="http", port=80, timeout=5, usernames=['root'], passwords=['root']):
        self.host = server
        self.banner = banner
        self.port = port
        self.timeout = timeout

    def recognize(self):▬

    def audit(self):  # 此函数为验证具体漏洞▬

if __name__ == '__main__':
    ServiceBrute(server='8.8.8.8', port='80', banner="http").audit()
```

图 5-10　在自研扫描系统时编写的一个插件框架

- TScript_Info 类，定义了插件信息，如作者、插件名称、漏洞名称、漏洞描述、漏洞危害等信息，用于后续入库标识。
- ServiceBrute 类，__init__ 方法传入了要扫描目标的信息，recognize 方法识别出了扫描目标的基础信息（CMS 指纹、服务类型等），用于进一步判断是否调用该插件进行扫描，audit 方法为实际的 Payload，对目标进行漏洞检测。

（3）资产发现和弱密码检测模块

一般业务线长的公司，服务器也众多，特别是一些视频网站，服务器动辄成千上万。这时，快速的资产发现能力，对资产中开放服务的识别能力以及漏洞检测能力也是刚需中的刚需。2017 年年底开始，各种基于应用服务弱密码、未授权漏洞而专门设计的勒索

病毒、挖矿蠕虫接踵而至，大部分是由各互联网公司用到的一些服务（如 Redis）开放在外网，又没有设置复杂密码导致。

资产发现服务一般会对接企业的 CMDB（运维的资产管理平台）进行资产导入，有些公司可能没有 CMDB，因此最好支持通过导入 IP 列表或分配的 IP 段进行监测，如图 5-11 所示。

图 5-11　高级扫描任务提交，支持爆破及 IP 段等

资产发现一般会监测如下信息：端口开放情况、开放端口指纹、资产操作系统、SSL 信息，如图 5-12 所示。其实这些也是自研漏洞扫描系统最初就需要获取的信息，通过端口信息来判断接下来需要进行的动作。

资产管理

目标: … com　节点: 外网扫描器　存活状态: 是　存在端口:　存在风险: 是　开启WAF:　操作系统:　搜索

更新时间	IP/子域名	存活	端口数据	爬虫数据	漏洞数据	WAF	操作系统	WEB服务器	归属地	创建时间	操作
2019-05-18 22:53:14	111 … com)	[illegible]	12	1102	28	无需开启	/	Nginx	中国 北京 北京市 联通	2019-05-18 22:53:14	详情
2019-05-18 22:53:14	58.2 …)	[illegible]	2	320	3	无需开启	/	Nginx	中国 江苏省 无锡市 ...	2019-05-18 22:53:14	详情
2019-05-18 22:53:14	58.21 … com)	[illegible]	[illegible]	[illegible]	0	无需开启	[illegible]	/	中国 江苏省 无锡市 ...	2019-05-18 22:53:14	详情
2019-05-18 22:53:14	180.163.156 … com)	[illegible]	2	618	0	无需开启	/	Apache	中国 上海 上海市 电信	2019-05-18 22:53:14	详情
2019-05-18 22:53:14	58.21 … i.com)	[illegible]	3	[illegible]	9	无需开启	[illegible]	QWS	中国 江苏省 无锡市 ...	2019-05-18 22:53:14	详情
2019-05-18 22:53:14	58.2 … com)	[illegible]	2	926	17	无需开启	/	QWS	中国 江苏省 无锡市 ...	2019-05-18 22:53:14	详情
2019-05-18 22:53:14	58.2. … iqiyi.com)	[illegible]	3	67	9	无需开启	/	QWS	中国 江苏省 无锡市 ...	2019-05-18 22:53:14	详情

显示 61 to 77 of 77 条目　Previous 1 2 3 4 Next

图 5-12　资产发现信息

如果端口开放的是Web服务（探测指纹头部是否以“HTTP/”开头），一般会发送到通用应用漏洞检测和CMS漏洞检测队列中，去对Web应用进行爬取、漏洞扫描。如果端口是非Web服务，那么需要将端口及服务类型等信息发送到服务弱口令检测队列，通过判断端口服务类型来调用对应服务弱密码检测插件进行扫描，如图5-13所示。

图5-13　发现为Web服务，则调用Web服务弱密码检测插件

有些公司资产是放在混合云的，各个云间网络不通，这时可能就需要在所有网络环境部署一套扫描系统，但我们又需要对所有扫描结果进行集中汇总，那么这时商用和一些开源扫描系统可能就不能满足需求了，使用自研扫描系统就可以通过灵活地在不同区域间部署节点来满足需求，如图5-14所示。

图 5-14　跨区域分布式节点管理

5.3.2　业务单一型企业的扫描系统建设

目前还有很多公司业务线并没有那么多，可能只有一两个 App，这里我们抛开 App 代码层面的安全漏洞不提，仅关注 App 交互接口的应用安全漏洞，那么主动扫描系统可能就达不到很好的效果了，且投入产出不成正比，这时一般会选用自研代理扫描系统作为辅助来提升工作效率。

代理扫描，顾名思义，就是通过开发一个代理服务，在移动端进行设置后，抓取 App 在用户进行交互时所产生的流量，并将流量格式化为爬虫爬取的相同格式后，传入主动扫描检测队列进行漏洞检测。这样可以弥补主动扫描无法爬取 App 交互链接的缺陷，缺点是不能完全自动化，需要用户在挂载代理后，打开 App 人工执行一遍业务流程，以便代理获取到所有交互链接。当然，考虑到一般企业都会配置质量部门对产品进行功能测试，那么我们其实可以将自研的安全扫描代理给测试部门，让测试部门的同事在进行功能测试时配置我们的代理，这样就能够抓取到相应的业务流量，从而同时进行安全扫描了，这样既大大节省了安全测试的人力，也便于测试人员发现业务中除功能类 Bug 外的安全漏洞，而安全人员则可以把更多精力放在检测规则的完善上面。

除了给测试部门，其实还有很多其方法，比如，可以将代理扫描作为服务输出给开发部门的同事，让其自由地对功能进行自检，可以通过出口流量镜像自动识别测试段业务流量，将流量转发至代理扫描进行漏洞检测。

当然，代理扫描也会有很多问题需要优化，比如HTTPS流量如何抓取，无效流量如何过滤，如何区分流量来源或者辨别身份等。首先是HTTPS流量获取的问题，可以通过自己写一个代理软件，配合自己生成的CA证书，在目标设备上安装并信任此证书，从而进行中间人截持以达到目的。

另外，如果使用Python进行开发，也有很多开源库可以使用，例如mitmproxy就支持以生成CA证书的方式进行HTTPS链接的抓取。

再看一下无效流量过滤，一般来说设备挂载代理后，设备上所有应用的流量都将被抓取，这样会造成很多无意义的扫描，可以通过配置白名单的方式进行过滤，如只有*.example.com的目标才会发到扫描队列，其他目标直接响应即可。

最后，如果存在多人协同使用的情况，服务器端如何分辨抓取的流量来自哪个源呢？可以使用来源IP方法判断，但这还不够合适。其实可以通过配置代理认证的方式来明确身份，这样代理服务每次获取到的流量请求头都会包含代理的认证信息，便可以通过这个认证信息进行来源身份辨别，以及进行权限控制。

如图5-15所示，通过扫描平台创建代理授权，且设备配置对应代理授权后，再发往后端的流量就具有授权创建人的标识了，这样就可以追踪到流量的归属了。

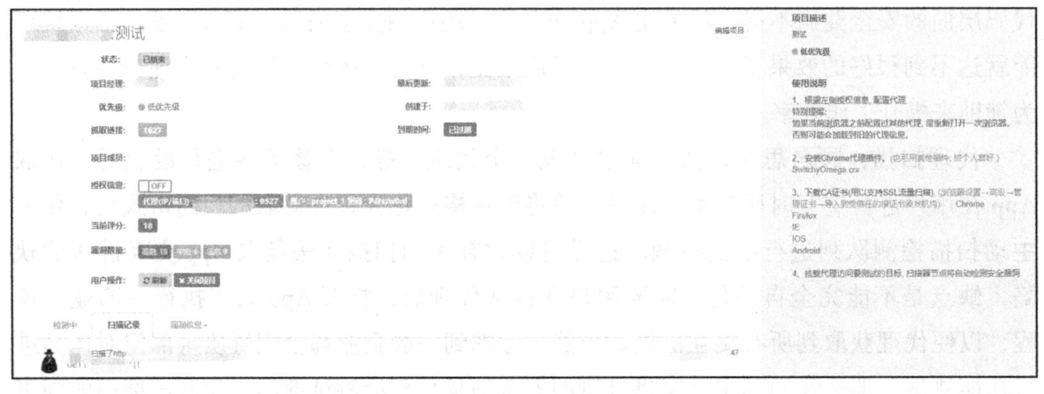

图5-15 代理认证

5.4 扫描系统运营

通过一系列枯燥的编程、验证测试，第一代扫描系统终于上线了，那么该如何运营呢？自研扫描系统、发现漏洞都只是过程，系统（或者称为平台）能运营并解决问题才是最终的目标。

发现了漏洞，就要修复漏洞，须通过合理的漏洞生命周期形成闭环。漏洞要闭环，需要有一个工单系统对漏洞来进行跟踪，这样便于描述漏洞的详情，指派修复对象，跟踪漏洞的修复时间以及最终对漏洞的归档等。一般来说，企业都会有一个缺陷跟踪或者项目管理系统，比如 Bugzilla、Jira 等，笔者所在的公司用的是 Jira，我们直接通过 Jira 提供的 API 进行交互，即可自动将漏洞通过 Jira 进行派单及全生命周期跟踪，当然，这要实现自动化还需要其他系统的支持，如扫描到某个资产漏洞后，需要知道这个资产的归属，才能派单给相关者，这时需要和运维的 CMDB（资产管理）进行对接，通过资产比对，明确资产归属，从而派单给这个用户去进行漏洞修复。

如图 5-16 所示，在发现漏洞后可以与漏洞平台进行联动，将漏洞自动发送至漏洞平台处理，管理漏洞处理部分可以参考第 7 章中的相关内容。

图 5-16　漏洞单闭环

5.5　本章小结

本章主要介绍了安全开发的一些方向以及漏洞扫描系统开发方面的内容。当然，开发安全不仅有这些，除上述介绍之外，对于 GitHub 监控、对代码的白盒扫描等工作事项，也需要读者在日常的安全开发工作中加以注意。

第 6 章 日志分析

日志是系统与用户沟通的语言，对日志进行分析，是我们了解系统运行情况，掌握系统状态的一个重要方法，对于安全人员来说，对日志分析更为重要：在日常检查中可以发现被攻击的痕迹，可以及时发现安全问题，在溯源过程中，更可以通过保存完好的日志还原整个攻击过程，从而进行改进。因此笔者认为，日志分析是每一个安全从业者的必修课程，所以本章将结合笔者的一些工作经验，介绍日志分析方面的技术、思路及相关工具。

6.1 Web 日志分析

据统计，90% 以上的攻击来自 Web 攻击，因此对于安全从业者来说，对 Web 日志的分析便极为重要，可以通过 Web 日志分析出遭受攻击的迹象，甚至进行后期取证、复盘。Web 服务器主要有以下四种：Apache、Tomcat、Nginx 及 IIS，下面简单介绍一下这四种服务器与访问日志相关的配置，然后介绍常见的 Web 分析命令，最后介绍分析 Web 日志的思路。

6.1.1 常见 Web 服务器日志配置

1. Apache

Apache 的默认配置文件为 httpd.conf：

```
LogFormat "%h %l %u %t \"%r\" %>s %b \"%{Referer}i\" \"%{User-Agent}i\"" combined
LogFormat "%h %l %u %t \"%r\" %>s %b" common
```

使用 LogFormat 参数定义两个日志格式名字，分别是 combined 和 common。以下命令中，为 CustomLog 参数设置了日志路径，并指定使用 combined 日志格式。

```
#
CustomLog "logs/access_log" combined
```

常见格式串的参数含义如下：

- %a：远程 IP。
- %A：本地 IP。
- %B：已发送的字节数，不包含 HTTP 头。
- %b：CLF 格式的已发送字节数量，不包含 HTTP 头。例如，当没有发送数据时，写入“-”而不是 0。
- %h：远程主机。
- %H：请求的协议。
- %l：远程登录名字（来自 identd），除非将 IdentityCheck 设置为 on，否则为“-”。
- %m：请求的方法。
- %p：服务器响应请求时使用的端口。
- %s：状态。对于进行内部重定向的请求，这是指原始请求的状态。如果用 %>s，则是指最终的请求状态。
- %t：标准英文格式显示时间。
- %T：为响应请求而耗费的时间，以秒计。
- %v：响应请求的服务器的 ServerName。
- %{Referer}i：请求来源。
- %{User-Agent}i：客户端浏览器提供的浏览器信息。

更详细的参数说明请参考 http://httpd.apache.org/docs/2.0/mod/mod_log_config.html#formats。

2. Tomcat

Tomcat 的默认配置文件为 server.xml，内容如下：

```
<Valve className="org.apache.catalina.valves.AccessLogValve" directory="logs"
       prefix="localhost_access_log" suffix=".txt"
       pattern="%h %l %u %t %r %s %b %D %{Cookie}i %{User-Agent}i %{a}r" resolveHosts="false"/>
```

其中定义了日志路径、名字以及日志记录格式，格式串的意义与 Apache 中相同。

3. Nginx

Nginx 的默认配置文件为 default.conf 或 nginx.conf：

```
  log_format  main  '$remote_addr - $remote_user [$time_local] "$request" ' '$st
_time" "$request_body"';
```

与 Apache 不同，日志格式的名字接在 log_format 参数后面，再接日志格式串：

```
access_log /data/wwwlogs/access_nginx.log main;
```

使用 access_log 参数定义日志路径，并指定日志格式，常见的日志格式串参数的含义如下：

- $remote_addr：客户端 / 用户的 IP 地址。
- $time_local：访问时间。
- $request：请求方式 + 请求地址。
- $status：请求状态码与 HTTP 状态码一致。
- $body_bytes_sent：请求的地址大小，以 bytes 格式计算。
- $http_referer：请求的来源。
- $http_user_agent：用户信息（浏览器信息）。
- $http_x_forwarded_for：转发 IP 地址。

更详细的参数说明请参考官方网站 http://nginx.org/en/docs/http/ngx_http_log_module.html#log_format。

4. IIS

IIS 的默认目录为 %SystemDrive%\inetpub\logs\LogFiles，可以选择日志记录字段，如图 6-1 所示。

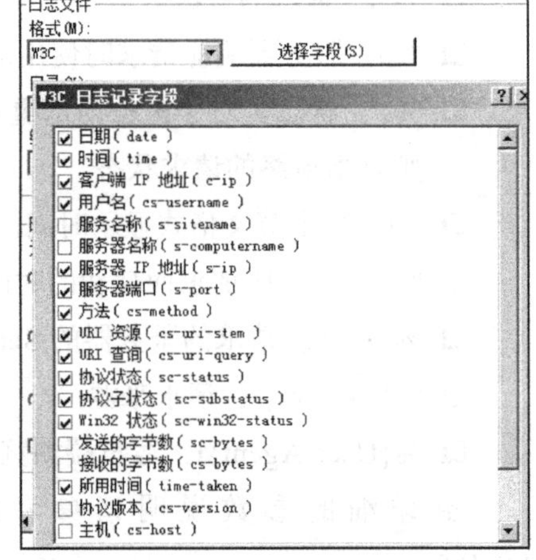

图 6-1　IIS 默认配置文件日志格式

6.1.2　常用的 Web 分析命令（Linux）

如果说在 Windows 环境下分析日志是一件非常困难的事情，那么在 Linux 环境下便非常容易。Linux 有着强大的字符 / 文本处理命令，可以让分析日志变得非常简单。对于日志分析来说，最常用到的命令为以下 6 个：tail、wc、sort、uniq、grep、awk，下面对这 6 条命令简单介绍一下。

1. tail

tail 命令用于显示文件最尾部的信息，例如，显示 a.log 文件最后 20 行：

```
tail -n 20 a.log
```

tail 命令有一个十分重要的参数 -f，该参数可以动态显示文件更新内容，例如：

```
tail -f a.log
```

这条命令可以动态显示 a.log 文件更新的内容，非常方便监视日志变化。

2. wc

wc 命令用于计算字数与行数，在日志分析中通常用来计算符合条件的行数。例如，计算 a.log 有多少行，可以使用 wc -l a.log。

3. sort

sort 命令用于将文本文件的内容加以排序。sort 可针对文本文件的内容，以行为单位来排序。有两个常用参数：

- -n：依照数值大小排序。
- -r：以相反顺序排序。

4. uniq

uniq 命令用于检查及删除文本文件中重复出现的行或列，一般与 sort 命令结合使用。通常使用 -c 参数显示该行重复出现的次数。例如，一个文件如下：

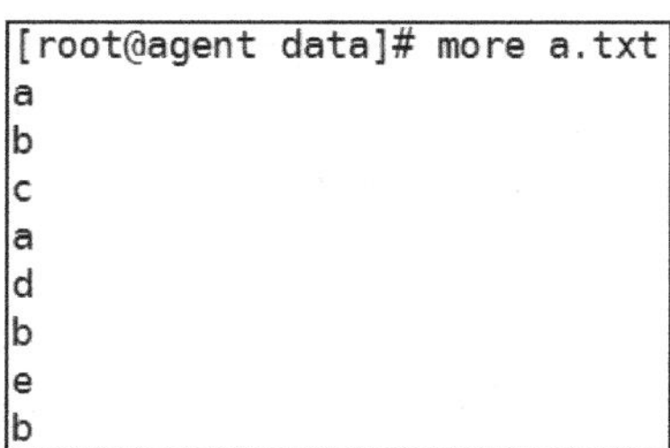

```
[root@agent data]# more a.txt
a
b
c
a
d
b
e
b
```

我们统计每个字符出现的次数，降序排列，可以使用如下命令：

```
[root@agent data]# more a.txt |sort |uniq -c |sort -nr
      3 b
      2 a
      1 e
      1 d
      1 c
```

在对日志进行统计计算时，经常会用到 sort 与 uniq 命令。

5. grep

grep 命令用于查找内容包含指定的范本样式的文件，如果发现某文件的内容符合所指定的范本样式，则预设 grep 命令会把含有范本样式的那一列显示出来。常用参数有：

- -i：忽略字符大小写。
- -n：在显示符合范本样式的那一行之前，标示出该行的列数编号。

- -v：反向匹配，即不包含匹配文本的所有行。
- -E：使用扩展的正则表达式。
- -P：使用 Perl 语言的正则表达式，因为 Perl 的正则更加多元化，能实现更加复杂的场景，经常会与 -o 选项联合使用。
- -o：只显示匹配 PATTERN 部分。

例如，有如下日志：

```
71.249.239.110 - [10/Apr/2019:00:01:53 +0800] wiki.test.cn [0.005] GET 200 685 67 /confluence/rest/my
work/latest/status/notification/count?_=1554825729894 " http://wiki.test.cn/confluence/pages/viewpag
e.action?pageId=2437965" "Mozilla/5.0 (Windows NT 10.0; Win64; x64; rv:66.0) Gecko/20100101 Firefox/66.0"
 - -
11.33.24.192 - [10/Apr/2019:00:02:23 +0800] wiki.test.cn [0.005] GET 404 342 67 /confluence/rest/my
work/latest/status/notification/count?_=1554825759896 " http://wiki.test.cn/confluence/pages/viewpag
e.action?pageId=437965" "Mozilla/5.0 (Windows NT 10.0; Win64; x64; rv:66.0) Gecko/20100101 Firefox/66.0"
 - -
48.49.39.143 - [10/Apr/2019:00:02:53 +0800] wiki.test.cn [0.007] GET 200 685 67 /confluence/rest/my
rk/latest/status/work/latest/status/notification/count?_=1554825789901 " http://wiki.test.cn/confluence/pages/viewpag
e.action?pageId=/etc/passwd" "Mozilla/5.0 (Windows NT 10.0; Win64; x64; rv:66.0) Gecko/20100101 Firefox/66.0"
```

可以看到第三条日志的 pageId 参数有明显问题，正常情况下，该参数都应该为数字，我们希望把这种有问题的数据及行号都显示出来，此时就可以使用 grep 命令：

```
]$ grep -oP 'pageId=\K\S+' c.txt |grep -nP '^[^\d].*'
3:/etc/passwd"
```

其中 \K 参数表示保留匹配的内容，\S+ 表示匹配任何非空白字符。关于正则表达式的相关内容，读者可以搜索相关资料进行学习。

6. awk

awk 命令是一种处理文本文件的语言，之所以叫 awk，是因为其取了三位创始人 Alfred Aho、Peter Weinberger 和 Brian Kernighan 的姓氏首字母。如果说上面介绍的 5 条命令是“指令”，那么 awk 则是一套非常复杂但文本处理功能非常强大的系统，因此如果可以熟练使用 awk 命令，则对日志分析有非常大的帮助。awk 以行为单位对文本进行操作，命令的语法为：

```
awk [option] 'SCRIPT'©le1, ©le2
```

或

```
awk [option] 'patten{action}'©le1,©le2…
```

通常采用第二种格式。

option 常用参数有：

- FS：字段分隔符，默认为空格，也可以使用 F 参数。
- NR：记录处理数。

patten 常见内容有：

- 正则表达式，例如，/REG /。

- 表达式，例如，$1=="abc"。
- Rang，例如，/a/，/b/。
- BEGIN/END，在 awk 命令开始前或在最后执行一次。

action 常见内容有：

- 表达式。
- 循环控制语句。
- 命令。

下面简单举几个常用例子。下列日志中：

```
111.199.93.193 - - [05/Sep/2019:04:05:01 +0800] "GET /routerforlion.txt HTTP/1.1" 200 4 "-" "curl/7.51.0" "0.000" "-"
111.199.93.193 - - [05/Sep/2019:04:10:01 +0800] "GET /routerforlion.txt HTTP/1.1" 200 4 "-" "curl/7.51.0" "0.000" "-"
111.199.93.193 - - [05/Sep/2019:04:15:01 +0800] "GET /routerforlion.txt HTTP/1.1" 200 4 "-" "curl/7.51.0" "0.000" "-"
111.199.93.193 - - [05/Sep/2019:04:20:02 +0800] "GET /routerforlion.txt HTTP/1.1" 200 4 "-" "curl/7.51.0" "0.000" "-"
111.199.93.193 - - [05/Sep/2019:04:25:01 +0800] "GET /routerforlion.txt HTTP/1.1" 200 4 "-" "curl/7.51.0" "0.000" "-"
111.199.93.193 - - [05/Sep/2019:04:30:01 +0800] "GET /routerforlion.txt HTTP/1.1" 200 4 "-" "curl/7.51.0" "0.000" "-"
189.85.151.90 - - [05/Sep/2019:04:32:29 +0800] "GET ../../mnt/custom/ProductDefinition HTTP" 400 170 "-" "-" "0.364" "-"
111.199.93.193 - - [05/Sep/2019:04:35:01 +0800] "GET /routerforlion.txt HTTP/1.1" 200 4 "-" "curl/7.51.0" "0.000" "-"
111.199.93.193 - - [05/Sep/2019:04:40:01 +0800] "GET /routerforlion.txt HTTP/1.1" 200 4 "-" "curl/7.51.0" "0.000" "-"
111.199.93.193 - - [05/Sep/2019:04:45:01 +0800] "GET /routerforlion.txt HTTP/1.1" 200 4 "-" "curl/7.51.0" "0.000" "-"
```

我们打印第一列 IP，可以使用命令：

```
awk '{print $1}' access_nginx.log |head -5
```

结果如下：

```
]$ awk '{print $1}' access_nginx.log |head -5
111.199.93.193
111.199.93.193
111.199.93.193
111.199.93.193
60.191.52.254
```

显示倒数第三列字段，可以使用命令：

```
awk '{print $(NF-2)}' access_nginx.log |tail -5
```

结果如下：

```
]$ awk '{print $(NF-2)}' access_nginx.log |tail -5
"curl/7.51.0"
"curl/7.51.0"
"curl/7.51.0"
"curl/7.51.0"
"curl/7.51.0"
```

显示状态不是 200 的日志，可以使用命令

```
awk '{if($9 != 200) print $0}' access_nginx.log |head -10
```

结果如下：

```
]$ awk '{if($9 != 200) print $0}' access_nginx.log |head -10
189.85.151.90 - - [05/Sep/2019:04:32:29 +0800] "GET ../../mnt/custom/ProductDefinition HTTP" 400 170 "-" "-" "0.364" "-"
77.247.110.69 - - [05/Sep/2019:04:49:37 +0800] "HEAD /robots.txt HTTP/1.0" 404 0 "-" "-" "0.000" "-"
103.59.4.40 - - [05/Sep/2019:05:07:05 +0800] "GET ../../mnt/custom/ProductDefinition HTTP" 400 170 "-" "-" "0.377" "-"
193.188.22.56 - - [05/Sep/2019:05:09:05 +0800] "\x03\x00\x00/*\xE0\x00\x00\x00\x00\x00Cookie: mstshash=Administr" 400 170 "-" "-" "0.300" "-"
183.136.190.62 - - [05/Sep/2019:06:03:02 +0800] "GET / HTTP/1.1" 499 0 "-" "Mozilla/5.0 (Windows NT 6.1) AppleWebKit/537.36 (KHTML, like Gecko) C
e/35.0.1916.153 Safari/537.36" "0.000" "-"
77.247.110.69 - - [05/Sep/2019:06:18:48 +0800] "HEAD /robots.txt HTTP/1.0" 404 0 "-" "-" "0.000" "-"
14.248.70.123 - - [05/Sep/2019:08:27:21 +0800] "GET ../../mnt/custom/ProductDefinition HTTP" 400 170 "-" "-" "0.185" "-"
187.188.160.94 - - [05/Sep/2019:08:28:09 +0800] "GET ../../mnt/custom/ProductDefinition HTTP" 400 170 "-" "-" "0.207" "-"
187.191.0.205 - - [05/Sep/2019:15:03:14 +0800] "GET ../../mnt/custom/ProductDefinition HTTP" 400 170 "-" "-" "0.222" "-"
123.21.129.232 - - [05/Sep/2019:16:03:17 +0800] "GET ../../mnt/custom/ProductDefinition HTTP" 400 170 "-" "-" "0.092" "-"
```

显示访问最多的前 10 个 IP，如下所示：

```
]$ awk '{print $1}' access_nginx.log |sort |uniq -c |sort -nr |head -10
    238 111.199.93.193
    156 192.144.168.75
      2 77.247.110.69
      2 187.189.111.97
      2 120.132.3.65
      2 110.249.212.46
      1 89.32.164.213
      1 85.93.20.170
      1 81.12.157.98
      1 77.157.55.121
```

以上是日志分析中最常用的命令，限于篇幅不详细介绍，希望读者可以熟练使用这些命令，这在日志分析过程中会有很大帮助。

6.1.3　Web 日志分析思路

黑客入侵网站后，一般都会留下一个后门（WebShell），便于后续继续扩大攻击或维持权限。因此，查找 WebShell 非常重要，需要收集各种线索，其中最重要的一条线索便是时间。首先要确定事件发生的时间，这点可以从运维人员或者第一个发现问题的人员处得知（可能有一定的滞后性），也可以从黑客在服务器留下的各种文件中寻找时间线索。

下面看一个案例。网站管理员在站点目录下发现存在 WebShell，如图 6-2 所示，于是对入侵过程展开了分析。

```
The File Path: /usr/local/tomcat/webapps/ROOT/temp111.jsp
Target File Path:

Target File Content:

submit
```

图 6-2　WebShell

在服务器上找到 temp111.jsp 文件，发现文件创建时间为 2019 年 9 月 7 日：

```
root@110648727ca4:/usr/local/tomcat/webapps/ROOT# stat temp111.jsp
  File: 'temp111.jsp'
  Size: 2684            Blocks: 8          IO Block: 4096   regular file
Device: 34h/52d Inode: 921939      Links: 1
Access: (0644/-rw-r--r--)  Uid: (    0/    root)   Gid: (    0/    root)
Access: 2019-09-07 09:14:02.239982480 +0000
Modify: 2019-09-07 09:13:56.145982480 +0000
Change: 2019-09-07 09:13:56.145982480 +0000
```

于是在当日访问日志文件下，寻找该文件访问记录：

```
root@110648727ca4:/usr/local/tomcat/logs# grep "temp111.jsp" localhost_access_log.2019-09-07.txt
114.245.94.235 - - [07/Sep/2019:09:14:02 +0000] GET /temp111.jsp HTTP/1.1 200 1700 723 PHPSESSID=
KHTML, like Gecko) Chrome/76.0.3809.132 Safari/537.36 -
```

确定为 114.254.94.235，于是查看该 IP 访问行为发现关键日志：

```
114.245.94.235 - - [07/Sep/2019:09:13:34 +0000] GET /memoshow.action?id=3/%28%23_memberAccess%3d@ognl.OgnlContext@DEFAULT_MEMBER_ACCESS)%3f(%23wr%3d%23context%5b%23parameters.obj%5b0%5d%5d.getWriter(),%23wr.print(%23parameters.content%5B0%5D),%23wr.print(%23parameters.content%5B0%5D),%23wr.°ush(),%23wr.close()):xx.toString.json &obj=com.opensymphony.xwork2.dispatcher.HttpServletResponse&content=Topsec HTTP/1.1 200 1932 4 SessionId=96F3F15432E0660E0654B1CE240C4C36 Java/1.8.0_211 -
```

可以确定的是，因为该网站存在 S2-032 漏洞，所以黑客利用此漏洞上传 WebShell 文件。

有时，无法定位具体文件（例如文件被黑客改名或删除），那么便无法从文件中找到线索。这时就需要采用其他手段：统计 IP 访问频率，往往访问量比较高或者比较低的 IP 可能会有问题。下面的一则案例（相关域名使用 test.com）中则是使用的这种方法。

2014 年 3 月 3 日（星期一）下午，发现 openapi 的机器上有被他人上传的一句话木马，上传日期为 2014 年 3 月 2 日 05:12~05:56 之间，用 Notepad++ 等类似编辑器打开木马脚本，会发现一句话木马特征"$_POST[cmd]"，使用"菜刀连接"，可以看到连接成功，如图 6-3 所示。

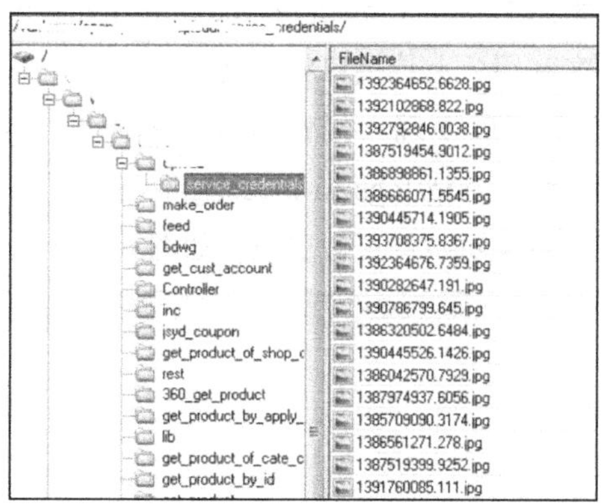

图 6-3 连接成功

于是查看日志文件，定位时间为 3 月 2 日 05:12~05:56，并将文件定位于 event.log:

```
awk '($1>"02/Mar/2014:05:12:00")&&($1<"02/Mar/2014:05:56:00"){print $0}'
all.log > event.log
```

日志内容如下：

```
[root@agent ~]# tail -5 event.log
02/Mar/2014:05:55:56 +0800      192.168.249.75  /get_product_union
02/Mar/2014:05:55:56 +0800      192.168.249.75  /       -       19
02/Mar/2014:05:55:57 +0800      192.168.249.75  /get_product_union
02/Mar/2014:05:55:58 +0800      192.168.249.75  /get_product_union
02/Mar/2014:05:55:59 +0800      192.168.249.75  /get_product_by_id
ll_time=1393659299&product_id=1074733606        192.168.250.202 20
```

通过统计这段时间访问 PHP 页面最多的 IP，发现 119.0.123.213 访问次数最多，有重大嫌疑：

```
[root@agent ~]# more event.log  |grep "php" |awk '{if($NF =='200') print $7}' |sort |uniq -c |sort -nr |more
    241 119.0.123.213
    218 -
      2 110.75.
      2 110.75.
      2 110.75.
```

继续查看 119.0.123.213 在此段时间的行为，因为是上传了木马，因此一定会有 POST 操作，以 POST 为关键字继续查询：

```
grep  "119.0.123.213" event.log |grep -i "post" |more
```

可以看到有上传记录，关键部分如下：

```
02/Mar/2014:05:29:23 +0800 (…省略部分内容)
http://open.test.com/js/uploadify.swf?movieName=SWFUpload_6&upload-URL=/index.php?c=registerProtocol&f=uploadCredentials&useQueryString=false&requeueOnError=false&httpSuccess=&assumeSuccessTimeout=30&params=license_type=7&contract_id=74&license_name=x.php
```

可以看到黑客上传了 x .php 文件（后续该文件被黑客删除），也符合攻击时间。经过一系列的排查，发现出现漏洞的原因是 open.test.com 下开发者网签协议功能有上传接口，可以上传营业执照等，黑客利用此上传接口将木马上传。

当然，通过日志我们也可以发现入侵背后真正的原因，来看下面的案例（https://www.acunetix.com/blog/articles/using-logs-to-investigate-a-web-application-attack/）。

一个正在运行的 WordPress 网站首页被更改，如图 6-4 所示。

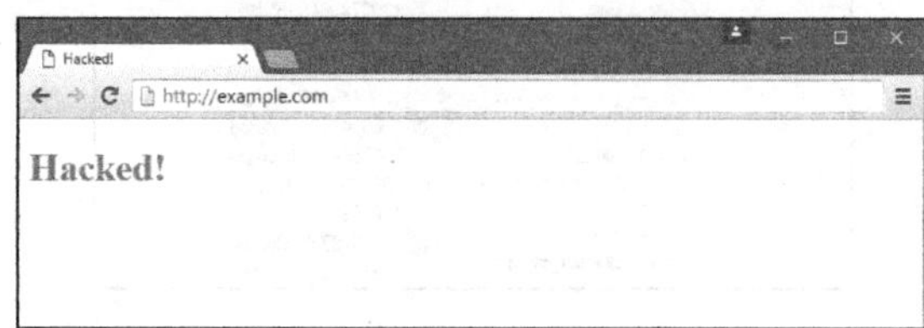

图 6-4　网页被更改

分析 access.log，但 access.log 往往是一个相当大的文件，而且包含了成千上万甚至几十万条记录：

```
84.55.41.57 - - [16/Apr/2016:20:21:56 +0100] "GET /john/index.php HTTP/1.1" 200
3804 "-" "Mozilla/5.0
(Windows NT 6.0; WOW64; rv:45.0) Gecko/20100101 Firefox/45.0"
84.55.41.57 - - [16/Apr/2016:20:21:56 +0100] "GET /john/assets/js/skel.min.js
 HTTP/1.1" 200 3532
"http://www.test.com/john/index.php" "Mozilla/5.0 (Windows NT 6.0; WOW64;rv:45.0)
Gecko/20100101 Firefox/45.0"
84.55.41.57 - - [16/Apr/2016:20:21:56 +0100] "GET /john/images/pic01.jpg HTTP/1.1"
200 9501 "http://www.test.com/john/index.php" "Mozilla/5.0 (Windows NT 6.0; WOW64;
rv:45.0) Gecko/20100101 Firefox/45.0"
84.55.41.57 - - [16/Apr/2016:20:21:56 +0100] "GET /john/images/pic03.jpg
HTTP/1.1" 200 5593"http://www.test.com/john/index.php" "Mozilla/5.0
(Windows NT 6.0; WOW64; rv:45.0) Gecko/20100101 Firefox/45.0"
...
```

面对数量如此庞大的记录信息，如果每一行都去仔细查看显然不是明智的选择。因此，可以将一些没有什么太大价值的数据去掉，例如图像、CSS、JavaScript 这类文件，也可以把一些响应状态为 404 或非 200 的内容过滤掉，使内容更加精确。

通过筛选的方式找出所有具有 WordPress 特征的 access.log 记录：

```
root@secureserver:~#cat /var/log/apache2/access.log | grep -E "wp-admin|wp-login|POST /"
```

筛选完成后以下的日志记录引起了我们的注意：

```
84.55.41.57 - - [17/Apr/2016:06:52:07 +0100] "GET /wordpress/wp-admin/
HTTP/1.1" 200 12349
"http://www.test.com/wordpress/wp-login.php" "Mozilla/5.0 (Windows NT 6.0;
WOW64; rv:45.0)
Gecko/20100101 Firefox/45.0"
```

可以看到 IP 为 84.55.41.57 的访问者成功访问了 WordPress 的管理后台。

针对该 IP 继续筛选有关信息：

```
root@secureserver:~#cat /var/log/apache2/access.log | grep 84.55.41.57
```

发现如下信息：

```
84.55.41.57 - - [17/Apr/2016:06:57:24 +0100] "GET /wordpress/wp-login.
phpHTTP/1.1" 200 1568 "-"
84.55.41.57 - - [17/Apr/2016:06:57:31 +0100] "POST /wordpress/wp-login.
phpHTTP/1.1" 302 1150
"http://www.test.com/wordpress/wp-login.php"
84.55.41.57 - - [17/ Apr/2016:06:57:31 +0100] "GET /wordpress/wp-admin/
HTTP/1.1" 200 12905
"http://www.test.com/wordpress/wp-login.php"
84.55.41.57 - - [17/Apr/2016:07:00:32 +0100] "POST /wordpress/wp-admin/
admin-ajax.php HTTP/1.1" 200 454
"http://www.test.com/wordpress/wp-admin/"
84.55.41.57 - - [17/Apr/2016:07:00:58 +0100] "GET /wordpress/wp-admin/
theme-editor.php HTTP/1.1" 200 20795 "http://www.test.com/wordpress/wp-admin/"
84.55.41.57 - - [17/Apr/2016:07:03:17 +0100] "GET
```

```
/wordpress/wp-admin/theme-editor.php ©le=404.php&theme=twentysixteen
HTTP/1.1" 200 8092"
http://www.test.com/wordpress/wp-admin/theme-editor.php"
84.55.41.57 - - [17/Apr/2016:07:11:48 +0100] "GET/wordpress/wp-admin/
plugin-install.php HTTP/1.1" 200
12459 "http://www.test.com/wordpress/wp-admin/plugin-install.phptab=upload"
84.55.41.57 - - [17/Apr/2016:07:16:06 +0100] "GET
/wordpress/wp-admin/update.php action=install-plugin&plugin=©le-manager&_
wpnonce=3c6c8a7fca HTTP/1.1" 200 5698
"http://www.test.com/wordpress/wp-admin/plugin-install.php tab=search&s=©le+permission"
84.55.41.57 - - [17/Apr/2016:07:18:19 +0100] "GET
/wordpress/wp-admin/plugins.phpaction=activate&plugin=©le-manager%2F©le-
manager.php&_wpnonce=bf932ee530
HTTP/1.1" 302 451
"http://www.test.com/wordpress/wp-admin/update.php action=install-
plugin&plugin=©le-manager&_wpnonce=3c6c8a7fca"
84.55.41.57 - - [17/Apr/2016:07:21:46 +0100] "GET /wordpress/wp-admin/admin
-ajax.php action=connector&cmd=upload&target=l1_d3AtY29
udGVudA&name%5B%5D=r57.php&FILES=&_=1460873968131 HTTP/1.1" 200 731
"http://www.test.com/wordpress/wp-admin/admin.php page=©le-manager_settings"
84.55.41.57 - - [17/Apr/2016:07:22:53 +0100]
"GET /wordpress/wp-content/r57.php HTTP/1.1" 200 9036 "-"
84.55.41.57 - - [17/Apr/2016:07:32:24 +0100] "POST /wordpress/wp-content/
r57.php 14 HTTP/1.1" 200 8030 "http://www.test.com/wordpress/wp-content/r57.php14"
84.55.41.57 - - [17/Apr/2016:07:29:21 +0100] "GET /wordpress/wp-content/
r57.php 29 HTTP/1.1" 200 8391
"http://www.test.com/wordpress/wp-content/r57.php28"
84.55.41.57 - - [17/Apr/2016:07:57:31 +0100] "POST /wordpress/wp-admin/
admin-ajax.php HTTP/1.1" 200 949 "http://www.myw ebsite.com/wordpre ss/wp-
admin/admin.php page=©le-manager_settings"
```

从第三条和第四条日志来看，攻击者已经成功登录了后台，第五条日志表示攻击者已经进入了主题编辑器，正常情况下，这是只有管理员才可以访问的页面。由后续日志可以看出，攻击者又进行了一系列操作，包括上传了一个404.php文件，安装了文件管理插件，并用文件管理插件上传了r57.php文件。至此，基本可以确定攻击者的操作手段了，但是有一个重要问题不能忽略，就是攻击者是如何登录到网站管理后台的？没有爆破操作，也不是弱口令，也排除了密码在别处泄露的可能性（如果有一定经验，可以推测出很可能存在注入问题）。这时，就需要从之前的日志中查询一些线索。

再筛选出所有IP为84.55.41.57的日志记录：

```
84.55.41.57- - [14/Apr/2016:08:22:13 0100] "GET /wordpress/wp-content/plugins/
custom_plugin/check_user.php
userid=1 AND (SELECT 6810
FROM (SELECT COUNT (*) ,CONCAT (0x7171787671, (SELECT
(ELT (6810=6810,1))) ,0x71
707a7871,FLOOR (RAND (0) *2)) x FROM
INFORMATION_SCHEMA.CHARACTER_SETS GROUP BY x) a) HTTP/1.1" 200 166
"-" "Mozilla/5.0
(Windows; U; Windows NT 6.1; ru; rv:1.9.2.3) Gecko/20100401 Firefox/4.0 (.NET CLR 3.5.30729) "
84.55.41.57- - [14/Apr/2016:08:22:13 0100] "GET /wordpress/wp-content/
plugins/custom_plugin/check_user.php userid= (SELECT 7505 FROM (SELECT COUNT
(*),CONCAT(0x7171787671,(SELECT (ELT(7505=7505,1))),0x71707a7871,FLOOR(RAND
```

```
(0)*2))x FROM INFORMATION_SCHEMA.CHARACTER_SETS GROUP BY x)a) HTTP/1.1"
200 166 "-" "Mozilla/5.0 (Windows; U; Windows NT 6.1; ru; rv:1.9.2.3)
Gecko/20100401 Firefox/4.0 (.NET CLR 3.5.30729)"
84.55.41.57- - [14/Apr/2016:08:22:13 0100] "GET/wordpress/wp-content/
plugins/custom_plugin/check_user.php userid=(SELECT
CONCAT(0x7171787671,(SELECT (ELT(1399=1399,1))),0x71707a7871))
HTTP/1.1" 200 166 "-" "Mozilla/5.0 (Windows; U; Windows NT 6.1;
ru; rv:1.9.2.3) Gecko/20100401 Firefox/4.0 (.NET CLR 3.5.30729)"
84.55.41.57- - [14/Apr/2016:08:22:27 0100]"GET /wordpress/wp-content/
plugins/custom_plugin/check_user.php userid=1 UNION ALL SELECT
CONCAT(0x7171787671,0x537653544175467a724f,0x71707a7871),
NULL,NULL-- HTTP/1.1" 200 182 "-" "Mozilla/5.0 (Windows; U; Windows NT 6.1;
ru; rv:1.9.2.3) Gecko/20100401 Firefox/4.0 (.NET CLR 3.5.30729)"
```

发现 SQL 注入语句，因此基本可以判断是通过 check_user.php，利用 SQL 注入，得到了用户名和密码。

以上三个案例基本上介绍了日志分析的大概思路：

1）确定入侵的时间范围，以此为线索，查找这个时间范围内可疑的日志，进一步排查，最终确定攻击者，还原攻击过程。

2）攻击者在入侵网站后，通常会留下后门维持权限，以便再次访问，我们可以找到该文件，并以此为线索来展开分析。

除此之外，还有一些特征可以参考：

- 关键字：WebShell 都会含有一些特殊的关键字（如文件名），我们可以以此为目标进行查找，例如 eval、system、90sec.php、特殊 cookie 等。在 https://github.com/tennc/webshell 中保存了大量的 WebShell 可供参考。
- 访问频率：由于 WebShell 具有特殊性，文件位置都会比较隐蔽，一般来说，除了攻击者外，其他人很难访问到，因此除管理后台外，来源访问 IP 比较单一的文件有可能便是 WebShell，当然攻击者可以使用代理 IP 进行干扰。
- 入度与出度：从网站的设计及架构来说，各个页面存在互相引用、互相关联的关系，而访问者也会从一个网页跳转到另外一个网页，而一个孤单的页面，既没有引用站内其他页面（出度），被访问时也没有站内 refer 信息（入度），则有可能是异常文件。

另外，文件的大小、内容是否加密，文件存在的目录深度及同文件夹下其他文件类型等，也可以作为辅助判断的条件。除此之外，还可以采用机器学习的方式对 WebShell 进行判断，笔者对这方面研究不多，不展开介绍。

有几款比较好用的 WebShell 检测工具，如 D 盾（支持 Windows 环境，http://www.d99net.net/index.asp）、河马 WebShell 检测（支持多平台，http://www.shellpub.com/）等，可以在分析及检测 WebShell 时提供帮助。

6.2 Windows 日志分析

本节将介绍 Windows 下的日志分析内容。

6.2.1 Windows 日志介绍

Windows 主要有以下三类日志：系统日志、应用程序日志和安全日志。

1. 系统日志

系统日志记录操作系统所产生的系统事件，主要包括驱动程序、系统和应用软件的崩溃以及数据丢失等信息，默认位置为：

```
%SystemRoot%\System32\Winevt\Logs\System.evtx
```

2. 应用程序日志

应用程序日志记录由各种应用程序运行所产生的日志，默认位置为：

```
%SystemRoot%\System32\Winevt\Logs\Application.evtx
```

3. 安全日志

安全日志记录系统中各种安全事件，包括登录事件、权限使用、对象访问、策略变更等，安全日志的重要性不言而喻，但在默认情况下，安全日志记录的内容项目非常有限，且只记录成功事件，因此需要调整组策略中的审核项目，并且对设置失败也进行记录，操作方式在上文中已经介绍，默认位置为：

```
%SystemRoot%\System32\Winevt\Logs\Security.evtx
```

6.2.2 常见日志代码介绍

Event ID 在 Windows 日志中标识了不同的事件种类，下面简单列举一些常见事件 ID（Windows 2008）：

- 4720：用户账户已创建。
- 4738：用户账户已更改。
- 4740：用户账户被锁定。
- 4624：表示用户登录成功，并记录登录类型。
- 4625：表示用户登录失败。
- 4648：试图使用显式凭据登录。

更多关于 EVENT ID 的介绍可以参考 https://support.microsoft.com/zh-cn/help/977519/

description-of-security-events-in-windows-7-and-in-windows-server-2008。

对于登录来说，除了 Event ID 外，还有另外一个重要信息：登录类型。登录类型标记了用户是以何种方式登录系统的，有 11 种类型，下面简单介绍一下。

1. 登录类型 2：交互式（Interactive）登录

交互式登录指用户在计算机的控制台上进行的登录，也就是用本地键盘进行的登录，记为类型 2（见图 6-5）。通过 KVM（虚拟机控制台）登录也属于交互式登录。

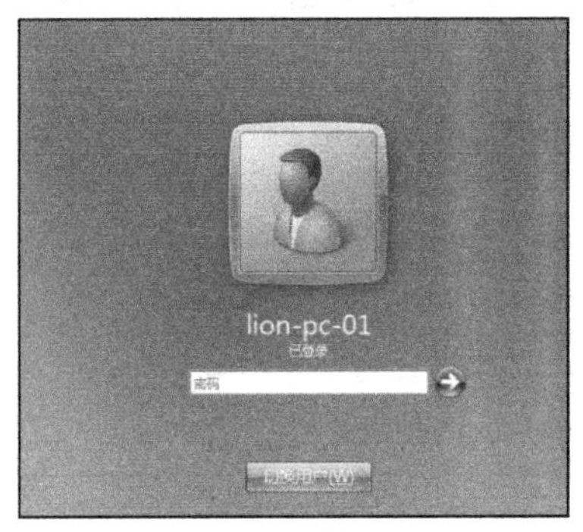

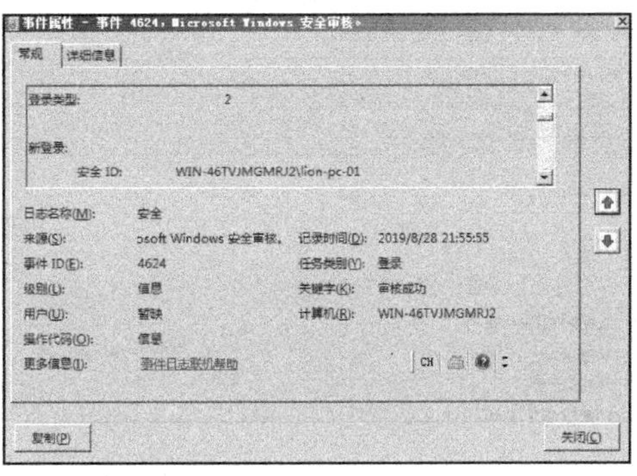

图 6-5　登录类型 2

2. 登录类型 3：网络（Network）登录

在网络上访问一台计算机时，大多数情况下 Windows 将登录类型记为类型 3，即网络登录（见图 6-6），最常见的情况就是连接到共享文件夹或者共享打印机。另外，大多数情况下通过网络登录 IIS 时也被记为这种类型，但基本验证方式的 IIS 登录是个例外，它将被记为类型 8。

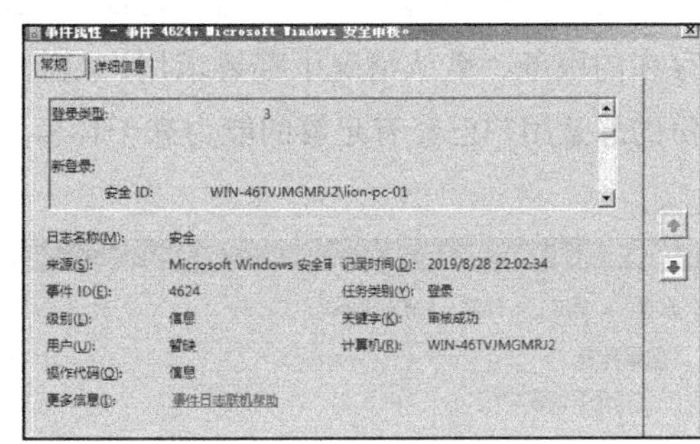

图 6-6　登录类型 3

3. 登录类型 4：批（Batch）处理

当 Windows 运行一个计划任务时，“计划任务服务”将为这个任务首先创建一个新的登录会话，以便它能在此计划任务所配置的用户账户下运行。当这种登录出现时，Windows 在日志中记为登录类型 4（见图 6-7）。其他类型的工作任务系统依赖于它的设计，也可以在开始工作时产生该类型的登录事件。登录类型 4 通常表明某计划任务启动，但也可能是一个恶意用户通过计划任务来猜测用户密码，这种尝试将产生一个类型 4 的登录失败事件，但是这种失败登录也可能是计划任务的用户密码没能同步更改造成的，比如用户密码更改了，而忘记了在计划任务中进行更改。

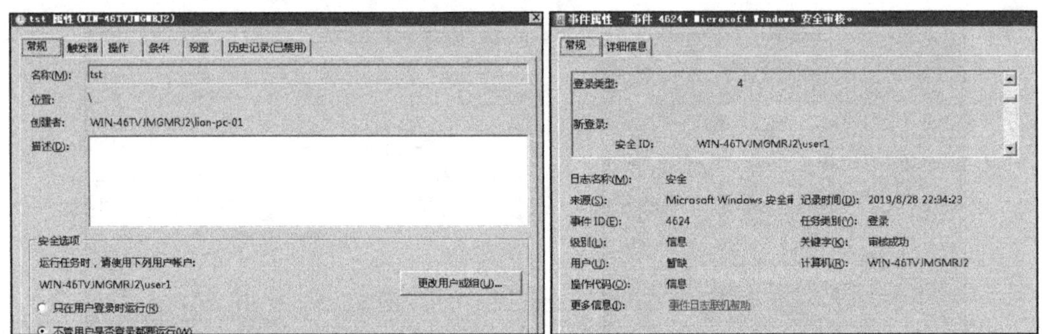

图 6-7　登录类型 4

4. 登录类型 5：服务（Service）

与计划任务类似，每种服务都被配置在某个特定的用户账户下运行，当一个服务开始时，Windows 首先为这个特定的用户创建一个登录会话，这将被记为类型 5（见图 6-8）。如果登录失败，通常表明用户的密码已改变而这里未得到更新，当然这也可能是由恶意用户猜测密码引起的，但是这种可能性比较小，因为要创建一个新的服务或编辑一个已存在的服务，默认情况下都要求用户是管理员或有 servers operator 身份，而拥有这种身份的恶意用户已经有足够的能力来干坏事了，无须再费力猜测服务密码。

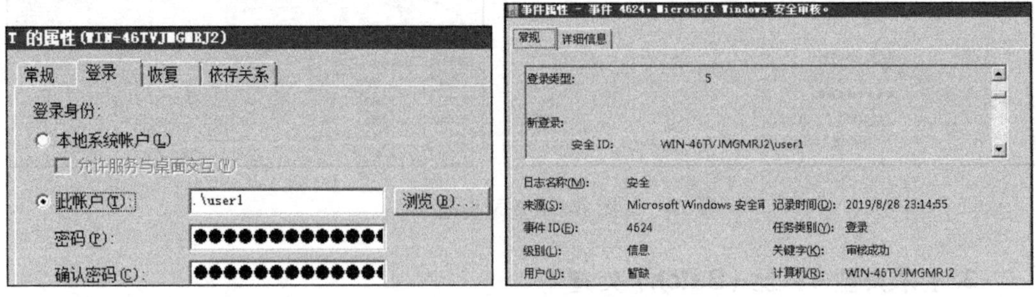

图 6-8　登录类型 5

5. 登录类型 7：解锁（Unlock）

一个用户退出登录时，相应的工作站会自动开启一个密码保护的屏保，当用户解锁时，Windows 就把这种解锁操作认为是一个类型为 7 的登录（见图 6-9），如果登录失败，表明有人输入了错误的密码或者有人在尝试解锁计算机。

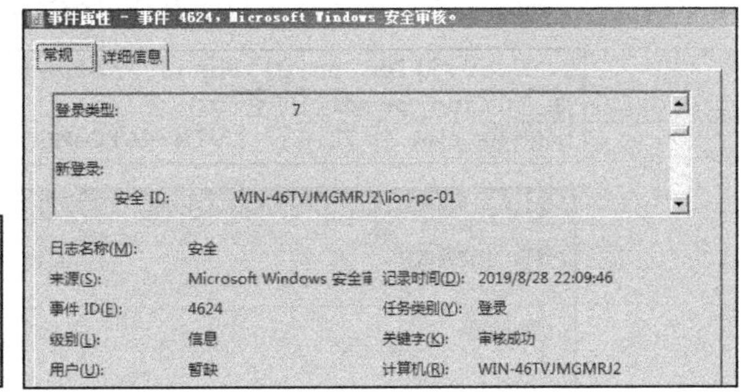

图 6-9　登录类型 7

6. 登录类型 8：网络明文（Network Cleartext）

用网络明文登录表明这是一个类似类型 3 的网络登录，记为类型 8（见图 6-10），但是这种登录的密码在网络上是通过明文传输的，Windows Server 服务是不允许通过明文验证连接到共享文件夹或打印机的，只有当从一个使用 Advapi 的 ASP 脚本登录或者一个用户使用基本验证方式登录 IIS 时才会是这种登录类型。“登录过程”栏将列出 Advapi。

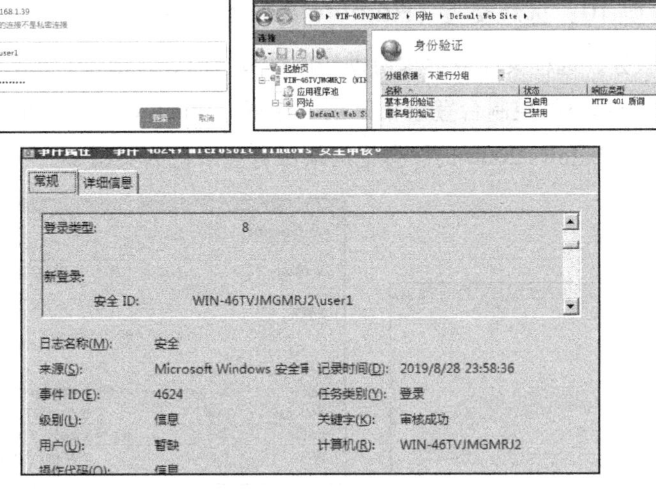

图 6-10　登录类型 8

7. 登录类型 9：新凭证（New Credential）

使用带 /Netonly 参数的 RUNAS 命令运行一个程序时，RUNAS 以本地当前登录用户运行它，但如果这个程序需要连接到网络上的其他计算机，这时就将以 RUNAS 命令中指定的用户进行连接，同时 Windows 将把这种登录记为类型 9（见图 6-11）。如果 RUNAS 命令没带 /Netonly 参数，那么这个程序就将以指定的用户运行，但日志中的登录类型是 2。

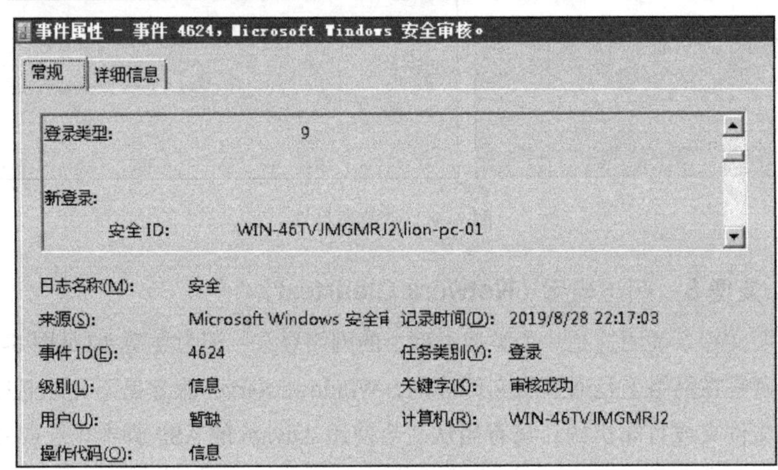

图 6-11　登录类型 9

8. 登录类型 10：远程交互（Remote Interactive）

通过终端服务、远程桌面或远程协助访问计算机时，Windows 将登录类型记为 10（见图 6-12），以便与真正的控制台登录相区别。注意，Windows XP 之前的版本不支持这种登录类型，比如 Windows 2000 仍然会把终端服务登录记为类型 2。

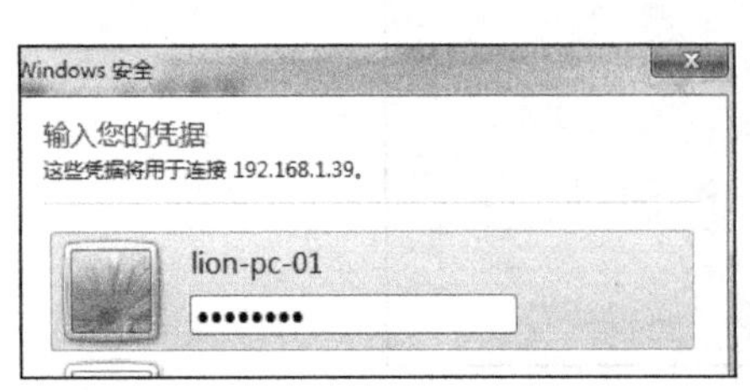

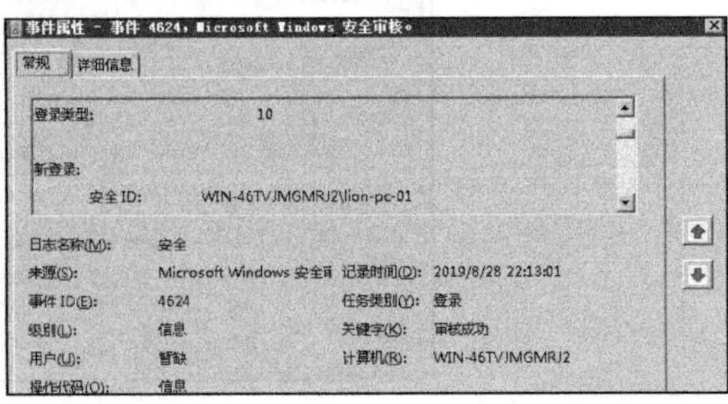

图 6-12　登录类型 10

9. 登录类型 11：缓存交互（Cached Interactive）

Windows 支持一种称为缓存登录的功能，登录类型记为 11（见图 6-13），这种功能对移动用户尤其有利，比如用户在自己的网络之外以域用户身份登录但无法登录域控制器时，就将使用这种功能，默认情况下，Windows 缓存了最近 10 次交互式域登录的凭证 HASH，如果以后以一个域用户身份登录而没有域控制器可用时，Windows 将使用这些 HASH 来验证用户的身份。

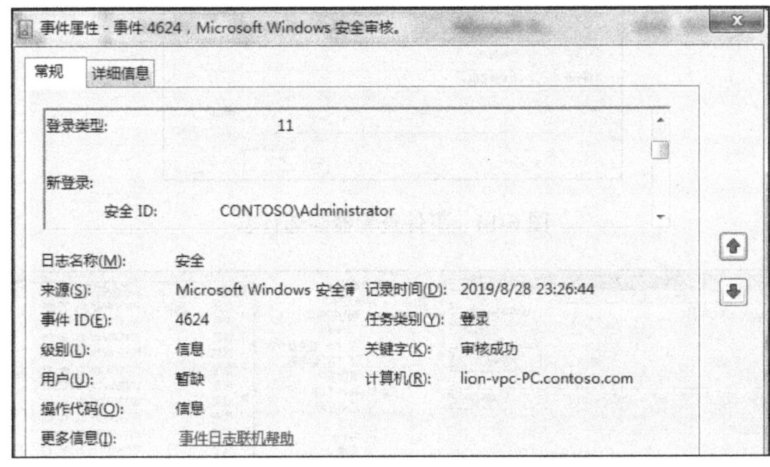

图 6-13 登录类型 11

可以看到图 6-13 中缓存了域控管理员的 HASH，这非常危险，因此，千万不能使用域管理员身份在客户机进行加域操作，一定要使用普通域账户来加域。

了解各种登录类型的含义会对日后进行 Windows 安全分析有很大帮助。

6.2.3 Windows 日志分析工具介绍

本节主要介绍 Windows 下的日志分析工具。

1. 事件查看器

事件查看器是 Windows 默认的日志查看工具，可以根据时间、事件 ID、用户、计算机等内容对日志进行筛选，功能非常有限。例如，搜索事件 ID 为 4624 的登录成功事件，如图 6-14 所示。

如果想进一步筛选出更多内容，例如登录类型为 8 的事件，就需要用到查找功能，如图 6-15 所示。

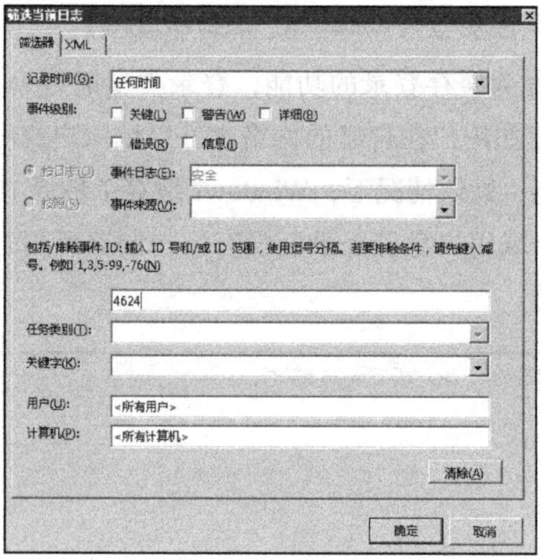

筛选当前日志

筛选器 XML

记录时间(G): 任何时间

事件级别: 关键(L) 警告(W) 详细(B) 错误(R) 信息(I)

按日志(O) 事件日志(E): 安全

按源(S) 事件来源(V):

包括/排除事件 ID: 输入 ID 号和/或 ID 范围，使用逗号分隔。若要排除条件，请先键入减号。例如 1,3,5-99,-76(N)

4624

任务类别(T):

关键字(K):

用户(U): <所有用户>

计算机(P): <所有计算机>

清除(A)

确定 取消

图 6-14 事件查看器筛选日志

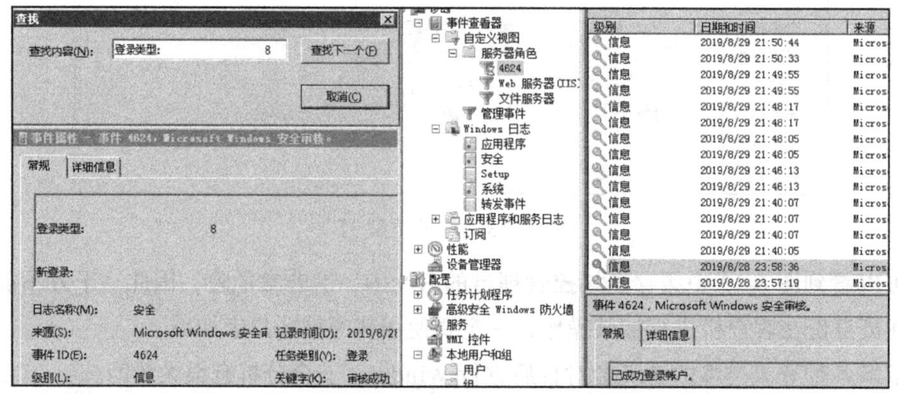

图 6-15 查找登录类型 8 的事件

但如果有再加上其他更多的筛选条件，就无法完成了，因此事件查看器仅仅用于初步日志查看，其筛选粒度还是比较粗糙的。

2. Event Log Explorer

Event Log Explorer 是查看 Windows 日志工具的一款利器，虽然是收费的，但其免费版也可以查看 3 台服务器的日志，基本可以满足需求。与 Windows 的事件查看器相比，Event Log Explorer 有着非常强大的过滤器，几乎可以满足任何条件的筛选，例如，对于登录类型为 10，源端口为 2092，关键字包含 003CE8FE，登录 IP 为 192.168.1.99 这种复杂的筛选条件使用 Event Log Explorer 也可以轻松设置，如图 6-16 所示。

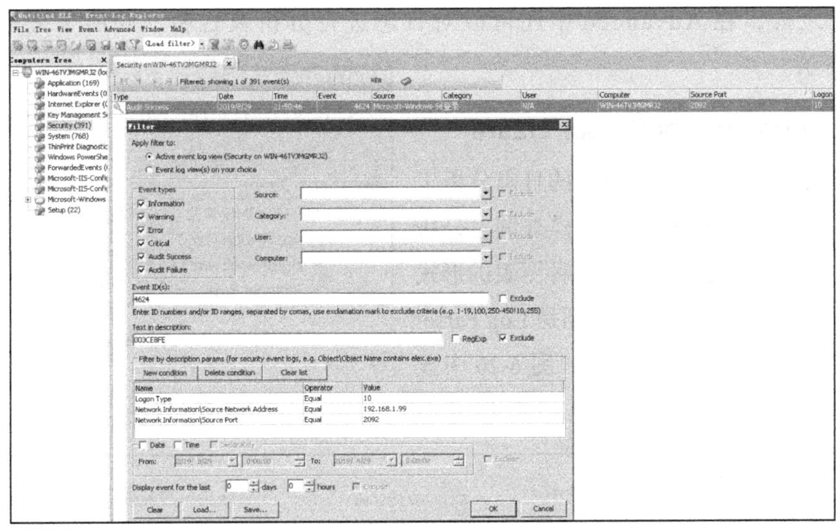

图 6-16 Event Log Explorer

除此之外，还可以自定义显示列，例如想显示登录类型及源端口这两列，可以在 View\Custom Column 中进行如图 6-17 所示的设置。

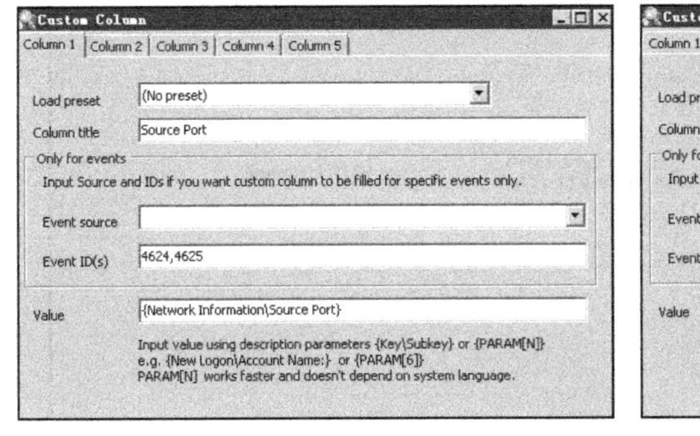

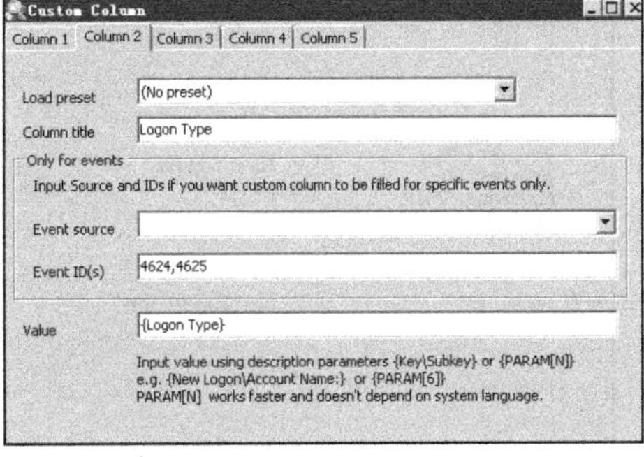

图 6-17 设置登录类型及源端口

效果如图 6-18 所示。

Type	Date	Time	Event	Source	Category	User	Computer	Source Port	Logon Type
Audit Success	2019/8/29	21:40:07	4624	Microsoft-Windows-Se	登录	N/A	WIN-46TVJMGMRJ2	1760	10
Audit Success	2019/8/29	21:40:07	4624	Microsoft-Windows-Se	登录	N/A	WIN-46TVJMGMRJ2	1760	10
Audit Success	2019/8/29	21:50:46	4624	Microsoft-Windows-Se	登录	N/A	WIN-46TVJMGMRJ2	2092	10
Audit Success	2019/8/29	21:50:46	4624	Microsoft-Windows-Se	登录	N/A	WIN-46TVJMGMRJ2	2092	10
Audit Success	2019/8/29	21:48:17	4624	Microsoft-Windows-Se	登录	N/A	WIN-46TVJMGMRJ2	0	2
Audit Success	2019/8/28	23:55:02	4624	Microsoft-Windows-Se	登录	N/A	WIN-46TVJMGMRJ2	0	2
Audit Success	2019/8/29	21:48:17	4624	Microsoft-Windows-Se	登录	N/A	WIN-46TVJMGMRJ2	0	2
Audit Success	2019/8/28	23:55:02	4624	Microsoft-Windows-Se	登录	N/A	WIN-46TVJMGMRJ2	0	2
Audit Success	2019/8/29	21:50:33	4624	Microsoft-Windows-Se	登录	N/A	WIN-46TVJMGMRJ2	-	3
Audit Success	2019/8/29	21:40:05	4624	Microsoft-Windows-Se	登录	N/A	WIN-46TVJMGMRJ2	-	3
Audit Success	2019/8/29	21:50:44	4624	Microsoft-Windows-Se	登录	N/A	WIN-46TVJMGMRJ2	-	3
Audit Success	2019/8/29	21:40:07	4624	Microsoft-Windows-Se	登录	N/A	WIN-46TVJMGMRJ2	-	3
Audit Success	2019/8/29	21:50:46	4624	Microsoft-Windows-Se	登录	N/A	WIN-46TVJMGMRJ2	-	3
Audit Success	2019/8/28	23:56:31	4624	Microsoft-Windows-Se	登录	N/A	WIN-46TVJMGMRJ2	-	5

图 6-18 过滤效果

除此之外，在 Advanced 中还可以对日志进行分析及告警，功能十分全面，如图 6-19 所示。

Untitled.ELX - Event Log Explorer
File Tree View Event Advanced Window Help
Computers Tree
WIN-46TVJMGMRJ2
Application (169)
HardwareEvents
Internet Explorer
Credentials...
Scheduler
Linked Event Filter
Analytical Reports
Event Alerter

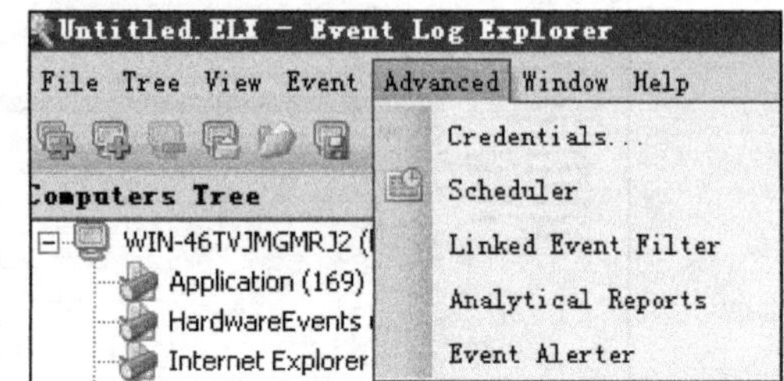

图 6-19　Advanced 功能

3. Log Parser/LogParser Lizard

Log Parser 是微软公司出品的日志分析工具，它可以像使用 SQL 语句一样查询、分析日志，甚至可以把分析结果以各种图表的形式展现出来。而 LogParser Lizard 则是 Log Parser 的可视化版本，但为商业软件。图 6-20 中显示了 LogParser Lizard 支持的日志格式。

Windows Event Log
Active Directory Services
File System
Registry values
Generic Text Input Formats (MSLP)
Comma-separated values
Tab-separated and space-separated values
NCSA Log File Format
TEXTLINE Input Format
TEXTWORD Input Format
XML Input Format
IIS (Web Server) Log File Input Formats (MSLP)
W3C Format for IIS 7+ (also FTP, Apache, ISA, Exchange, SMTP, MediaSvc, etc.)
IIS 6 Log File Format
IIS Centralized Binary Log File
HTTP Error log
IIS ODBC
URLScan IIS filter
Special-purpose Input Formats (MSLP)
Enterprise Tracing for Windows (ETW)
NetMon Network Monitor
Ultimate Dates Table
HTML Table Reader
Custom Microsoft .Net Plugin
Logparser COM Input Plugin
Get Data from a Database, from the Cloud and other Data Sources
SQL Server T-SQL Query
OLE DB SQL Query (MySQL, Oracle, Access, PostgreSQL, etc.)
Google BigQuery
Visual Basic .Net Data Source
C-Sharp .Net Data Source
Powershell Script
MySQL Query

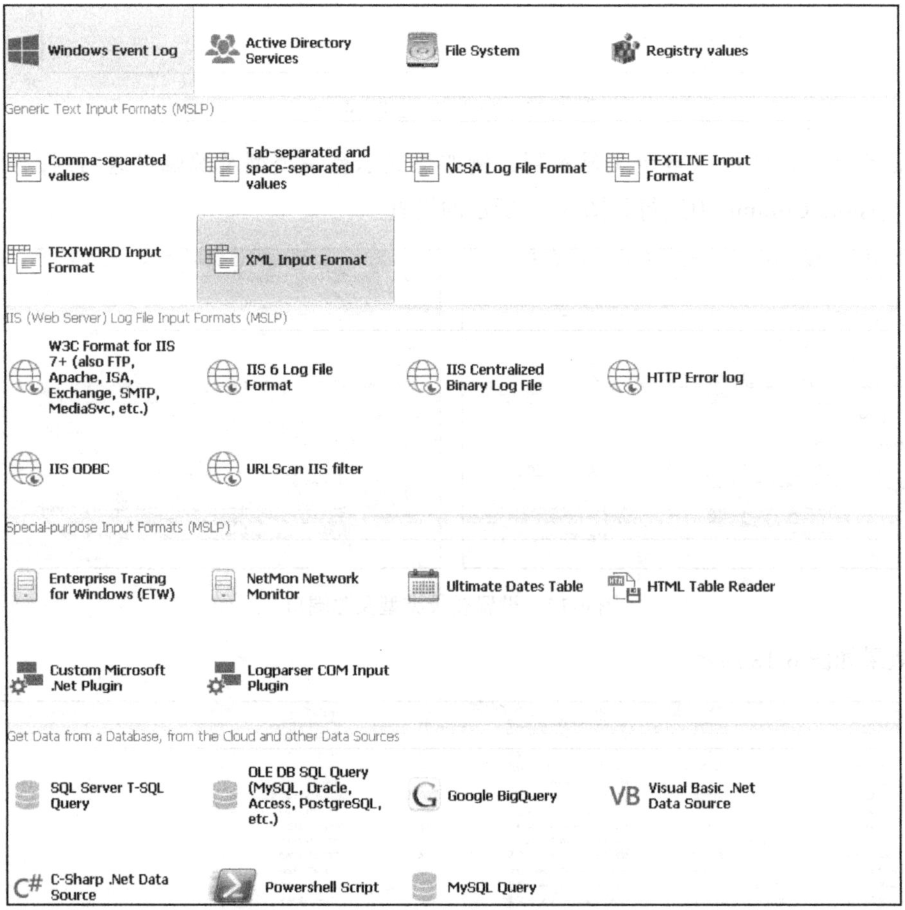

图 6-20　LogParser Lizard 支持的日志格式

可以看到，Log Parser/LogParser Lizard 支持的日志格式非常多，不过要使用这两款软件，需要对 SQL 语句有一定的了解，下面以 LogParser Lizard 为例，介绍一下这两款软件的使用。

显示前 5 条日志，命令如下：

```
SELECT TOP 5 * FROM 'C:\security.evtx'
```

筛选结果如图 6-21 所示。

Event Log	Record Number	Time Generated	Time Written	Event ID	Event Type	Event Type Name	Event Category	Source Name	Strings
C:\security.evtx	503	2019/8/29 23:22:32	2019/8/29 23:22:32	4,672	8	Success Audit event	12,548	Microsoft-Windows-Security-Auditing	S-1-5-18|SYSTEM|NT AUTHORIT SeTcbPrivilege SeSecurityPrivilege SeTakeOwnershipPrivileg SeLoadDriverPrivilege SeBackupPrivilege SeRestorePrivilege SeDebugPrivilege SeAuditPrivilege SeSystemEnvironmentPr SeImpersonatePrivilege
C:\security.evtx	502	2019/8/29 23:22:32	2019/8/29 23:22:32	4,624	8	Success Audit event	12,544	Microsoft-Windows-Security-Auditing	S-1-5-18|WIN-46TVJMGMRJ2$|W AUTHORITY|0x3e7|5|Advapi |Negotiate||{00000000-0000-00 ows\System32\services.exe|-|-
C:\security.evtx …	501	2019/8/29 23:20:50	2019/8/29 23:20:50	4,672	8	Success Audit event	12,548	Microsoft-Windows-Security-Auditing	S-1-5-21-3315693653-30634914 MRJ2|0x476ce|SeSecurityPrivileg SeTakeOwnershipPrivileg SeLoadDriverPrivilege SeBackupPrivilege SeRestorePrivilege SeDebugPrivilege SeSystemEnvironmentPr SeImpersonatePrivilege
C:\security.evtx	500	2019/8/29 23:20:50	2019/8/29 23:20:50	4,624	8	Success Audit event	12,544	Microsoft-Windows-Security-Auditing	S-1-5-18|WIN-46TVJMGMRJ2$|W 491432-1768850936-1000|lion-p |Negotiate|WIN-46TVJMGMRJ2|{ -|0|0x1d8|C:\Windows\System3
C:\security.evtx	499	2019/8/29 23:20:50	2019/8/29 23:20:50	4,624	8	Success Audit event	12,544	Microsoft-Windows-Security-Auditing	S-1-5-18|WIN-46TVJMGMRJ2$|W 491432-1768850936-1000|lion-p |Negotiate|WIN-46TVJMGMRJ2|{ -|0|0x1d8|C:\Windows\System32

图 6-21　显示前 5 条日志

显示登录成功，且日志里包含关键字 432853，命令如下：

```
SELECT * FROM C:\security.evtx where EventID=4624 and Strings like '%432853%'
```

筛选结果如图 6-22 所示。

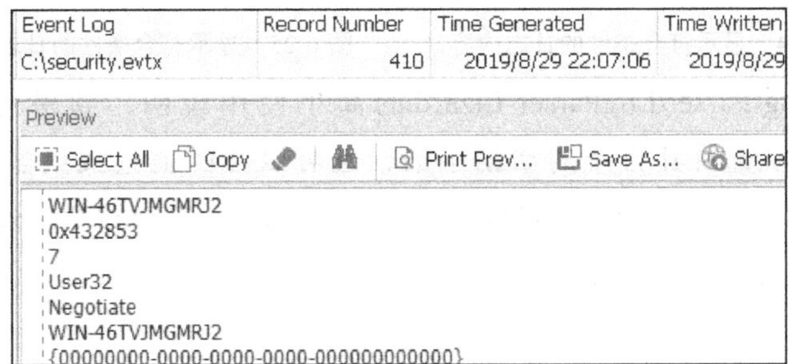

图 6-22　显示符合筛选条件的日志

显示登录成功且类型为 10 的日志，并显示用户名及 IP，命令如下：

```
SELECT TimeGenerated as LoginTime,EXTRACT_TOKEN(Strings,5,'|') as Username,
EXTRACT_TOKEN(Strings,8,'|') as LOGON_TYPE,EXTRACT_TOKEN(Strings,18,'|') as
Loginip FROM c:\Security.evtx where EventID=4624 and [LOGON_TYPE]='10'
```

筛选结果如图 6-23 所示。

Login Time	Username	LOGON_TYPE	Loginip
2019/8/30 21:41:20	lion-pc-01	10	192.168.1.99
2019/8/30 21:41:20	lion-pc-01	10	192.168.1.99
2019/8/30 0:13:49	lion-pc-01	10	192.168.1.99
2019/8/30 0:13:49	lion-pc-01	10	192.168.1.99
2019/8/29 21:50:46	lion-pc-01	10	192.168.1.99
2019/8/29 21:50:46	lion-pc-01	10	192.168.1.99
2019/8/29 21:40:07	lion-pc-01	10	192.168.1.99
2019/8/29 21:40:07	lion-pc-01	10	192.168.1.99

图 6-23　显示符合条件的日志内容

统计 2019 年 08 月 30 日 00:18:01 之后登录失败的用户及错误次数，命令如下：

```
SELECT EXTRACT_TOKEN(Strings,5,'|') as user,count(Strings,5,'|') as Times
FROM c:\Security.evtx where EventID=4625 and TimeGenerated > '2019-08-30
00:18:01' GROUP BY user
```

筛选结果如图 6-24 所示。

统计错误数大于 3 的用户，命令如下：

```
SELECT EXTRACT_TOKEN(Strings,5,'|') as user,count(Strings,5,'|') as Times
FROM c:\Security.evtx where EventID=4625 and TimeGenerated > '2019-08-30
00:18:01' GROUP BY user HAVING Times > 3
```

筛选结果如图 6-25 所示。

user	Times
administrator	2
test5	5
lion-pc-01	4
test1	4
test2	2

图 6-24　显示符合条件的日志内容

user	Times
test5	5
lion-pc-01	4
test1	4

图 6-25　显示符合条件的日志内容

以上便是 Log Parser/LogParser Lizard 的简单使用说明，如果想更加深入地了解这款软件，可以查看其自带的帮助手册，也可以在网上查找更多资料，如 https://mlichtenberg.wordpress.com/2011/02/03/log-parser-rocks-more-than-50-examples/，可在这里找到一些关于 Log Parser 的使用例子。

4. SYSMON

SYSMON 是由 Windows Sysinternals 出品的一款 Sysinternals 系列中的工具，它以系统服务和设备驱动程序的形式安装在系统上，并保持常驻性。SYSMON 可用来监视和记录系统活动，并记录到 Windows 事件日志中，可以提供有关进程创建、网络连接和文件创建时间更改等的详细信息。通过收集和使用 Windows 事件集合或 SIEM 代理生成的事件并进行分析，可以识别恶意或异常行为，并了解入侵者和恶意软件在系统上的行为。其官方网站为 https://docs.microsoft.com/en-us/sysinternals/downloads/sysmon。

SYSMON 的安装非常方便，安装完成后，日志记录于 %SystemRoot%\System32\Winevt\Logs\Microsoft-Windows-Sysmon%4Operational.evtx，可在事件查看器中的应用程序和服务日志 \Microsoft\Windows\Sysmon 中找到。使用 SYSMON 的难点在于配置文件的编写，先看一个基础配置文件：

```
  <Sysmon schemaversion="3.20">
<!-- Capture all hashes -->
<HashAlgorithms>*</HashAlgorithms>
<EventFiltering>
<!-- Log all drivers except if the signature -->
 <!-- contains Microsoft or Windows -->
 <DriverLoad onmatch="exclude">
<Signature condition="contains">microsoft</Signature>
 <Signature condition="contains">windows</Signature>
</DriverLoad>
 <!-- Do not log process termination -->
<ProcessTerminate onmatch="include" />
 <!-- Log network connection if the destination port equal 443 -->
<!-- or 80, and process isn't InternetExplorer -->
<NetworkConnect onmatch="include">
<DestinationPort>443</DestinationPort>
<DestinationPort>80</DestinationPort>
</NetworkConnect>
<NetworkConnect onmatch="exclude">
<Image condition="end with">iexplore.exe</Image>
 </NetworkConnect>
 </EventFiltering>
</Sysmon>
```

配置文件主要由过滤事件组成，过滤事件包括进程创建、网络连接、驱动加载、进程访问等，而每个过滤事件都有相应的可用选项，例如判断 UtcTime、ProcessID、Image、Device、Signature 等。

在 https://www.freebuf.com/sectool/122779.html 中可以看到编写示例，但比较难以书写，笔者在 https://github.com/nshalabi/SysmonTools 中找到一款图形化的工具 SysmonShell，可以方便地进行配置文件的编写，其界面如图 6-26 所示。

不过在编写本章的时候，该工具只支持到 Sysmon 8.0 版本（Schema Version 4.1），笔者下载的为 Sysmon 10.0 版本，因此需要使用 Upgrade to V9.0 的功能支持到 Schema Version 4.2 那个版本，如图 6-27 所示。

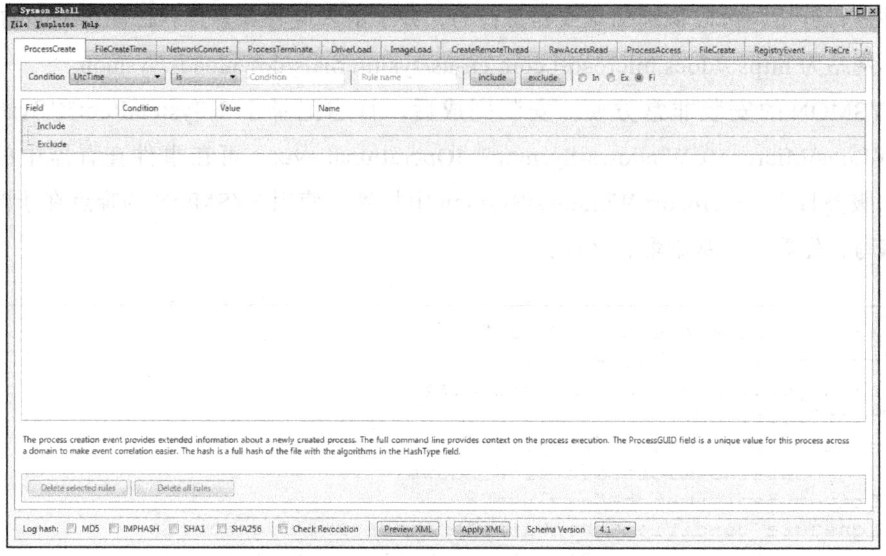

图 6-26　SysmonShell 界面

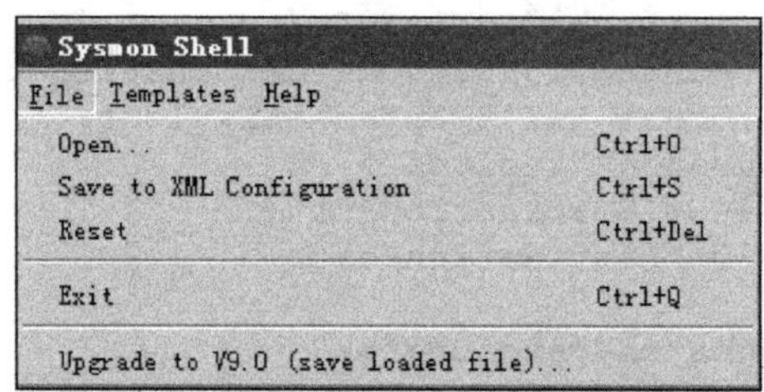

图 6-27　使用 Upgrade to V9.0

下面给出两个使用 SYSMON 进行监测的具体示例。

（1）利用 SYSMON 监测 Windows Credentials Editor（WCE）

WCE 是一款著名的黑客工具，可以抓取系统 HASH，甚至可以明文抓取系统存储的密码，其主要特征为创建文件 wceaux.dll，并访问进程 lsass.exe。我们通过其特征建立如下检测内容：

设置过滤事件 FileCreate，过滤条件为 TargetFilename 包含 wceaux.dll，如图 6-28 所示。

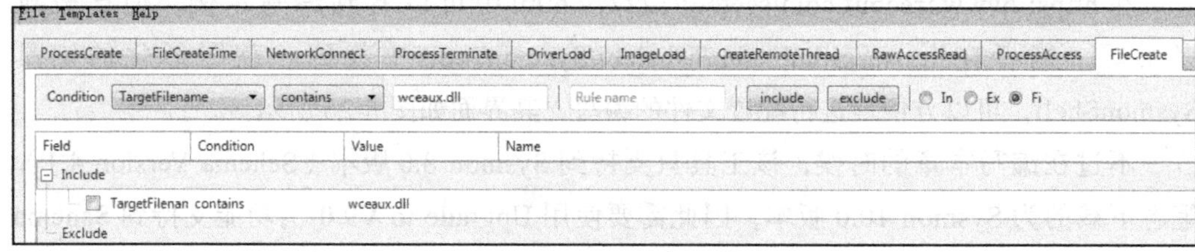

图 6-28　配置 FileCreate

设置 ProcessAccess，过滤条件为 TargetImage 包含 lsass.exe，如图 6-29 所示。

图 6-29　配置 ProcessAccess

最终生成的配置文件为：

```
<Sysmon schemaversion="4.2">
  <HashAlgorithms>md5,imphash,sha256</HashAlgorithms>
  <EventFiltering>
    <RuleGroup name="group_0" groupRelation="or">
        <ProcessAccess onmatch="include">
            <TargetImage condition="contains">lsass.exe</TargetImage>
        </ProcessAccess>
    </RuleGroup>
    <RuleGroup name="group_1" groupRelation="or">
        <FileCreate onmatch="include">
            <TargetFilename condition="contains">wceaux.dll</TargetFilename>
        </FileCreate>
    </RuleGroup>
  </EventFiltering>
</Sysmon>
```

此时运行 wce -l 命令后可以看到如图 6-30 所示的事件产生。

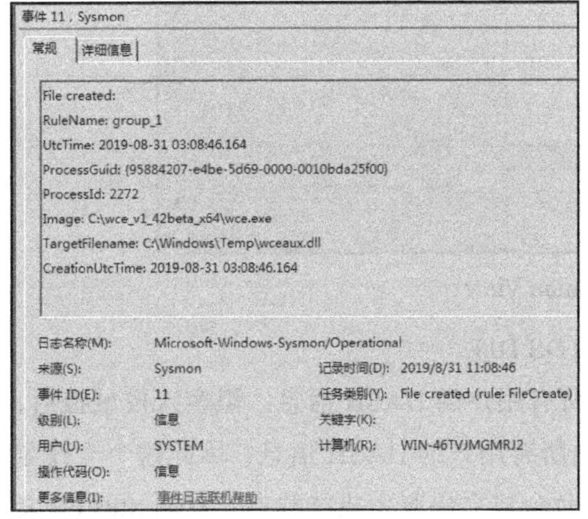

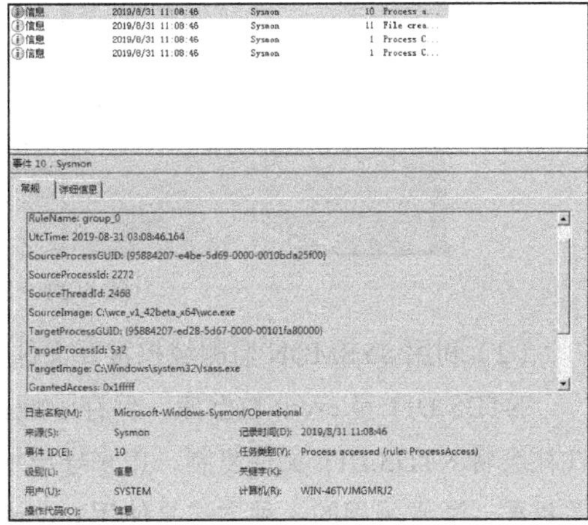

图 6-30　SYSMON 事件

同时也可以在将 SYSMON 的日志保存为 xml 格式后，使用 SysmonTools 中的 Sysmon View 进行查看，如图 6-31 所示。

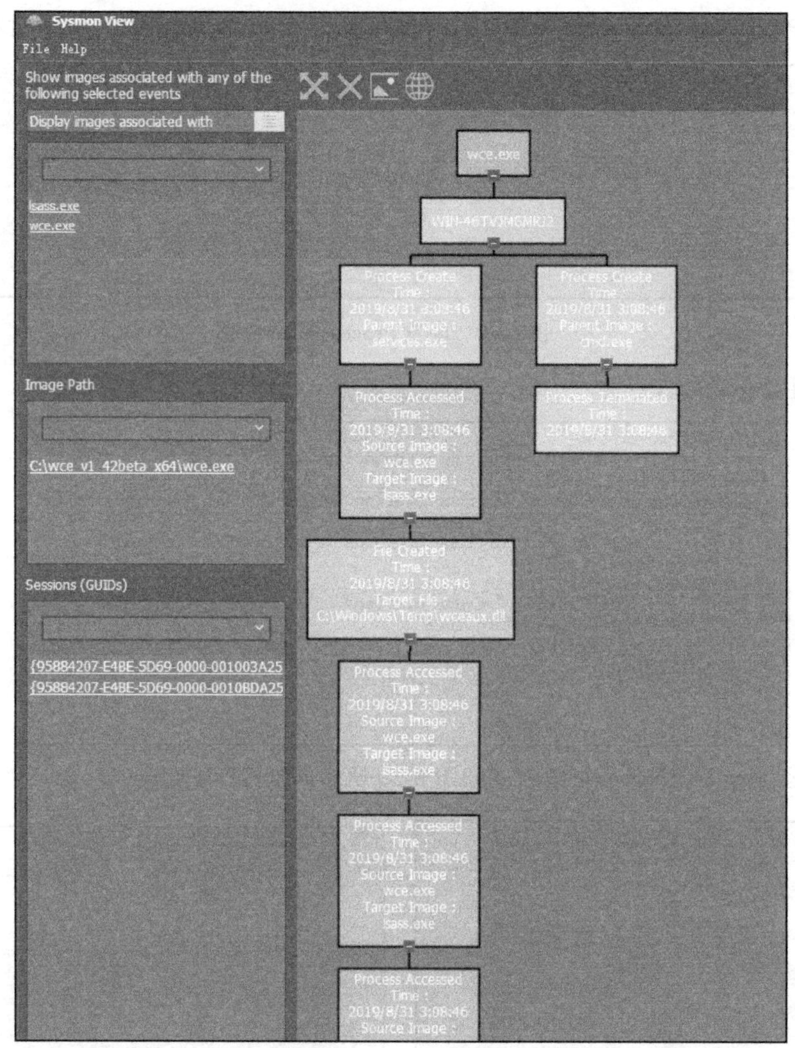

图 6-31　Sysmon View

（2）利用 SYSMON 监测域控重要文件 NTDS.DIT

NTDS.DIT 是 esent 数据库，保存了域控所有用户的 HASH 信息。黑客入侵域控后，往往会将 NTDS.DIT 文件复制，用来导出域内所有用户的 HASH 信息，因此这个文件至关重要。通常采用的一种方式是使用 ntdsutil 命令建立快照生成挂载点，复制 ntds.dit 文件。因此检测方式为检查是否创建了，注册表中是否出现 VssapiPublisher 关键字，是否建立文件“$SNAP_ 时间 _VOLUMEC$”等，（当然 Security 日志也有相关日志出现，例如 ID 4661, 4658,4688 等）。配置文件如下：

```
<Sysmon schemaversion="4.2">
  <HashAlgorithms>md5,sha256</HashAlgorithms>
  <EventFiltering>
    <RuleGroup name="group_3" groupRelation="or">
        <ProcessCreate onmatch="include">
            <Image condition="contains">ntdsutil.exe</Image>
        </ProcessCreate>
    </RuleGroup>
    <RuleGroup name="group_4" groupRelation="or">
        <FileCreate onmatch="include">
            <TargetFilename condition="end with">VOLUMEC$</TargetFilename>
        </FileCreate>
    </RuleGroup>
    <RuleGroup name="group_5" groupRelation="or">
        <RegistryEvent onmatch="include">
            <TargetObject condition="contains">VssapiPublisher</TargetObject>
            <Image condition="contains">ntdsutil.exe</Image>
        </RegistryEvent>
    </RuleGroup>
  </EventFiltering>
</Sysmon>
```

使用 ntdsutil 命令获取 NTDS.DIT 时，将会触发如图 6-32 所示的信息。

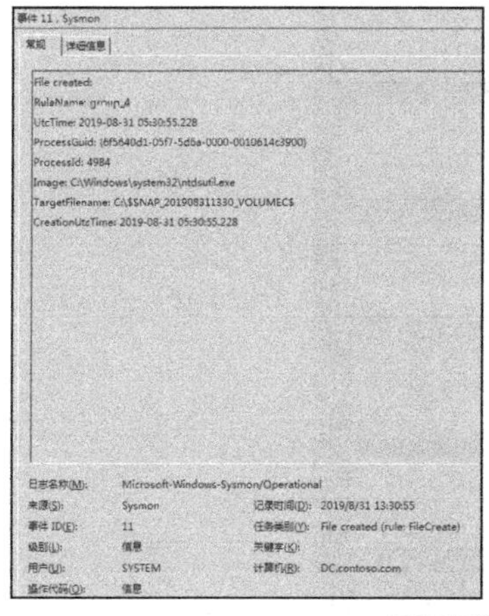

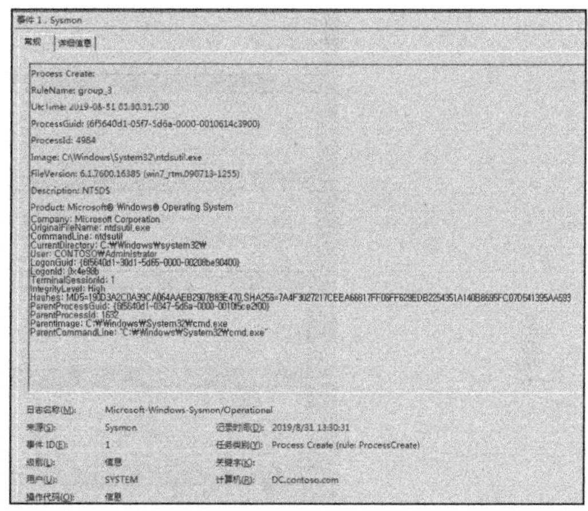

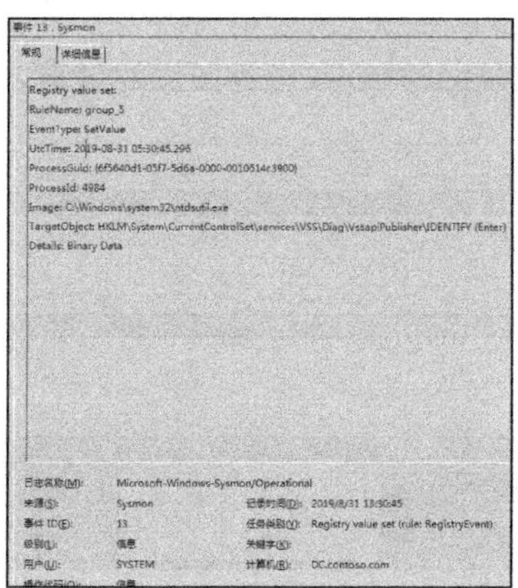

图 6-32　获取 NTDS.DIT 时触发的信息

使用 Sysmon View 可以查看具体过程，如图 6-33 所示。

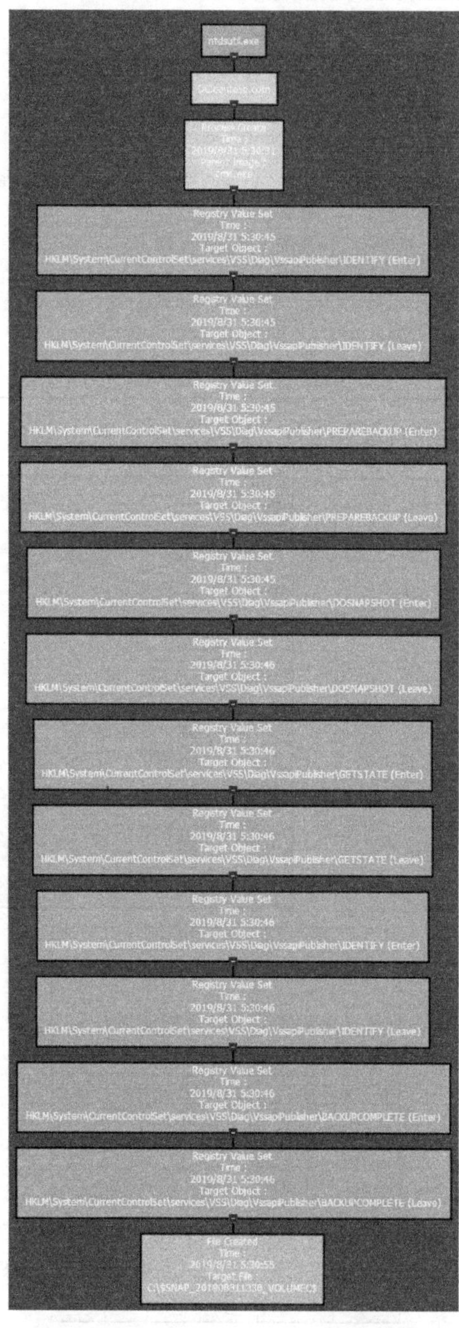

图 6-33　用 Sysmon View 查看过程

5. EvtSys

EvtSys 是用 C 语言编写的程序，可发送 Windows 日志到 syslog 服务器。它支持 Windows Vista 和 Windows Server 2008，并且编译后支持 32 和 64 位环境。EvtSys 被设计用于高负载的服务器，快速、轻量、高效率，并可以作为 Windows 服务存在。其安装方式也非常简单，-i 用于指定作为服务启动，-h 用于指定 syslog 服务器 IP，-p 用于指定服务器端口。

搭建一个 syslog 服务器，即可看到有日志转发过来（如果没有看到日志，手动将 EvtSys 服务启动即可），如图 6-34 所示。

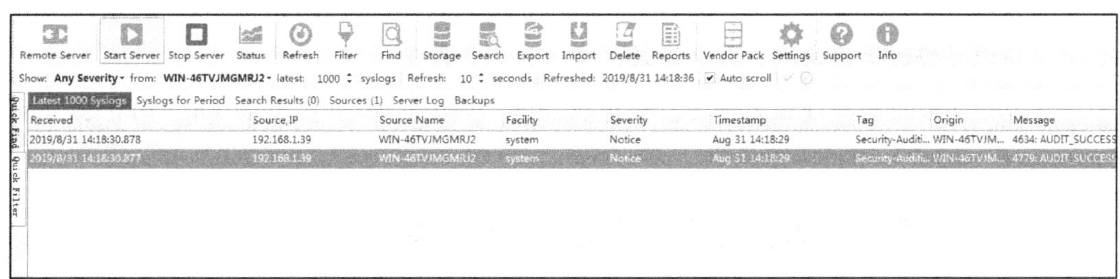

图 6-34 使用 syslog 服务器接收日志

6.3 Linux 日志分析

本节将介绍 Linux 下的日志相关内容。

6.3.1 Linux 日志介绍

默认情况下，Linux 日志位于 /var/log 目录下，可以通过 ps aux |grep syslogd 查看服务是否启动。Linux 日志文件的位置与作用如下所示：

- /var/log/cron：记录了系统定时任务相关的日志。
- /var/log/mailog：记录邮件信息。
- /var/log/dmesg：记录了系统在开机时内核自检的信息，也可以使用 dmesg 命令直接查看内核自检信息。
- /var/log/messages：记录系统中的重要信息。这个日志文件中会记录 Linux 系统的绝大多数重要信息，如果系统出现问题，首先要检查的就应该是这个日志文件。
- /var/log/btmp：记录错误登录日志。这个文件为二进制文件，不能通过 vi 来查看，要使用 lastb 命令查看。

- /var/log/wtmp：永久记录所有用户登录、注销信息，同时记录系统启动、重启、关机事件。这个文件为二进制文件，不能通过 vi 来查看，要使用 last 命令查看。
- /var/run/utmp：记录当前已经登录的用户的信息。这个文件会随着用户的登录和注销而不断变化，只记录当前登录用户的信息。这个文件为二进制文件，不能通过 vi 来查看，要使用 w/who/users 命令查看。
- /var/log/lastlog：记录系统中所有用户最后一次登录的时间。这个日志文件为二进制文件，不能通过 vi 来查看，要使用 lastlog 命令查看。
- /var/log/secure：记录验证和授权方面的信息。只要涉及账户和密码的程序都会记录。比如说系统的登录，ssh 的登录，用 su 切换用户，sudo 的授权，甚至添加用户以及修改用户密码，都会记录在这个日志文件中。

与安全相关的重要日志文件为 /var/log/btmp、/var/log/lastlog、/var/log/wtmp 及 /var/log/secure，6.3.2 节中将详细介绍。

6.3.2　Linux 重要日志详细介绍及相关命令解释

借助 /var/log/btmp，可以通过 lastb 命令查看登录失败的用户，如果一段时间内数量很多，则表示遭受过暴力破解攻击：

```
[root@test ~]# lastb
primos_c ssh:notty    194.61.26.34     Thu Aug  8 04:51 - 04:51  (00:00)
IVPM1    ssh:notty    194.61.26.34     Thu Aug  8 01:21 - 01:21  (00:00)
wradmin  ssh:notty    194.61.26.4      Wed Aug  7 21:15 - 21:15  (00:00)
Burnsvil ssh:notty    194.61.26.4      Wed Aug  7 06:28 - 06:28  (00:00)
admin    ssh:notty    194.61.26.4      Wed Aug  7 01:25 - 01:25  (00:00)
james    ssh:notty    194.61.26.4      Tue Aug  6 03:56 - 03:56  (00:00)
admin    ssh:notty    194.61.26.4      Mon Aug  5 22:52 - 22:52  (00:00)
xerox    ssh:notty    194.61.26.4      Mon Aug  5 21:03 - 21:03  (00:00)
ubnt     ssh:notty    194.61.26.4      Mon Aug  5 09:47 - 09:47  (00:00)
```

/var/log/wtmp 可以通过 last 命令查看，日志按照登录时间倒序排列，即时间越近，排得越靠前，可以通过 -num 或 -n num 指定输出记录的条数，也可以使用 -t YYYYMMDDHHMMSS 显示指定时间之前的登录情况：

```
[root@agent ~]# last -5
root     tty1                          Sat Aug 31 21:23   still logged in
root     pts/1        192.168.1.99     Sat Aug 31 20:38   still logged in
root     pts/6        192.168.1.99     Sun Aug 25 20:26 - 23:47  (03:20)
root     pts/5        192.168.1.99     Sun Aug 25 20:15 - 23:47  (03:32)
root     pts/4        192.168.1.99     Sat Aug 24 19:52 - 22:23 (1+02:30)
```

共分为 6 列：

- 第 1 列为登录用户名。
- 第 2 列为终端位置，pts/x 表示通过 SSH 等远程连接，ttyx 表示直接通过终端连接，x 为数字，表示连接编号。

- 第 3 列为登录 IP，如果是终端登录则显示为空；第 4 列为开始时间；第 5 列为结束时间，still login in 表示尚未退出，down 表示直到正常关机，crash 表示直到强制关机。
- 第 6 列表示持续登录时间。

/var/log/lastlog 可以通过 lastlog 命令查看，也可以通过 -u uid 查看指定用户登录信息：

```
[root@agent ~]# lastlog
用户名           端口     来自             最后登录时间
root             tty1                      六 8月 31 21:23:37 +0800 2019
bin                                        **从未登录过**
daemon                                     **从未登录过**
adm                                        **从未登录过**
lp                                         **从未登录过**
sync                                       **从未登录过**
shutdown                                   **从未登录过**
halt                                       **从未登录过**
mail                                       **从未登录过**
operator                                   **从未登录过**
games                                      **从未登录过**
ftp                                        **从未登录过**
nobody                                     **从未登录过**
systemd-network                            **从未登录过**
dbus                                       **从未登录过**
polkitd                                    **从未登录过**
tss                                        **从未登录过**
abrt                                       **从未登录过**
```

/var/log/secure 是系统安全日志，记录用户和工作组、用户登录认证等情况，可以使用文本编辑器等工具进行查看，也可以使用前文提到的命令进行分析。对于 secure 文件的处理，可以参考 OSSEC 的规则，已经对其进行了非常详尽的设定：

```
[root@agent ~]# more /var/log/secure
Aug 25 22:23:06 agent sshd[23053]: pam_unix(sshd:session): session closed for user root
Aug 25 22:23:30 agent sshd[90375]: pam_unix(sshd:session): session closed for user root
Aug 25 22:23:46 agent sshd[126939]: pam_unix(sshd:session): session closed for user root
Aug 25 22:23:46 agent sshd[126764]: pam_unix(sshd:session): session closed for user root
Aug 25 22:23:51 agent sshd[125987]: pam_unix(sshd:session): session closed for user root
Aug 25 23:47:18 agent sshd[34483]: pam_systemd(sshd:session): Failed to release session: Interrupted system ca
Aug 25 23:47:18 agent sshd[33311]: pam_unix(sshd:session): session closed for user root
Aug 25 23:47:18 agent sshd[34483]: pam_unix(sshd:session): session closed for user root
Aug 31 20:37:49 agent polkitd[6271]: Registered Authentication Agent for unix-process:44898:13307221 (system b
ocale en_US.UTF-8)
Aug 31 20:37:49 agent polkitd[6271]: Unregistered Authentication Agent for unix-process:44898:13307221 (system
Aug 31 20:38:15 agent sshd[45120]: Accepted password for root from 192.168.1.99 port 2053 ssh2
Aug 31 20:38:15 agent sshd[45120]: pam_unix(sshd:session): session opened for user root by (uid=0)
Aug 31 21:23:34 agent login: pam_unix(login:session): session closed for user root
Aug 31 21:23:37 agent login: pam_unix(login:session): session opened for user root by LOGIN(uid=0)
Aug 31 21:23:37 agent login: ROOT LOGIN ON tty1
```

对于日志，笔者强烈建议不仅仅在本地保存，更应该发送至远端服务器进行保存，以免主机被入侵后日志被清除或者更改，6.3.3 节中，我们就介绍如何通过配置 syslog 服务将日志发送至远端服务器。

6.3.3 配置 syslog 发送日志

1. syslog 简介

syslog 在 UNIX 系统中应用得非常广泛，它是一种标准协议，负责记录系统事件的一个后台程序，记录内容包括核心、系统程序的运行情况及所发生的事件。syslog 协议使用 UDP 作为传输协议，通过 514 端口通信，syslog 使用 rsyslogd 后台进程，rsyslogd 启动时读取配置文件 /etc/rsyslog.conf，它将网络设备的日志发送到安装了 syslog 软件系统的日志服务器，syslog 日志服务器自动接收日志数据并写到指定的日志文件中。

在客户端 / 服务器架构的配置下，rsyslog 同时扮演了两种角色：

1）作为一个 syslog 服务器，rsyslog 可以收集来自其他设施的日志信息。

2）作为一个 syslog 客户端，rsyslog 可以将其内部的日志信息传输到远程的 syslog 服务器。

2. 配置说明

rsyslog 的配置文件为 /etc/rsyslog.conf，指明了 rsyslogd 守护程序记录日志的行为，可以对生成的日志的位置及其相关信息进行灵活的配置。

配置文件由单个配置条目组成，每个配置条目由选择域（消息类型（Facility）. 优先级（Severity））及行为（Action）组成，两者之间使用 tab 或空格分隔。

常见的消息类型有：

- kern：内核相关消息。
- User：用户相关消息。
- Damon：守护进程相关消息。
- Mail：邮件服务等相关消息。
- Auth：身份认证相关消息。
- Cron：定时任务相关消息。
- wtmp：一个用户每次登录和退出时间的记录。
- Authpriv：授权消息。
- local0-local7：用户自定义消息。

优先级从高到低依次为：

- emerg：最紧急状态，例如系统宕机。
- alert：紧急状态 ，必须立即处理，例如数据库服务无法使用。

- cirt：重要信息，例如硬件错误。
- warning：警告信息。
- err：一般错误信息。
- notice：重要通知。
- info：一般通知。
- debug：调试信息。
- none：不记录。

可以使用“*”“=”“!”三种限定符对优先级进行修饰，例如 mail.* 表示 mail 的所有信息，mail.=info 表示 mail 的 info 信息，mail.!info 表示除 info 外的所有 mail 信息，*.info 表示所有紧急度为 info 的信息，*.* 则表示所有信息。

行为有保存日志到一个本地文件，通过 TCP/UDP 发送到远程服务器中或发送到标准输出中。例如，authpriv.*@192.168.1.51:2514 将 authpriv 相关的信息发送到 192.168.1.51 的 2514 端口。

3. syslog 日志解析

首先看一条 syslog 日志：

```
<86>Aug 31 23:51:02 agent sshd[55831]: pam_unix(sshd:session):
session opened for user root by (uid=0)
```

其中，“<86>”是 PRI 部分，Aug 31 23:51:02 agent 是 HEADER 部分，其余是 MSG。PRI 部分由尖括号包含的一个数字构成，这个数字包含了程序模块（Facility）、严重性（Severity），这个数字是由 Facility 乘以 8，然后加上 Severity 得来，也就是说这个数字如果换成二进制的话，低方位表示 Severity，剩下的高位的部分右移 3 位，就表示 Facility 的值。

完整的 Facility 定义如下，可以看出 syslog 的 Facility 是早期为 UNIX 操作系统定义的，不过它预留了 User（1）、Local0 ～ 7（16 ～ 23）给其他程序使用：

```
 Numerical   Facility
    Code
0   kernel messages
1   user-level messages
2   mail system
3   system daemons
4   security/authorization messages (note 1)
5   messages generated internally by syslog
6   line printer subsystem
7   network news subsystem
```

```
8   UUCP subsystem
9   clock daemon (note 2)
10   security/authorization messages (note 1)
11   FTP daemon
12   NTP subsystem
13   log audit (note 1)
14   log alert (note 1)
15   clock daemon (note 2)
16   local use 0  (local0)
17   local use 1  (local1)
18   local use 2  (local2)
19   local use 3  (local3)
20   local use 4  (local4)
21   local use 5  (local5)
22   local use 6  (local6)
23   local use 7  (local7)
Note 1 - Various operating systems have been found to utilize
Facilities 4, 10, 13 and 14 for security/authorization,
audit, and alert messages which seem to be similar.
Note 2 - Various operating systems have been found to utilize
both Facilities 9 and 15 for clock (cron/at) messages.
```

Severity 的定义如下，尖括号中有 1 ～ 3 个数字字符，只有当数字为 0 时，数字才以 0 开头，也就是说像 00 和 01 这样，在前面补 0 是不允许的。

```
Numerical     Severity
 Code
   0  Emergency: system is unusable
   1  Alert: action must be taken immediately
   2  Critical: critical conditions
   3  Error: error conditions
   4  Warning: warning conditions
   5  Notice: normal but signi©cant condition
   6  Informational: informational messages
   7  Debug: debug-level messages
```

HEADER 部分包括两个字段，分别为时间和主机名（或 IP）：

- 时间紧跟在 PRI 后面，中间没有空格，格式必须是“ mm dd hh:mm:ss”，不包括年份。“日”的数字如果是 1 ～ 9，那么前面会补一个空格（也就是月份后面有两个空格），而“小时”“分”“秒”则在前面补“0”。月份取值包括 Jan、Feb、Mar、Apr、May、Jun、Jul、Aug、Sep、Oct、Nov、Dec。
- 时间后边跟一个空格，然后是主机名或者 IP 地址，主机名不包括域名部分。

HEADER 部分后面跟一个空格，然后是 MSG 部分，有些 syslog 中没有 HEADER 部分。这个时候 MSG 部分紧跟在 PRI 后面，中间没有空格。MSG 部分又分为两个部分，即 TAG 和 Content。其中 TAG 部分是可选的。

在前面的例子中,"(<86>Aug 31 23:51:02 agent sshd[55831]:"pam_unix(sshd:session): session opened for user root by(uid=0)),"sshd[55831]" 是 TAG 部分，包含了进程名称和进程 PID。可以没有 PID，这个时候中括号也是没有的。进程 PID 有时甚至不是一个数字，例如 "root-1787"，解析程序要做好容错准备。TAG 后面用一个冒号隔开 Content 部分，这部分的内容是应用程序自定义的。

介绍完日志，下面介绍 Linux 下非常好用的日志分析工具套装 ELK。

6.4 日志分析系统 ELK 的介绍及使用

Elasticsearch+Logstash+Kibana（ELK）提供了一整套的从日志收集到日志存储再到日志展示的解决方案，而且为开源软件，几乎是业内使用得最广泛的日志处理方案。作为安全从业人员，不免也要对日志进行分析，搭建日志分析平台，因此有必要了解这三款工具。

6.4.1 Logstash

Logstash 主要是用来进行日志的搜集、分析、过滤的工具，支持大量的数据获取方式，如图 6-35 所示。一般工作方式为 C/S 架构，Client 端安装在需要收集日志的主机上，Server 端负责将收集到的各节点日志进行过滤、修改等，再一并发往 Elasticsearch。

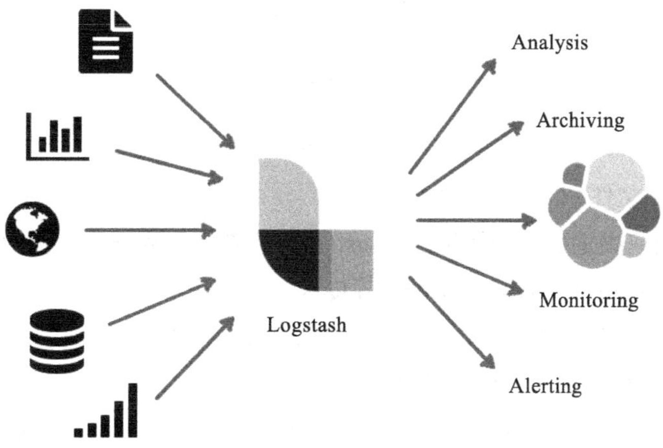

图 6-35 Logstash

Logstash 需要依赖 Java 环境，因此需要先安装 JDK，然后安装 Logstash，步骤如下：

1）安装 JDK。安装 Logstash 及 Elasticsearch 都需要 JDK1.8 以上版本，在 https://www.oracle.com/technetwork/java/javase/downloads/jdk8-downloads-2133151.html(需要 Oracle 账户，可以免费注册）中下载 JDK，下载后解压缩到指定文件夹下：

```
tar zxvf jdk-8u221-linux-x64.tar.gz -C /usr/local/
```

配置环境变量：

```
vim /etc/pro©le
```

加入以下路径：

```
export JAVA_HOME=/usr/local/jdk1.8.0_221
export PATH=$JAVA_HOME/bin:$PATH
```

保存，输入 source /etc/profile，更新配置文件。此时输入 java -version 显示 Java 版本即可：

```
[root@agent ~]# java -version
java version "1.8.0_221"
Java(TM) SE Runtime Environment (build 1.8.0_221-b11)
Java HotSpot(TM) 64-Bit Server VM (build 25.221-b11, mixed mode)
```

2）安装 Logstash 及配置。在 https://artifacts.elastic.co/downloads/logstash/logstash-7.3.1.tar.gz 中下载并解压缩 Logstash。配置 Logstash 前，先了解一下 Logstash 的工作原理，如图 6-36 所示。

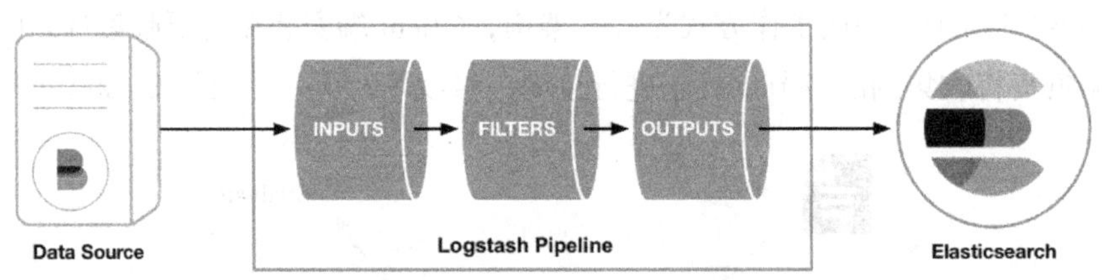

图 6-36　Logstash 工作原理

Logstash 配置文件由三个模块组成：

- input 模块：决定数据如何进入 Logstash，或者指定数据源，例如从 syslog、file、TCP/UDP 某端口、Kafka、Redis 等传送。
- filter 模块：对数据进行处理，例如格式化，通过正则表达式解析数据等，是 Logstash 的核心功能，也是最重要的功能。
- output 模块：数据的输出，例如输出到 syslog、Elasticsearch、Kafak 等。

Data Source 也可以使用 Logstash 将数据发送给下游 Logstash 处理。

总结一下，数据从 input 模块进入，通过 filter 模块处理，最后通过 output 模块输出。input（output）模块可以指定多个输入源（输出源），filter 模块也可以指定多个处理方式，同时，每个模块也可以通过条件判断语句选择数据源、输出源或处理方式。

例如，通过文件或 syslog 将数据读入，通过 filter 字段进行 kv 格式化识别，最后输出到 Elasticsearch 可以写为：

```
intput {
   syslog { 省略参数 }
   ©le { 省略参数 }
}
©lter {
   kv { 省略参数 }
}
output {
   elasticsearch { 省略参数 }
}
```

具体参数使用可以参考 https://www.elastic.co/guide/en/logstash/current/index.html。

6.4.2 Elasticsearch

Elasticsearch 是用 Java 语言开发的，并作为 Apache 许可条款下的开放源码发布，是一种流行的企业级搜索引擎。Elasticsearch 用于云计算中，能够实现实时搜索，稳定、可靠、快速、安装方便，可以将数据存放到 Elasticsearch 中再通过 Kibana 或 API 进行搜索。

Elasticseach 的主要工作原理是建立 index（可以理解为数据库中的某张表），里边存储分片信息（即图 6-37 中的 Shard，分片信息可以理解为数据库表中的字段及数据），分片信息通过算法路由到不同的 Elasticsearch 数据节点进行存储，在查找模式中，数据节点先汇总符合条件的数据，最后由 master 进行汇总操作。

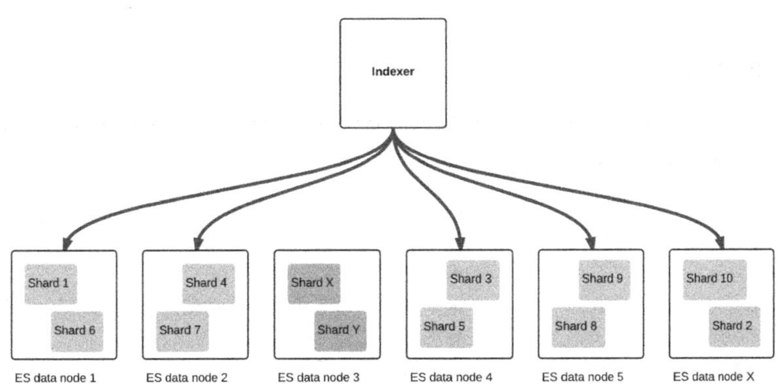

图 6-37　Elasticsearch 节点存储关系

1. Elasticsearch 安装及配置

安装 Elasticsearch 前，需要做一些准备工作，例如增加用户，编辑 limits.conf 文件，保证增加的用户打开文件的数量等，然后再安装（Elasticsearch 同样需要 JDK 支持），具体步骤如下：

1）配置 limits.conf。首先新增一个用户，用于运行 Elasticsearch, 编辑 /etc/security/limits.conf，追加以下内容：

```
elasticsearch soft no©le 1048576
elasticsearch hard no©le 1048576
elasticsearch soft nproc 65536
elasticsearch hard nproc 65536
elasticsearch soft memlock unlimited
elasticsearch hard memlock unlimited
```

2）配置 sysctl.conf。编辑 /etc/sysctl.conf，追加以下内容：

```
vm.max_map_count=655360
```

保存后，执行以下命令：

```
sysctl -p
```

重新登录，使配置生效。

3）关闭 swap 分区。因为运行 Elasticsearch 时最好避免使用 swap 分区，所以运行 swapoff -a 命令临时关闭 swap（建议永久关闭）。

建立文件夹 logs 及 data，用于存放 Elasticsearch 的日志及数据文件，命令如下：

```
mkdir -p /data/elasticsearch/logs
mkdir -p /data/elasticsearch/data
```

修改目录权限：

```
chown -R elasticsearch.elasticsearch /data/elasticsearch/
```

2. Elasticsearch 配置简介

从官方下载 https://artifacts.elastic.co/downloads/elasticsearch/elasticsearch-7.0.0-linux-x86_64.tar.gz 并解压，修改配置文件 elasticsearch.yml：

```
cluster.name: sec_cluster      #设置集群名称，多个服务器组成一个集群，名称需要一致
node.name: sec-node1           #设置本台服务器的节点名字
node.master: true              #本节点为master 节点
node.data: true                #本节点为数据节点，产环境建议master与node 节点分开
network.host: 0.0.0.0          #绑定网络监听地址
http.port: 9200                #绑定网络监听端口
http.cors.enabled: true        #启动http服务，如果仅为数据节点，建议关闭
http.cors.allow-origin: "*"
```

```
bootstrap.system_call_©lter: false

thread_pool.get.size: 5      # 一些优化参数

thread_pool.get.queue_size: 3000
thread_pool.search.size: 5
thread_pool.search.queue_size: 20000
thread_pool.listener.size: 5
thread_pool.listener.queue_size: 3000

path.logs:  /data/elasticsearch/logs    # 设置 Log 路径信息

path.data: /data/elasticsearch/data     # 设置数据路径信息

bootstrap.memory_lock: true             # 设置锁定内存

discovery.zen.minimum_master_nodes: 1
gateway.recover_after_nodes: 1
cluster.routing.allocation.same_shard.host: true

indices.memory.index_buffer_size: 30%
indices.©elddata.cache.size: 30%
indices.requests.cache.expire: 6h

index.store.type: niofs                 # 设置存储类型为 niofs

discovery.seed_hosts:
 - 192.168.1.52
# 设置集群节点进行查找，多个节点依次写入

cluster.initial_master_nodes:
 - 192.168.1.52
# 设置初始 master 节点顺序
xpack.security.enabled: false   # 不启用 xpack 的 seucity 等功能，在生产环境下建议启用
```

保存并退出。编辑 config 目录下的 jvm.options 文件，设置内存使用大小，推荐为物理内存的一半大小，且不超过 32GB（如果物理内存很大，可以运行多个 Elasticsearch 服务）。

切换到 Elasticsearch 用户，使用 bin/elasticsearch 前台启动，如果没有报错信息，可以使用 -d 参数设置后台启动（需要注意 Elastcisearch 对相关文件夹的权限问题，Elasticsearch 用户需要有配置读取执行等权限）。输入 curl http://masterip:9200，显示如下信息即表示成功。笔者强烈建议在生产环境中启用 security，以启用验证功能。

```
[root@agent config]# curl 192.168.1.52:9200
{
  "name" : "agent",
  "cluster_name" : "sec_cluster",
  "cluster_uuid" : "vNRwJYNTRTeDI78RBmSeDw",
  "version" : {
    "number" : "7.0.0",
    "build_flavor" : "default",
    "build_type" : "tar",
    "build_hash" : "b7e28a7",
    "build_date" : "2019-04-05T22:55:32.697037Z",
    "build_snapshot" : false,
    "lucene_version" : "8.0.0",
    "minimum_wire_compatibility_version" : "6.7.0",
    "minimum_index_compatibility_version" : "6.0.0-beta1"
  },
  "tagline" : "You Know, for Search"
}
```

更多关于 Elasticsearch 的内容请参考官方文档，也可阅读《Elasticsearch 技术解析与实战》[⊖]。

6.4.3 Kibana

Kibana 是一个开源的分析和可视化平台，经常和 Elasticsearch 一起工作。可以用 Kibana 来搜索、查看数据，并与存储在 Elasticsearch 索引中的数据进行交互。可以轻松地执行高级数据分析，并且以各种图标、表格和地图的形式可视化数据。Kibana 使得理解大量数据变得很容易。它简单的、基于浏览器的界面可供用户快速创建和共享动态仪表板，实时显示 Elasticsearch 查询的变化。

1. Kibana 安装及配置简介

从官方下载 https://artifacts.elastic.co/downloads/kibana/kibana-7.0.0-linux-x86_64.tar.gz，并解压，修改配置文件 kibana.yml：

```
server.port: 5601          # 设置 Kibana 端口，非 Elasticsearch 端口
server.host: "0.0.0.0"     # 绑定 Kibana 网络地址
elasticsearch.hosts:["http://192.168.1.52:9200"]
                           # 设置 Elasticsearch master 地址及端口
i18n.locale: "zh-CN"       # 是否显示中文界面
```

保存并退出后，可以启动 Kibana。

此时访问 http://kibana 安装 IP:5601，看到欢迎页面即可将 Kibana 切换至后台运行：

```
nohup ./kibana &
```

2. Kibana 常用功能简介

- Discover：用于展示数据及搜索数据。
- 可视化：可以对数据建立各种图表，从而对数据进行可视化分析。

⊖ 该书由机械工业出版社出版，书号为 978-7-111-55327-4。——编辑注

- ❑ 仪表盘：由多个可视化组件组成。
- ❑ 开发工具：包括 Elasticsearch 控制台，搜索及正则表达式调试工具。
- ❑ Monitoring：包括 Elasticsearch 集群，Kibana 的性能信息。
- ❑ 管理：包括索引管理、许可管理、Kibana 管理等。

6.4.4 OSSEC+ELK

第 5 章介绍了 OSSEC 的使用方法，想要将日志可视化，就需要将日志通过 Logstash 发送到 Elasticsearch 中，使用 Kibana 将日志可视化，这里需要分别配置 OSSEC、Logstash 及 Kibana。

1. 配置 OSSEC

在 ossec.conf 中加入如下配置：

```
<syslog_output>
   <server>192.168.1.51</server>
   <port>5555</port>
   <format>default</format>
</syslog_output>
```

即配置 syslog server 为 192.168.1.51 端口为 5555，然后开启 ossec syslog 功能：

```
/var/ossec/bin/ossec-control enable client-syslog
```

再重启 OSSEC：

```
/var/ossec/bin/ossec-control restart
```

2. 配置 Logstash

在 Logstash 的 config 目录下新建 ossec3.conf 文件，内容如下：

```
[root@Server logstash-7.3.1]# more config/ossec3.conf

input {
    udp {
        port => 5555
        type => "syslog"
    }
}

filter{

grok {
      match => { "message" => "%{SYSLOGTIMESTAMP:syslog_timestamp} %{SYSLOGHOST:syslog_host} %{DATA:syslog_program}: Alert Level: %{BASE10NUM:Alert_Level}; Rule: %{BA
SE10NUM:Rule} - %{GREEDYDATA:Description}; Location: (?<agent>\(%{HOSTNAME}\) %{IP})->%{GREEDYDATA:Details}" }
      add_field => [ "ossec_server", "%{host}" ]
    }

    mutate {
      remove_field => [ "syslog_hostname", "syslog_message", "syslog_pid", "message", "@version", "type", "host" ]
    }



}

output {
 #   elasticsearch {
  #       hosts => "192.168.1.52"
  #       index => "ossec-%{+YYYY.MM.dd}"
  #  }
      stdout { codec =>  rubydebug }

}
```

filter 模块中的 grok 利用正则表达式解析由 input 模块进入的 syslog 日志，并进行命名，mutate 模块将一些没用的消息字段去除，例如 syslog_program、message 等，并通过 output 模块，使用 stdout 插件输出到屏幕。这里有个小技巧，可以先使用 stdout 输出到屏幕以便调试，如果调试成功，再写入其他位置。运行 Logstash：

```
bin/logstash -f con©g/ossec3.conf
```

此时触发 OSSEC 报警规则，可以看到：

```
{
          "@timestamp" => 2019-09-01T13:37:28.223Z,
        "ossec_server" => "192.168.1.51",
      "syslog_program" => "ossec",
         "syslog_host" => "Server",
               "agent" => "(192.168.1.52) 192.168.1.52",
             "Details" => "/var/log/secure; classification:  pam,syslog,; Sep  1 21:37:24 agent sshd[24312]: pam_uni
    "syslog_timestamp" => "Sep  1 21:37:24",
         "Description" => "Login session closed.",
                "Rule" => "5502",
         "Alert_Level" => "3"
}
```

即报警消息被成功解析。如看到 _grokparsefailure 字样，则说明 grok 解析有问题，需要调整：

```
{"@timestamp":"2019-09-01T12:56:45.772Z","tags":["_grokparsefailure"]}{"@timestamp":"2019-09-01T12:56:45.772Z","tags":["_grokparsefailure"]}
```

解析成功，便可以使用 Elasticsearch 插件将解析后的日志发送到 Elasticsearch。配置如下：

```
input {
    udp {
        port => 5555
        type => "syslog"
    }
}

filter{

grok {
      match => { "message" => "%{SYSLOGTIMESTAMP:syslog_timestamp} %{SYSLOGHOST:syslog_host} %{DATA:syslog_program}: Alert Level: %{BASE10NUM:Alert_Level}; Rule: %{BA
SE10NUM:Rule} - %{GREEDYDATA:Description}; Location: (?<agent>\(%{HOSTNAME}\) %{IP})->%{GREEDYDATA:Details}" }
      add_field => [ "ossec_server", "%{host}" ]
    }

    mutate {
      remove_field => [ "syslog_hostname", "syslog_message", "syslog_pid", "message", "@version", "type", "host" ]
    }



}

output {
    elasticsearch {
        hosts => "192.168.1.52"
        index => "ossec-%{+YYYY.MM.dd}"
    }
  #    stdout { codec =>  rubydebug }
}
```

其中要注意的是，Elasticsearch 中的 index 参数一定要小写，至少首字母一定要小写，否则无法将数据写入 Elasticsearch。

将 Logstash 转至后台运行：

```
nohup bin/logstash -f con©g/ossec3.conf &
```

以上使用的是 syslog 方式，也可以使用读取 OSSEC 的 alert.log 的方式进行配置，读者可以参考 https://gist.github.com/yusufhm/e4fa252b58aa04562b08 中的 logstash.conf 文件。

3. 配置 Kibana

1）选择左侧“管理、索引管理”，单击“创建索引模式”，如图 6-38 所示。

图 6-38　配置 Kibana 界面

2）在索引模式下输入 ossec-* ，即在 Logstash 的 Elasticsearch 插件中的 index 中设置的索引名称，如果无法找到，则表示还没有数据建立 index，如图 6-39 所示。

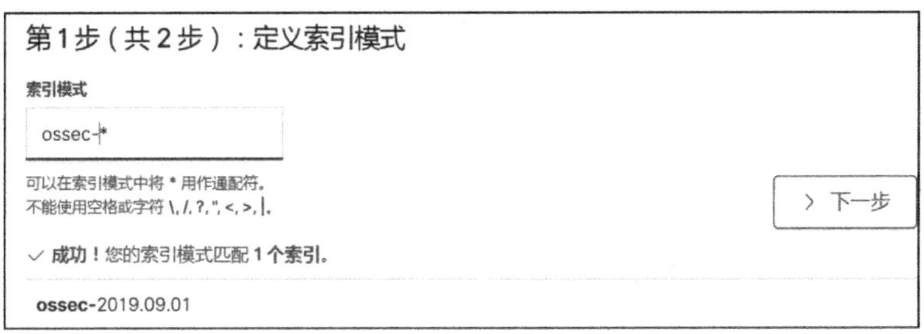

图 6-39　配置索引

单击“下一步”按钮，选择时间筛选字段名称为 @timestamp，如图 6-40 所示。

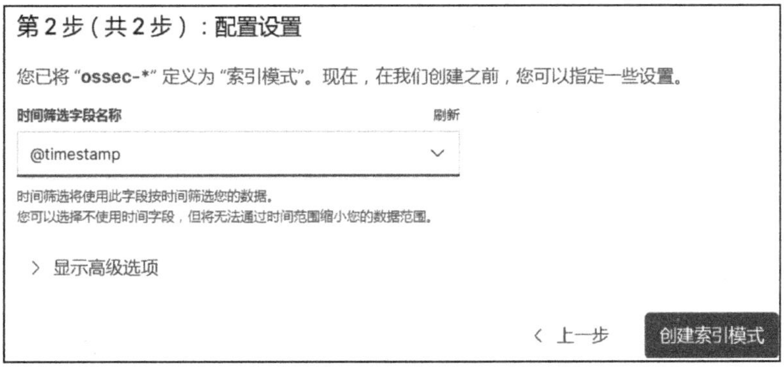

图 6-40　配置时间筛选字段

单击“创建索引模式”按钮，显示识别出的字段，如图 6-41 所示。

ossec-*

时间筛选字段名称：@timestamp

此页根据 Elasticsearch 的记录列出“**ossec-***”索引中的每个字段以及字段的关联核心类型。
类型，请使用 Elasticsearch 映射 API

字段 (24)　脚本字段 (0)　源筛选 (0)

筛选　所有

名称	类型	格式	可搜索	可聚合	已
@timestamp	date		●	●	
Alert_Level	string		●		
Alert_Level.keyword	string		●	●	
Description	string		●		
Description.keyword	string		●	●	
Details	string		●		

图 6-41　字段汇总展示

在 Kibana 的 Discover 中选择 ossec-* 即可看到数据，如图 6-42 所示。

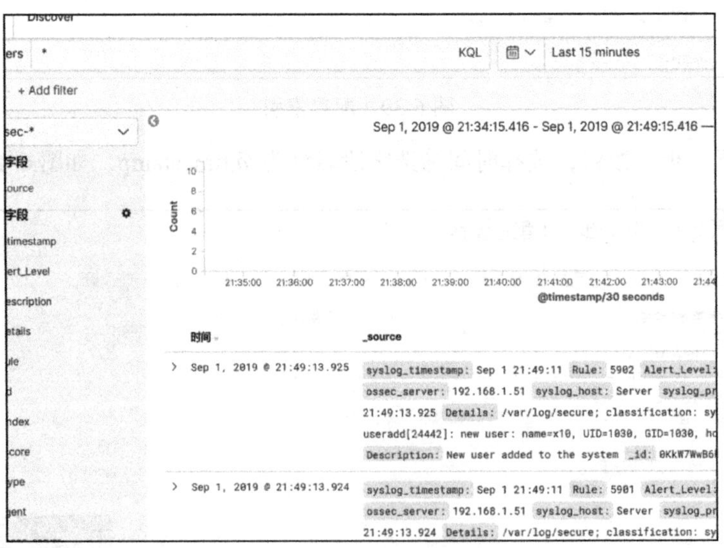

图 6-42　Discover 中的数据展示

此时，便可以对数据进行可视化展示，例如对报警IP、级别、规则做一个饼图，如图6-43所示。

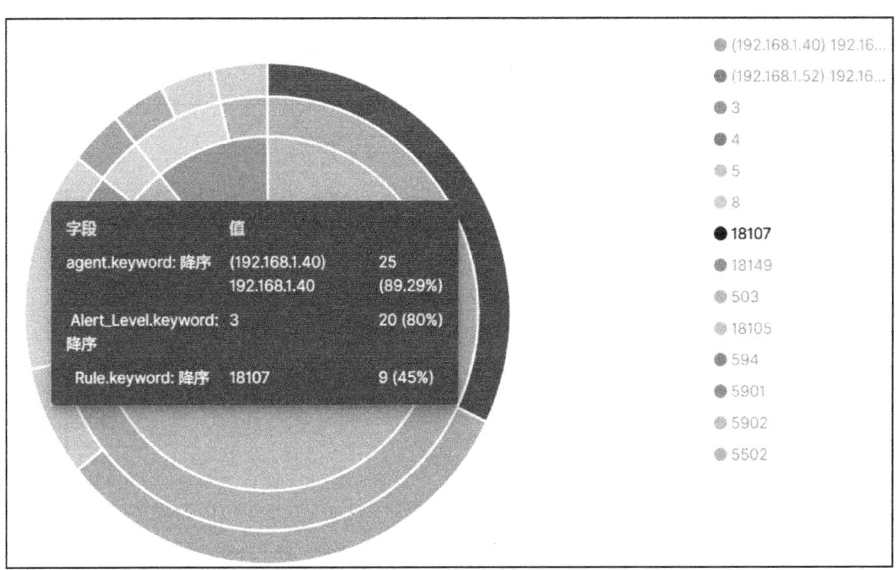

图6-43 图表展示

6.4.5 Suricata+ELK

在前文中介绍了Suricata的使用方法，同OSSEC一样，要将日志可视化，就需要将日志通过Logstash发送到Elasticsearch中，使用Kibana将日志可视化，这里需要分别配置Suricata、Logstash及Kibana。大致步骤如下。

1）配置Logstash。在Logstash的config目录新建suricata.conf文件，内容如下：

```
[root@agent logstash-7.3.1]# more config/suricata.conf
input {
  file {
        path => "/usr/local/suricata/var/log/suricata/fast.log"
        }
}
filter {
        grok {
        match => {
        "message" => "\[\*\*\]\s\[(.*?)\]\s(?<keyword>(.*))\s\[\*\*\](.*)(?<protocal>\{.*\})\s(?<src_ip>\d*\.\d*.\d*.\d*).(?<src_port>\d*)\s(.*)\s(?<dst_ip>\d*\.\d*.\d*.\d*).(?<dst_port>(.*))"
         overwrite => ["message"]
                }
        }
}
output {
  elasticsearch {
        hosts => ["192.168.1.52:9200"]
        index => "suricata-%{+YYYY.MM.dd}"
        }
#stdout { codec =>  rubydebug }
}
```

此处使用file插件读取的fast.log文件，也可以按照网上大多数教程读取eve.json文件，优点为 eve.json 文件记录的信息更加详细，但同时日志存储量也很大。

配置后，将 Logstash 在后台运行：

```
nohup bin/logstash -f con©g/suricata.conf &
```

2）配置 Kibana。同在 Kibana 中配置 OSSEC 的方式一样，如图 6-44 所示。

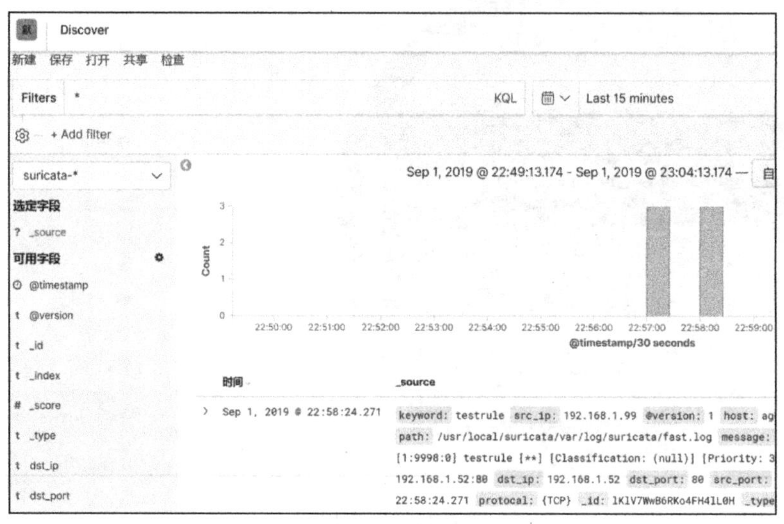

图 6-44　Kibana 展示界面

6.5　本章小结

本章介绍了 Web 日志分析、Windows/Linux 系统的日志分析思路以及工具，相信读者看完此章，应该在日志分析方面收获很多。

笔者比较喜欢日志分析，进行日志分析像破案一样，还原整个事件的过程，让真相大白，但过程也十分痛苦。面对着海量数据，需要不断抽丝剥茧，不断寻找各种线索，不仅对脑力有所消耗，对体力也是一种考验。因此，善于利用工具，熟悉命令，可以对分析过程有很大帮助，而且将整个谜团解开时的成就感也是很强的。不过要做好日志分析，最重要的是有完整的日志，因此对日志的保存也十分关键。所以，不要忽略日志保存，定期检查，除了应急响应外，平时也应该多看日志，进行分析，也可以从中发现不少问题和隐患。

第 7 章

安全平台建设

对于刚刚入行的信息安全人员，尤其是甲方信息安全人员来说，最大的疑惑就是：安全部门到底都需要做什么，应该怎么做。本章将会根据笔者的一些经验，介绍甲方安全平台部门的工作情况。

7.1 设置安全层级

笔者认为，安全体系需要分层，粗略地考虑，可以分为三个层级，如图 7-1 所示。

- 基础安全：随着国家对信息安全的重视，越来越多的公司组建了安全部门。但一般来说，安全问题不会是在刚创建公司时考虑的，而是随着公司业务的扩大或出现了安全问题后，才会引入安全人员。因此安全部门通常第一阶段都是充当救火队员的角色，而在救火的过程中，不断了解公司的架构、业务情况，并在此基础上建立安全防御体系，也是给企业打好基础的阶段，这一阶段主要的对手为传统意义上的黑客。

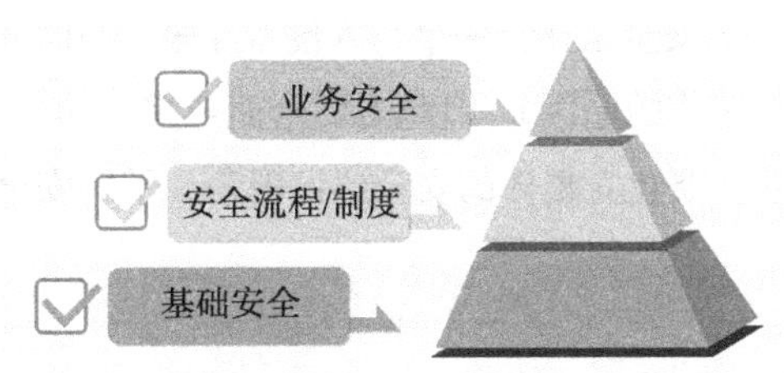

图 7-1　安全层级

- 安全流程 / 制度：随着第一阶段的查缺补漏，安全防御体系基本建立完成，这时就可以考虑通过流程 / 制度的方式来规范员工的行为，使员工养成良好的安全意识，这样才能从根本上杜绝安全问题的发生，保证公司的安全。
- 业务安全：安全是服务于业务的，因此业务安全也是安全团队比较重要的工作内容，当然，这应该是建立在基础安全和流程制度比较完善的情况下，例如，黑客直接拖走了用户信息，或内部人员泄露了用户信息，那么账号团队在防止盗号方面的压力就会很大，防御效果也会大打折扣。所以只有打好基础，业务安全才会有所保障，此阶段的对手主要为羊毛党、黄牛及黑产。

当上述 3 个层级的工作都建设完成，公司的一套安全体系建设也就水到渠成了。本书的整体架构设计也是按照此思路建立的，关于安全体系的建立，我们在后续章节介绍。

7.2 安全平台建设步骤

如何建立安全平台呢？笔者认为需要有以下几个步骤。

1. 了解真实的安全需求及保护对象

安全人员进入公司，首先要做的就是了解公司的安全需求。例如，咨询运维与开发部门之前是否遇到安全问题，公司系统是否被入侵过，也需要咨询产品及运营部门，同时需要了解公司各种业务的运作模式，确保以后设计的安全产品及安全策略可以落地。另外，需要明确公司的核心资产是什么，不同的公司核心资产是不同的，例如电商公司中用户相关信息为核心资产，而游戏公司中源代码为核心资产，等等，然后沿着保护对象开展层次防御工作。

2. 建立整体安全建设视角

安全工作是一个与入侵者斗争、与时间赛跑的工作，充满了挑战性（这也是笔者喜欢这个工作的原因），因此需要全面考虑，如果稍有疏忽，就可能使整个防御体系变成马奇诺防线。要建立整体的安全建设视角，了解安全部门都需要做哪些方面的工作，如图 7-2 所示。

图 7-2　安全工作内容（部分）

关于合规与数据安全、业务安全将会在后续章节进行介绍，本章主要介绍基础安全部分建设内容。

3. 组建安全团队

了解了安全工作的内容，便需要建立安全团队，针对每一项内容开展工作，虽然也有很多所谓“一个人的安全部”，但安全建设思路都是一样的。可以根据公司业务来组建安全团队，这里以笔者当初所在电商平台的安全部门为例，安全平台架构如图 7-3 所示。

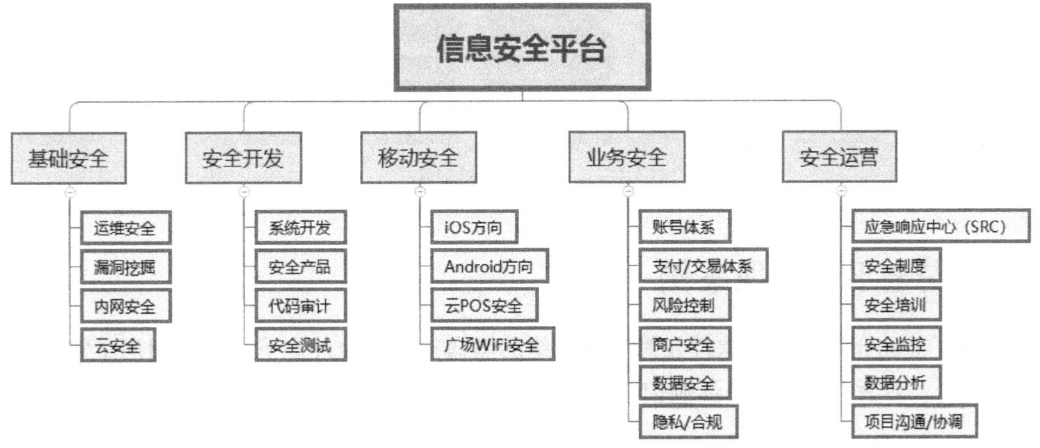

图 7-3　安全团队架构

当然，根据不同的业务，安全平台部门的构成方式也会有所不同，但在基础安全方向，做法大同小异。例如，在生产网络中，需要进行的部分工作如图 7-4 所示。

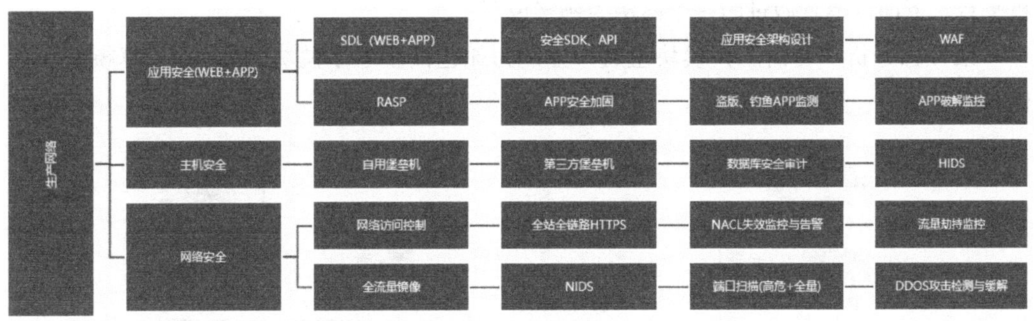

图 7-4　生产网络安全工作（部分）

内网安全的部分工作如图 7-5 所示。

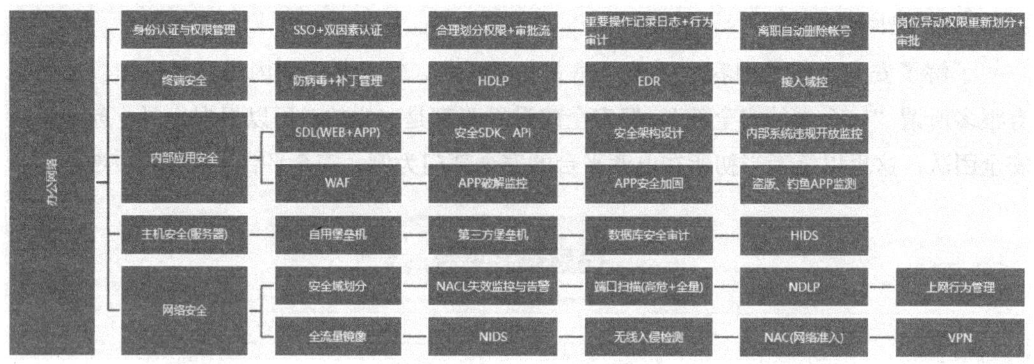

图 7-5　内网安全工作

7.3　安全平台实现案例

除了前面介绍的各种软件及第 5 章介绍的黑盒扫描平台外，下面再介绍两个常用的安全平台：日志分析平台及漏洞记录平台。

7.3.1　日志分析平台

之前说过，互联网应用大多为 Web 应用，因此日志分析平台在互联网企业中有着很重要的作用，结合第 2 章介绍的网络安全及大数据计算相关技术，便可以搭建起日志分析平台。下面以笔者做过的一个案例为例来说明。

某日志分析平台由三大模块组成，分别为抓包摆渡程序模块、Storm 计算模块、存储与展示模块，如图 7-6 所示。

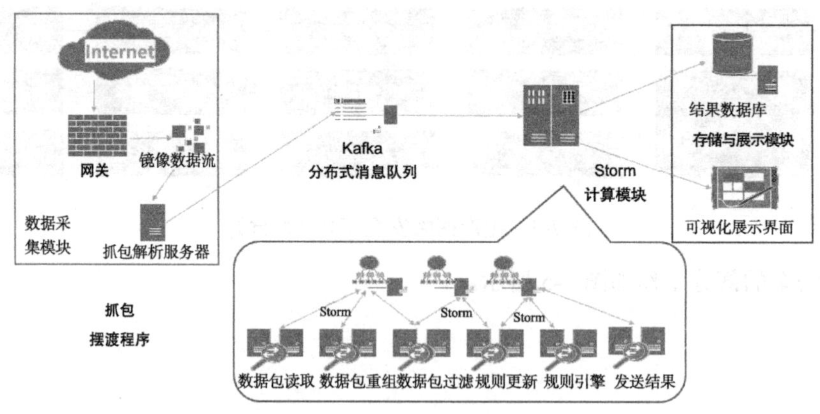

图 7-6　日志分析平台架构图

1. 抓包摆渡程序

抓包摆渡程序将数据包通过抓包、解包技术送入 Kafka 消息队列中，涉及的相关技术已经在第 2 章介绍，这里不再赘述。

2. Storm 计算模块

Storm 计算模块用于实时处理规则，也是系统核心功能，开发语言采用了 Python。该模块由六部分组成，如下所示：

```
class HttpAttack(Topology):
    data_spout = DataSpout.spec(par=16)
    data_format = DataFormatBolt.spec(inputs=[data_spout], par=64)
    data_filter = DataFilterBolt.spec(inputs=[data_format], par=64)
    data_field_check = DataFieldCheckBolt.spec(inputs=[data_filter], par=128)
    data_process = DataProcessBolt.spec(inputs=[data_field_check], par=200)
    data_action = DataActionBolt.spec(inputs=[data_process], par=64)
```

（1）data_spout

data_spout 组件从 Kafka 中读取数据，转换为 Topology 内部的数据流。

（2）data_format

data_format 组件对接收到的数据进行格式化，数据重组。

（3）data_filter

data_filter 组件用于数据过滤，如处理静态请求、白名单。

（4）data_field_check

data_field_check 组件用于进行字段检测、规则更新，如下所示：

```
def process(self, tup):
    request = tup.values[0]
    try:
        nowTime = int(time.time())
        self.field_check(request)
        if Config.RULE_UPDATE_INTERVAL <= (nowTime - self.orgTime):
            self.reloadConfig(nowTime)
        if not self.isRepeat(request):
            return
        for rule in self.attackRuleList:
            self.emit([request, rule])
    except Exception, e:
        self.logger.error(e)
```

设定规则同步，定期从 MongoDB 中同步规则数据到内存，默认周期为 5 分钟，可配置。对必要字段进行检查，检查规则需要的字段是否存在。

（5）data_process

data_process 组件用于规则引擎。

数据包括日志样式和规则样式，说明如下。

日志样式如下：

```
{
    "@timestamp": "2020-01-10T15:44:49.682310999+08:00"
    "alert_name": "SQL注入"
    "attack_type": "SQL"
    "cap_ip": "192.168.1.1"
    "dst": "192.16.1.101"
    "dst_port": 80
    "filter_time": "2020-01-10 15:44:49"
    "geo_city": ""
    "geo_country": "美国"
    "geo_sla": "37.751"
    "geo_slo": "-97.822"
    "id": "1ed39124-f1cf-4ade-b530-485454cd3973"
    "kafka_pid": 4
    "method": "GET"
    "realIP": "192.168.1.10"
    "realUrl": "/index.php"
    "request.cookie": "null"
    "request.host": "www.demo.com"
    "request.params": "item_id=1&list%5Bordering%5D=&list%5Bselect%5D=%28select+1+from+%28select+count%28%2A%29%2Cconcat%28%2
    "request.url": "/index.php?item_id=1&list[ordering]=&list[select]=(select 1 from (select count(*),concat((select (select
    "request.user-agent": "Mozilla/5.0 (Windows NT 6.1; WOW64; rv:31.0) Gecko/20100101 Chrome/23.0.1271.64 Safari/537.11"
    "rule_id": 5
    "src": "192.168.1.1"
    "src_port": 49145
    "time": "2020-01-10 15:44:27"
}
```

规则样式如下：

```
{
  "_id": ObjectId("5c2082e9eae17e97368b4567")
  "alert_name": "SQL注入"
  "attack_type": "SQL"
  "regtxt": {
    "opt": "and"
    "body": [
      {
        "fields": [
          "request_url",
          "response_body"
        ],
        "method": "match",
        "pattern": "(?:from\\W+information_schema\\W)",
        "keyword": "information_schema"
      }
    ]
  }
  "rule_desc": "SQL注入"
  "time": "2019-11-06 17:22:17"
  "weight": "2"
  "rule_id": NumberLong(5)
  "email_alert": "1"
  "wx_alert": "0"
  "email_alert_interval": "3600"
  "wx_alert_interval": "3600"
  "status": "1"
  "hot": NumberInt(0)
  "editor": "zhangle"
}
```

其中：

- regtxt：规则集合结构体。
- regtxt .opt：子规则之间的逻辑关系。
- regtxt .body：子规则数组，其中的每一个元素就是一个子规则。

```
{
  "fields": [
    "request_url",
    "response_body"
  ],
  "method": "match",
  "pattern": "(?:from\\W+information_schema\\W)",
  "keyword": "information_schema"
}
```

下面这条子规则的意思是：request_url 或 response_body 的内容，如果包含 keyword 关键字，再匹配正则 pattern，否则忽略。这样可以提高规则的执行效率，毕竟字符串包含的处理速度要高于正则匹配。

规则引擎匹配：

- 根据 regtxt.body.fields 中的字段名称，从日志中提取对应字段的内容。
- 进行正则匹配前，先判断字段对 keyword 的包含情况，如果包含，再进行正则匹配。毕竟流量中大多数都是正常日志，字符串包含的处理速度要高于正则表达式，这样可以缩短它们的处理时间。

```
def do_and_match(self, rule):
    flags = []
    for row in rule["regtxt"]["body"]:
        if not row["pattern"]:
            continue
        iflags = []
        # 多字段匹配同一正则, OR关系
        for rule_field in row["fields"]:
            if not self.request[FIELD_MAP[rule_field]]:
                continue
            if row["method"] == "match":
                if row["keyword"] :
                    if self.do_contain(dumps(self.request[FIELD_MAP[rule_field]]), row["keyword"]):
                        iflag = self.do_regex(dumps(self.request[FIELD_MAP[rule_field]]), row["pattern"])
                else:
                    iflag = self.do_regex(dumps(self.request[FIELD_MAP[rule_field]]), row["pattern"])
            elif row["method"] == "contain":
                iflag = self.do_contain(dumps(self.request[FIELD_MAP[rule_field]]), row["pattern"])

            iflags.append(iflag)
            if iflag:
                break
        if True in iflags:  # 匹配结果存在True, 命中子规则
            flags.append(True)
        else:
            flags.append(False)
    if False in flags:  # 匹配结果为false, 没命中规则
        return False
    return True
```

（6）data_action

data_action 组件将命中结果保存到 Kafka。

3. 存储与展示模块

前台规则设定界面可以根据需要自行设计，例如，笔者曾经设计的界面如图 7-7 所示。

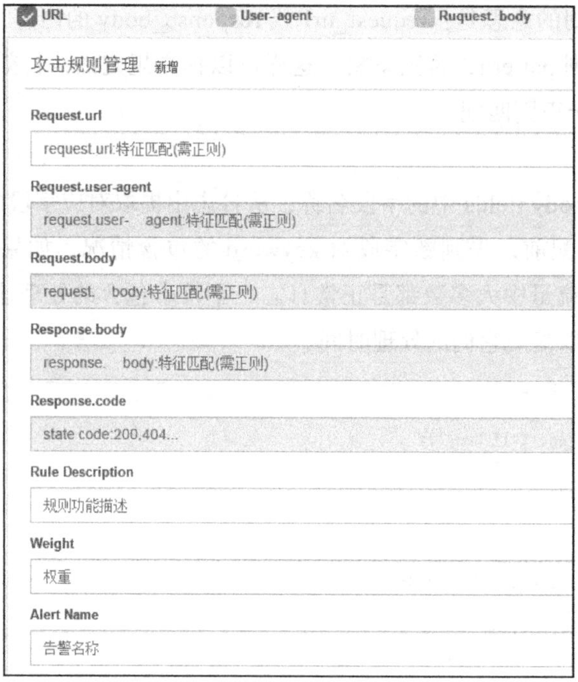

图 7-7 前台展示

将系统处理结果发送至 Elasticsearch 中，利用 Kibana 进行分析，也可以通过读取 Elasticsearch 中的数据进行分析，并进行告警。这里如果 Storm 直接读取 Elasticsearch，可能会对 Elasticsearch 造成一定的压力，因此建议将结果重新放入 Kafka 中，这样既可以保存结果数据，也可以利用 Kafka 特性进行削峰处理，缓解 Elasticsearch 的压力。

需要改进之处是，开发安全系统与开发安全工具不同，开发安全工具考虑的是可以满足特定的功能，而开发安全系统除了要满足功能外，还要考虑架构、性能等问题，开发因为涉及成本。上面介绍的系统依靠 Storm 强大的计算能力，在数据处理方面还可以有一定的优化空间，理想情况下，可以先利用机器学习算法将正常流量过滤，再把其余流量用这套系统进行处理，这样才是最优的架构设计。

7.3.2 漏洞记录平台

漏洞记录平台是互联网企业使用得比较多的平台之一，因为这个平台包含着安全平台部门对漏洞的运营理念。要处理好漏洞，首先要和各个部门的领导确定漏洞分级以及处理时间，例如，某互联网厂家所制定的漏洞分级以及处理时间如表 7-1 所示。

表 7-1 漏洞分级及处理时间

危险等级	内容描述	描述	通报时限	修补时限	是否回执
严重	风险等级最高，可启动应急响应流程或应急预案。 内容包括且不限于： 可以篡改或者查看极为敏感的数据（如在线业务涉及客户资料、用户账户密码，包含核心业务敏感配置文件的源码，数据库账户密码等） 可以取得服务器或者应用程序高级权限并利用漏洞入侵成功的安全问题（如直接操作服务器或者控制应用程序） 可以直接影响应用程序服务的安全问题（如使应用程序停止服务，严重影响用户体验） 可以直接对公司造成重大经济损失（大于5000元）的安全问题（如支付漏洞） 其他信息安全部门评估认定为“严重”的安全问题	含有敏感信息的SQL注入（可读取用户账号密码、业务核心配置、用户个人信息或者订单信息等敏感资料） 命令执行（可直接操作业务系统或者服务器） WebShell（已上传后门且可解析运行的上传漏洞，通过其他途径获得WebShell的漏洞） 越权访问（可越权遍历订单信息或查看极为敏感信息等问题） 核心业务弱口令（通过弱口令拿到业务系统响应权限并进行其他操作的问题） 满足严重内容描述的其他漏洞	立刻通报	收到相关安全问题通报（如邮件等）1天内完成修复	需要
高危	风险等级为高，且影响到部分用户的安全问题。 内容包括且不限于： 可以篡改或者查看、遍历数据的安全问题（数据非极为敏感数据，如用户评论数据等） 可以取得系统或者服务器的非最高权限的安全问题 使用成本较低且影响较大的安全问题 可以直接对公司造成经济损失（1000元以上5000元以下）的安全问题 其他信息安全部门评估认定为“高危”的安全问题	不含敏感信息的SQL注入（可遍历非核心内容或非敏感内容的注入） 文件包含（包含远程可执行文件，或本地系统配置的漏洞） 越权访问（包括但不仅限于绕过认证直接访问管理后台、弱密码或删除他人订单等） 高风险的逻辑设计缺陷（包括但不仅限于查看用户信息、修改相关状态等） 高风险的信息泄露 存储型XSS（可大面积影响且持久影响用户或后台，盗取身份识别信息的XSS） 未被利用的文件上传（漏洞未被利用或可上传无法解析的问题） 满足高危内容描述的其他漏洞	半天内通报	收到相关安全问题通报（如邮件等）3天内完成修复	需要

（续）

危险等级	内容描述	描述	通报时限	修补时限	是否回执
中危	风险等级次于高危，内容包括且不限于： 不能直接篡改或者查看敏感数据的安全问题 可能被入侵者利用获得敏感信息并进一步实现入侵及渗透的安全问题 可以直接对公司造成经济损失（1000元以下）的安全问题 其他信息安全部门评估认定为“中危”的事件	CSRF漏洞（可通过某些途径修改用户信息，或模拟用户操作的问题） 普通业务弱口令（普通弱口令，不影响主要业务和服务的问题） 拒绝服务漏洞（由接口参数引起的拒绝服务的问题） 安全设计缺陷（如绕过验证码等设计缺陷的问题） 满足中危内容描述的其他漏洞	一天内通报	收到相关安全问题通报（如邮件等）后7天内完成修复	需要
低危	风险等级次于中危，不能大面积影响用户的安全问题 其他信息安全部门评估认定为“低危”的事件	普通信息泄露（如phpinfo错误或debug页面信息、日志信息、异常信息等） URL跳转 非核心业务的列目录泄露 反射型XSS 本地拒绝服务（由于客户端引起的解析文件格式、网络协议异常所产生的崩溃）	一天内通报	收到相关安全问题通报（如邮件等）后14天内完成修复	需要
忽略	无风险等级，一般不属于安全范畴的问题	页面BUG 网页乱码 不能直接反映漏洞存在的其他问题	—	—	不需要

相应的处理流程如图7-8所示。

只有与各部门领导之间达成共识，才可以让漏洞修复这项工作执行下去。漏洞平台的录入工作，除第5章介绍的扫描平台运营内容外，还需要考虑后续要便于跟踪漏洞，统计漏洞修复时间，并且可以设置超时告警提示，这点可以参考笔者设计的漏洞录入页面，如图7-9所示。

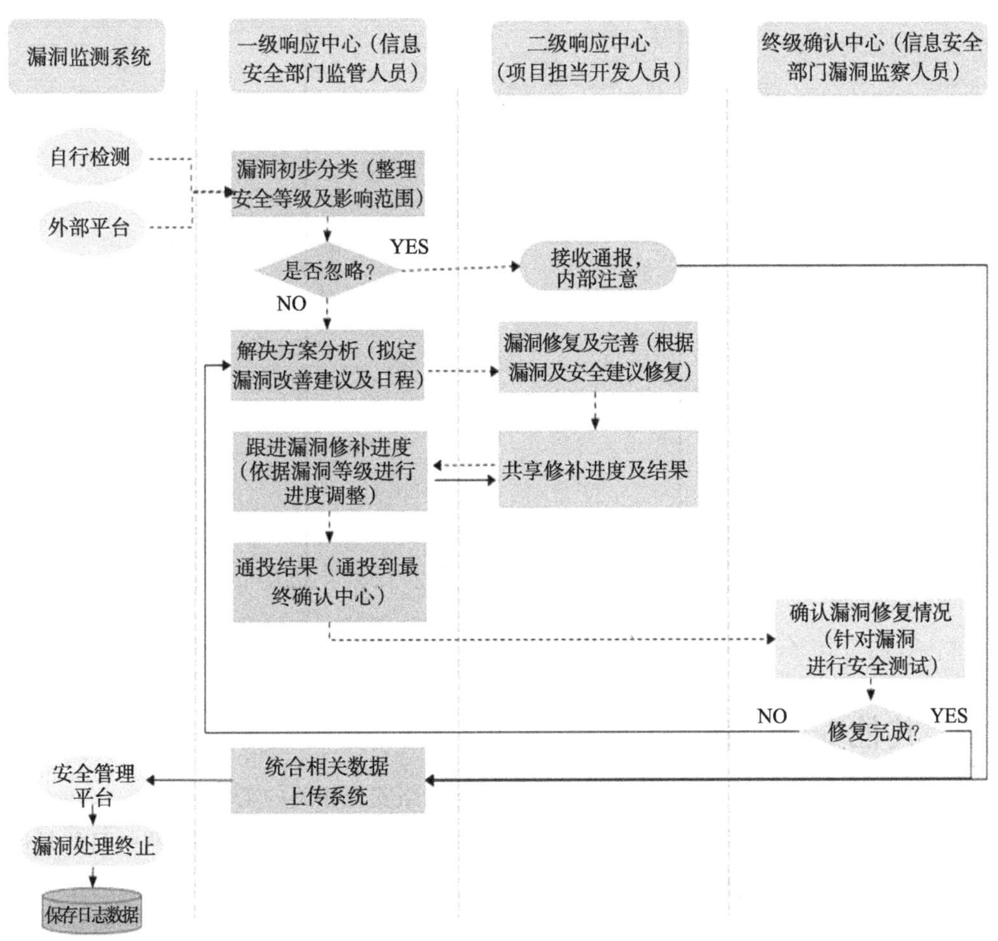

图 7-8　漏洞处理流程

然而，只靠修复，漏洞是不可能修完的，安全人员应该有一定的思考能力与总结能力，可以透过现象看清本质，找出漏洞形成的真正原因，从根本上解决问题，杜绝漏洞再次出现。例如，加强制度管理，增强检测技术，提高安全意识，等等。

除此之外，还可以建立资产平台（第 8 章节介绍）、告警平台、SIEM 平台等，限于篇幅，这里就不介绍了。

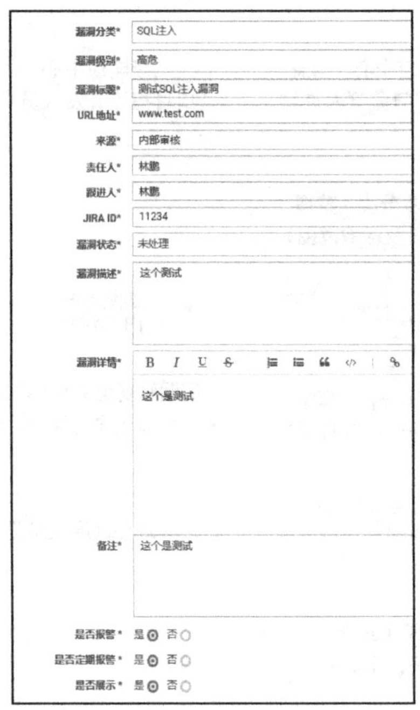

图 7-9　漏洞录入界面

7.4　其他安全工作

除以上述工作以外，笔者再列举一些其他与网络安全相关的工作：

- 日常漏洞挖掘与上线检测：这是安全部门最基本的工作，挖掘漏洞的目的是保证第一时间发现问题，避免系统被黑客攻击。
- 内部安全对抗：这里称为“内部安全对抗”而非“红蓝对抗”的原因是安全团队较小，可以进行小规模的攻防对抗，这样既可以提高相关人员的技术，也可以检测安全系统的各种能力。
- 提供安全技术支持：为其他业务部门提供安全支持，也是体现安全部门价值的一种方式。
- 安全培训 / 内部外部运营：提高员工的安全意识，同时也可以提高部门在公司内部外部的影响力以便更好地开展安防工作。
- 配合审查：随着国家安全监管越来越严格，安全部门需要配合进行各种检查，确保符合各项规定，例如有良好的等级保护、隐私检测措施等。
- 应急响应：公司难免会遭受各种攻击，这时就需要安全部门配合其他部门做好应急响应工作，完成事中阻击、事后溯源、加固等工作。同时事前也应做好准备工作，这里可以参考笔者之前画的一张图，如图 7-10 所示。

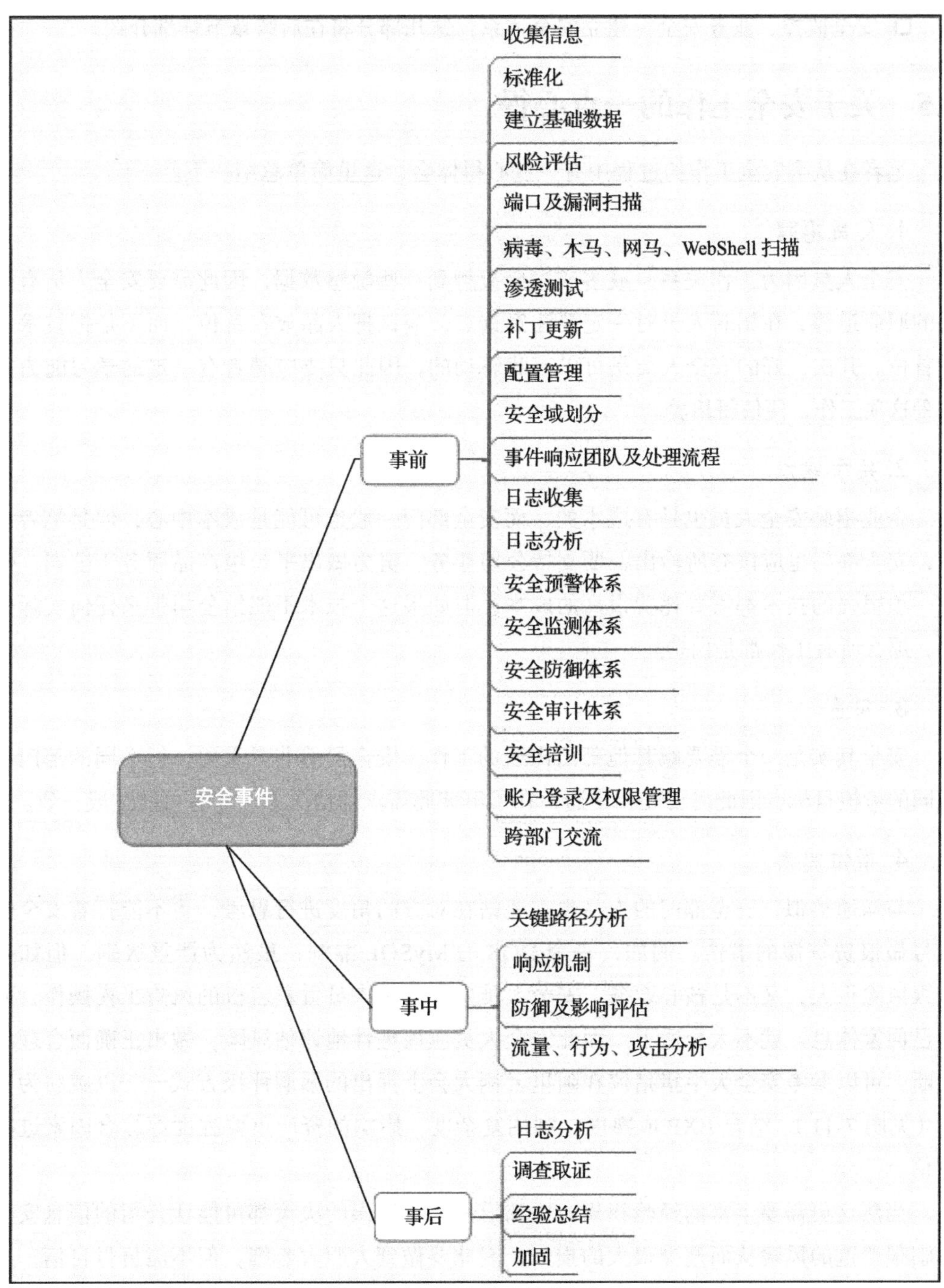
安全事件
事前
收集信息
标准化
建立基础数据
风险评估
端口及漏洞扫描
病毒、木马、网马、WebShell 扫描
渗透测试
补丁更新
配置管理
安全域划分
事件响应团队及处理流程
日志收集
日志分析
安全预警体系
安全监测体系
安全防御体系
安全审计体系
安全培训
账户登录及权限管理
跨部门交流
事中
关键路径分析
响应机制
防御及影响评估
流量、行为、攻击分析
事后
日志分析
调查取证
经验总结
加固

图 7-10　安全事件内容

- 安全监控、业务安全、建立安全体系：这几部分将在后续章节详细介绍。

7.5　关于安全工作的一点心得

笔者在从事安全工作的过程中有一些心得体会，这里简单总结一下。

1. 人员招聘

安全人员因为工作关系，或多或少会接触到一些敏感数据，因此需要安全人员有很高的职业道德，在招聘人员时一定要注意这点，应该把人品放在首位，而不是把技术放在首位。其次，好的安全人员是可以自我驱动的，因此只要应聘者有一定的学习能力并热爱这项工作，便值得培养。

2. 关于输出

企业招聘安全人员也是有成本的，而安全部门一般也可能是成本中心，但是笔者认为，安全部门也应该有所输出，要支持公司业务，努力做出平台级产品服务于公司，任何一项很强的技术都需要耗费很高的成本，但如果这个技术不能给公司带来任何实际优势，那么所有工作都是白费。

3. 沟通

安全其实是一个需要跟其他部门沟通的工作，安全虽然非常重要，但不同的部门有不同的考核目标，因此需要互相沟通，在了解彼此需求的情况下，才有可能达成一致。

4. 换位思考

与沟通类似，安全部门的人员也需要站在对方的角度进行思考，更不能打着安全的旗号做浪费资源的事情。例如，一个 DOS 的 MySQL 漏洞，虽然为严重级别，但如果升级风险很大，又不是核心业务，安全人员要求运维人员冒着宕机的风险半夜操作，而自己回家休息，就不太合适了。因此安全人员应该理性地评估风险，做出正确而合理的判断。可以参考安全大牛猪猪侠在阿里云栖大会上提出的漏洞评级方式——以威胁为中心（见图 7-11），结合 EXP 成熟度，利用复杂度，影响的资产重要程度等综合因素进行评估。

当然这更需要丰富的经验积累，要知道每一个错误的决策都可能让公司的信息安全面临很严重的风险从而遭受很大的损失，因此要做到大胆大心细，但不能盲目自信，这对于决策者也是一个比较大的挑战。

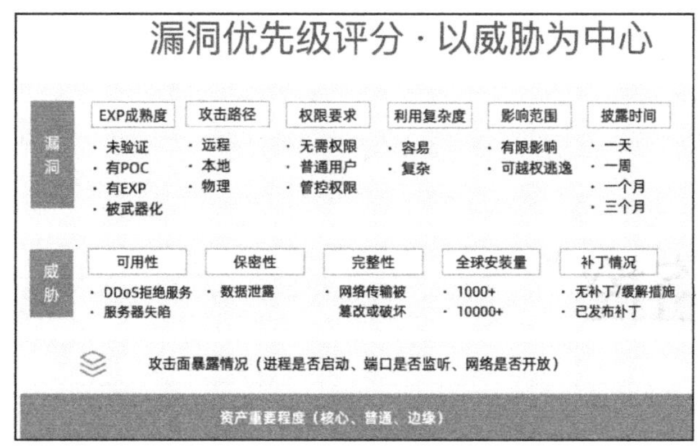

图 7-11　漏洞评级方式示例

5. 团队定位

安全团队的定位应该是服务于公司，服务于业务，应该尽最大的努力为业务保驾护航，为公司和业务部门提供各种安全支持，出谋划策，一起面对安全风险，而不是以各种名义阻碍业务的发展，要知道，如果不是专门的安全公司，业务倒下了，安全也就没有了价值。关于业务安全方面的内容可以参考第 10 章。

7.6　本章小结

本章介绍了安全部门的一些工作内容和安全平台建设思路，以及笔者的一些工作心得，希望通过本章让读者了解安全工作应如何开展。

第 8 章

安全监控

安全监控是企业安全工作中非常重要的一项内容，好的监控手段加上及时的处理很可能会将风险“狙杀”于初始阶段。本章将介绍笔者在安全监控方面的一些经验。

8.1 知己：了解自身

1. 圆圈理论

笔者认为，任何企业都可以用一个圆圈表示，企业越大，圆圈就越大，受到攻击面就越多，如图 8-1 所示。

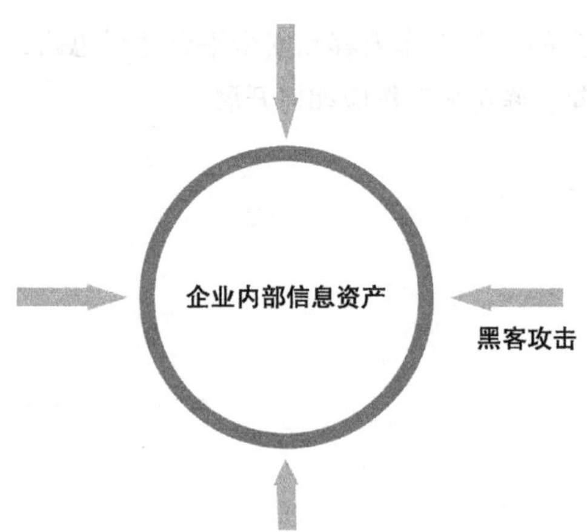

图 8-1 企业越大，受到的攻击就越多

以电商企业面临的主要风险为例，如图 8-2 所示，圆圈上是企业需要保护的信息资产，圆圈内有各种内部问题，圆圈外有大量攻击手段。

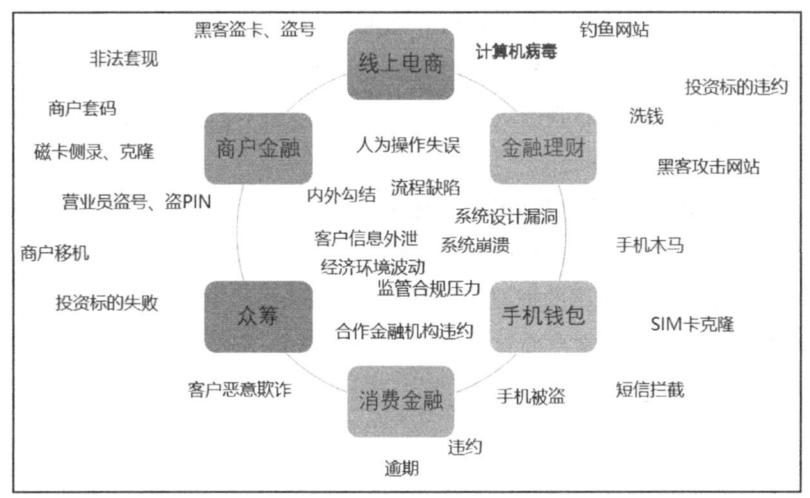

图 8-2　电商企业面临的主要风险

安全人员需要将人力与精力平均分配到圆圈上，但安全人员的数量是有限的，这样势必会造成兵力分散或者存在薄弱点等问题。而攻击者却可以集中火力，专门攻击一处或者防守薄弱的地方，只要攻破一处，便意味着攻击成功。另外，敌暗我明，攻击者什么时候进攻，用什么方式进攻，安全人员都无法得知，在这点上可以说攻防是不对等的，安全守卫者明显处于劣势。

笔者认为，安全守卫者要想做好安全工作，需要提前对公司资产及网络架构进行梳理，知道内部网络情况、薄弱点，以及部署防御或监控软件的覆盖度与边界情况，这样才能在发生攻击时快速发现攻击者意图，预测攻击路线并评估影响。因此，对资产进行识别是构建整个监控体系最为重要的一环。

2. 资产识别

有效做好资产识别是企业资产安全建设的基石。对于安全能力成熟度非常高的企业，通常会有一套有效的资产安全生命周期管理办法。但是，对于大部分企业的安全团队而言，这几乎是一项不可能完美完成的工作。例如，很多公司有很完善的上线流程，但是没有相应的下线流程，很多不用的业务也没人维护，这样不仅浪费资源，更存在安全隐患。笔者就遇到过公司系统被入侵后，溯源发现是因为之前搭建的抽奖服务器被攻击所致。因此对于资产识别，一定是一个动态的过程，无法一劳永逸。

当然，运维部门一般都会有类似 CMDB 的系统存放着一些信息，但仅仅依靠运维部门的 CMDB 信息是不够的，因为安全与运维对于资产识别的角度是不同的，安全人员在识别资产时主要观察资产的脆弱性并对资产威胁进行监管。例如，主机中运行了哪些服务，这些服务的版本是什么，开放了哪些端口，是否存在弱口令，等等，只有全面了解这些信息，才会在攻击发生时判断攻击是否有可能成功，而运维人员是不会关注这些信息的。

同样，从安全角度对资产进行识别也是一个动态的过程，互联网业务经常变化，相对应的服务器信息、域名信息、URL 信息、开发使用的框架等都是会经常变化的，如果不能随着变化动态地更新这些信息，便失去了资产识别的意义。

3. 资产识别的维度

所谓千人千面，不同的人对于资产的关注点也大不相同，除一些基础信息外，笔者认为做好资产识别，需要关注如下几个方面的信息：

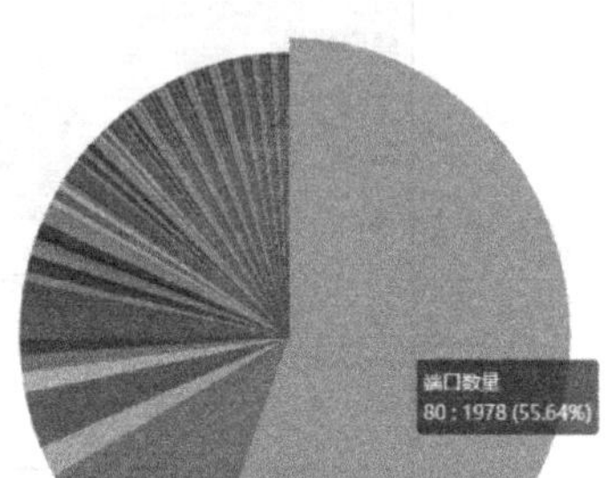

图 8-3　端口开放情况

- ❑ 运行的服务及开放的端口的情况，如服务的版本是否有问题，端口的开放数量有多少，是否有弱口令等，如图 8-3 所示。
- ❑ 资产的所有者，发现问题可以快速与之联系，如图 8-4 所示。

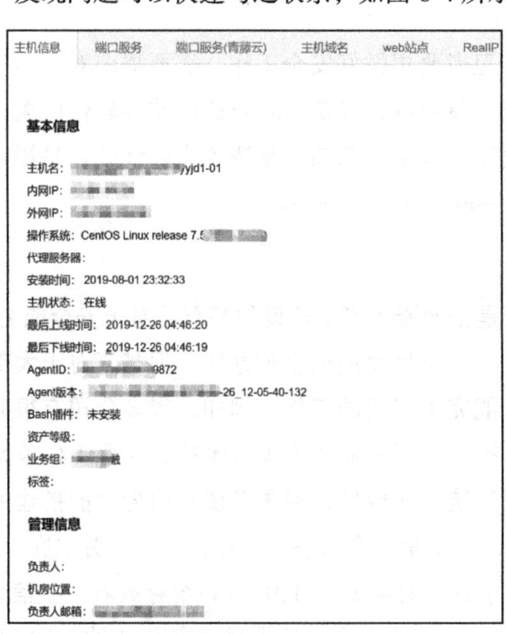

图 8-4　主机信息

- 漏洞与补丁情况，如是否存在高危漏洞，系统有无打过关键补丁。
- 域名、URL、IP 对应情况，如图 8-5 所示。

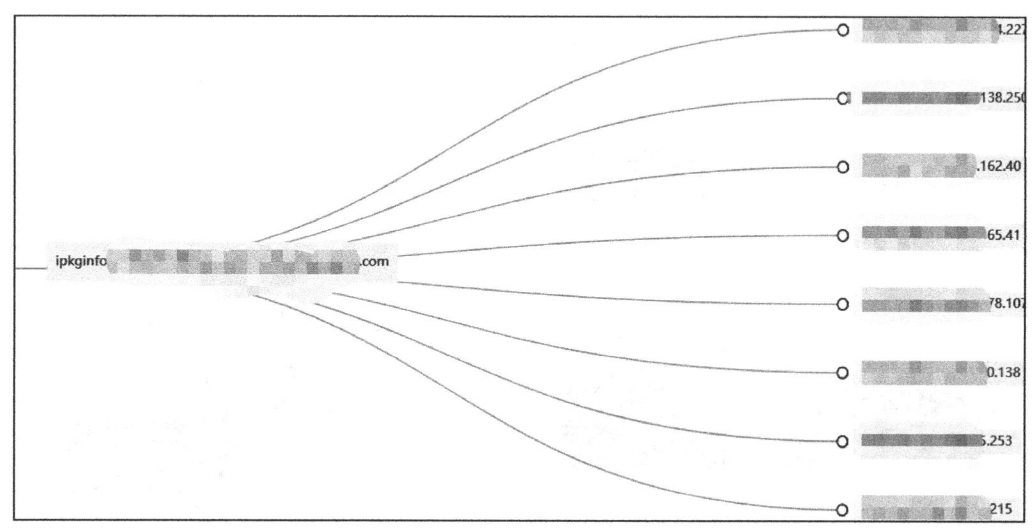

图 8-5 域名 IP 对应情况

- URL 变量以及变量接受的类型范围。
- 是否是核心业务（资产）。
- 是否装有安全防护系统及系统运行情况。
- 历史攻击情况。
- 是否有下线事件。

除了以上信息，读者还可以根据自己公司的业务定制不同的收集信息维度，而收集资产信息可以通过主动式扫描发现或被动式流量监听的手段进行。

4. 层次化监控

安全监控应该是立体化、层次化的，从网络到主机，再到系统日志，建立多层监控体系，图 8-6 所示是笔者之前在某网 IDC 环境下建立的监控体系。

网络层 HTTP 流量由专门的日志分析系统进行分析，非 HTTP 流量进入 NIDS 进行分析。服务器装有 OSSEC 或其他 HIDS 监控主机，包括主机状态、进程、各种日志等，同时对域名及开放端口进行监控，保证信息资产的准确性及开放端口的实时性。除此之外，还可以对防火墙、堡垒机、数据库审计等设备日志进行收集并进行分析，尽量做到将所有关键设备都概括其中。

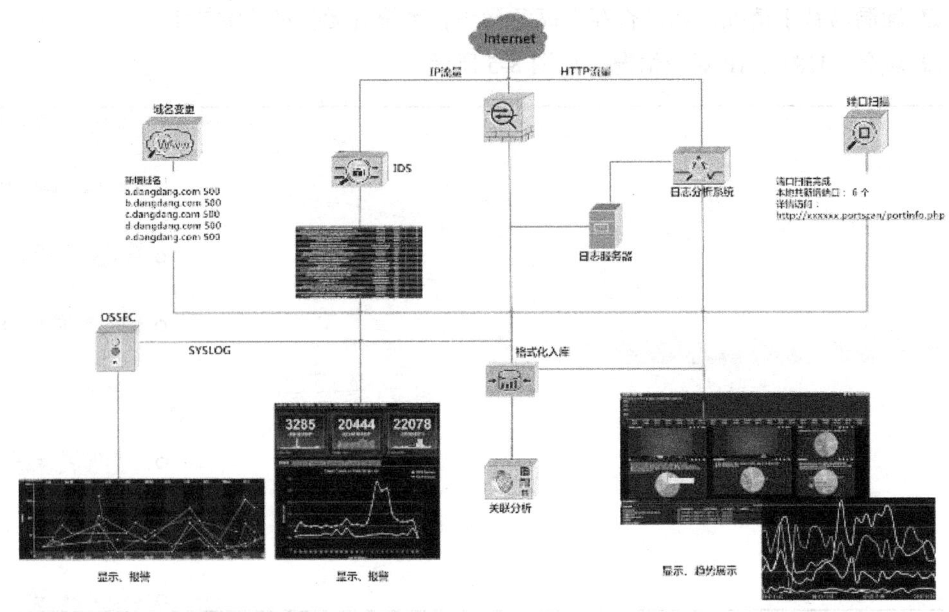

图 8-6　层次化监控

8.2　知彼：了解对手

未知攻，焉知防？如果连基本的攻击方式都不清楚，那么做到攻击识别也就是一句空话。因此作为防守方，也需要了解常用的攻击工具及攻击方式，只有这样才有可能设置较为有效、准确的监控策略。

1. 了解常用的攻击手段及难度

首先，需要识别常见的攻击手段及危害程度，如表 8-1 所示。

表 8-1　常见攻击手段及危害程度

攻击类型	工具普及度	易上手程度	危害程度
SQL 注入攻击	★★★★★	★★★★★	★★★★
扫描仪	★★★★★	★★★★★	★★
跨站攻击	★	★	★★★☆
上传漏洞攻击	☆	★★★★	★★★★★
弱口令扫描	★★★★★	★★★★★	★★★☆
DDOS 攻击	☆	☆	★★★★☆
0day 攻击		★	★★★★★

SQL 注入攻击对于网站的危害是很大的，而且工具种类繁多，易于上手，自动化攻击度也较高。上传漏洞攻击对于网站的危害更大，但是几乎都需要手工操作，无法自动完成。0day 漏洞比较少见，以笔者经验来看，一般企业不太会遭受 0day 攻击，攻击者用一些 NDAY，甚至弱口令都可能攻击得手。除了以上提到的攻击之外还有其他攻击，最近比较火的 ATT&CK 使用了更多攻击方式，关于 ATT&CK，会在本章最后介绍。

2. 了解软件特征

很多软件在运行时都会带有自己的特征，一般来说，很多扫描行为都不会去修改这些软件的特征，例如，著名的 Web 扫描仪 Acunetix，在预设情况下发出的数据报 Useragent 部分都会带有 Acunetix 字段，另一款著名的数据库注入攻击软件 SQLMAP 也同样在发送请求时，让 Useragent 默认包含 sqlmap 字段：

```
[04/Jan/2020:22:50:52 +0800] "GET /a.php?id=1 HTTP/1.1" 404 47 "-" "sqlmap/1.3.11#stable (http://sqlmap.org)"
```

因此，我们只要在监控策略中加上这些特征，便可以识别使用该软件的攻击行为，这就需要防守人员多多收集相应的攻击载荷（payload）信息，找出其中的关键词从而进行识别。当然也可以通过设置蜜罐的方式抓取攻击载荷。

3. 了解攻击触发的日志

在很多情况下，攻击都会触发系统日志，例如，在 Linux 中进行嗅探，使用 tcpdump 时会把网卡（自动）修改为“杂合”模式，这样系统会产生“device xxxx entered promiscuous mode”字样：

```
kernel: device eth0 entered promiscuous mode
```

在 Windows 中，如果使用 ntdsutil 命令抓取 NTDS.DIT，也会产生 ID 为 4688 的事件信息等，如图 8-7 所示。

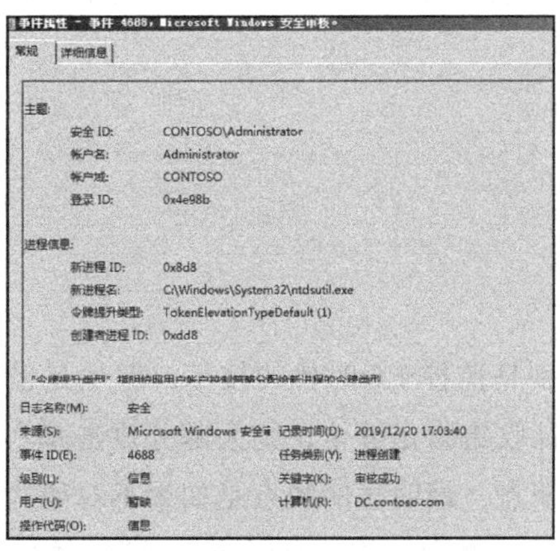

图 8-7　ID 为 4688 的事件

因此，只有了解攻击会触发的相应告警，才可以有针对性地设置监控规则。这就需要防守人员也要进行攻击演练，才能了解什么攻击会产生哪些告警日志。红蓝对抗就是一种很好的演练方式。

4. 了解攻击结果，判断攻击是否成功

想要更加准确地设置监控条件，减少告警条目，就需要了解一些攻击成功后产生的对应结果（很多攻击软件也是利用返回结果进行是否成功的判定）。这种结果可以是系统产生的，例如，经典的 SQL 注入报错语句出现在页面回显中："You have an error in your SQL syntax…"这时如果发现回包有这样的内容，则应该判定 SQL 注入成功。这种信息也可以自己提前创建，笔者会在系统中预先设置一个特殊账户，例如 lion123，如果发现请求数据报中存在 /etc/passwd 内容，而回包中有 lion123（其实这里如果不冲突，回包内容也可以为 root），则可以判断本地或远程文档包含漏洞。当然这也要防守人员了解攻击手段，进行演练，才可以设置准确的监控策略。

5. 预设陷阱或蜜罐的方式

蜜罐是一个比较理想的抓取攻击载荷的方法，同样，可以利用信息不对等的方式，提前设置好一些"陷阱"来捕获攻击。例如，笔者曾经在一些关键页面设置了隐藏的无效链接，这些链接正常使用者是无法看到的，但是爬虫却可以识别这些链接，因此只要发现该链接被访问过，便可以知道存在爬虫，便于对后续行为进行判断。

8.3 监控策略

知己知彼后便需要设定监控策略，下面介绍常见的几种监控策略：

- 关键词识别
- 关联分析
- 频率分析
- 机器学习

1. 关键词识别

笔者认为，关键词识别是监控 1.0 时代的技术，但也是最基础且实用的技术，因此只要对攻击载荷软件的特征收集得足够全，则大部分攻击基本上都可以通过关键词进行识别。但关键词识别也有缺点，最明显的缺点是如果不对架构进行优化，那么对系统的消耗会随着策略的增多而逐渐增大，并且有可能出现误判的情况。如图 8-8 所示，在特

定环境下，一只猫看上去有了老虎的特征，容易造成误判。

图 8-8　一种误判情况

2. 关联分析

通常来说，我们收到的告警信息都是分散的，例如 HIDS 告警、NIDS 告警、防火墙告警，如果将这些信息通过某种方式关联在一起（例如 IP），形成一个事件，那么会大大减少告警的噪音问题，提高监控的准确度。目前，很多 SOC 或 SIME 系统都在朝着这个方向探索。笔者最开始了解的关联分析的产品是 CISCO 的 Mars 产品（目前已经停产），它通过收集系统之间的 syslog 信息，最终产生一条完整的攻击链条并进行展示，如图 8-9 所示。

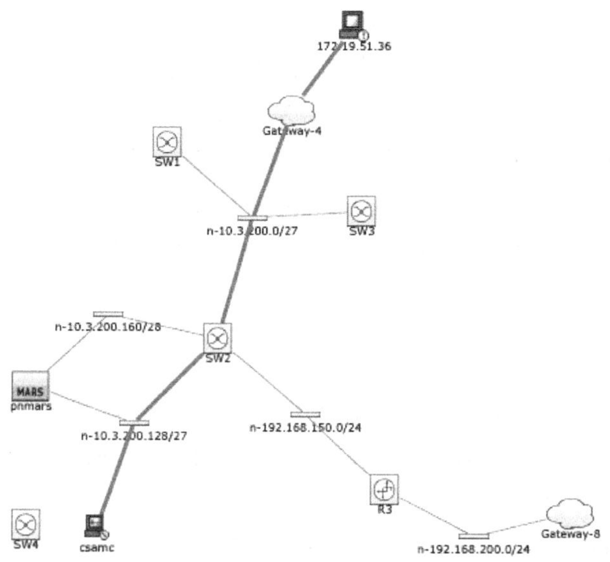

图 8-9　CISCO Mars 关联图

下面简单列举几个关联分析的维度：

- IP 关联：即在告警信息中 IP 存在关联情况，例如有 E1、E2 两条告警，E1 的目的 IP 是 E2 的源 IP，例如，WAF 发现某主机存在 WebShell 连接，而 HIDS 发现该主机 Web 的目录中有文件变更操作，则可以判断该主机可能被成功上传至 WebShell。
- 漏洞关联：这需要与安全资产信息进行联动，在企业中，有可能存在一些有漏洞但是既不敢升级又不敢重启，或新漏洞刚出现，还没来得及升级的服务器或应用，此时如果发现有攻击是针对这种服务器漏洞的载荷的，则需要特别注意。
- 行为关联：根据出现的行为进行判断，将所有行为相同或相似的服务器进行关联。例如，企业大规模中毒事件，所有机器批量扫描 139、445 端口，或统一有异常外联操作等。

以上仅仅是几个案例，想要做好关联分析，对防守人员的要求还是很高的，需要不断总结攻击场景，只有这样才能做好关联分析。当然还有一些关联分析的算法，例如 Apriori 和 FP-growth 算法等，有兴趣的读者可以自己研究。

3. 频率分析

频率分析可以对异常进行识别，有效弥补关键词对未知情况无法给出相关策略的缺陷。以 HTTP 为例，可以统计 IP、URL 的访问频率并进行扩展。例如，如果是爬虫，则对网站 URL 访问的深度会比正常访问要深；如果是扫描仪，则有可能出现大量的 404 请求；如果有平行权限的漏洞，对 URL 的访问仅仅是某个变量数据改变等。

频率分析的难点在于设置基线和阈值，基线可以参考历史资料进行设定，例如，昨天、7 天、30 天前的均值，阈值需要不断根据业务进行调整，直到接收的告警与实际业务平衡为止，当然也可以参考正太分布特征等。除此之外，对于阈值的设定，也应将突发增量的情况考虑进去，比如对一个事件的访问数量虽然没达到预设阈值，却增长了 10% 甚至 50%，也是需要引起注意的。

4. 机器学习

笔者所在的团队在机器学习方面也进行了一点点探索，试图使用机器学习对异常 URL 请求进行识别，下面简单介绍一个案例：使用 HMM 检测 SQL 注入。

（1）HMM 介绍

HMM 广泛应用于语音识别、文本处理以及网络安全等领域。HMM 模型完成训练后通常可以解决三大类问题：1）输入观察序列获取概率最大的隐藏序列，最典型的应用就是语音译码以及词性标注；2）输入部分观察序列预测概率最大的下一个值，比如搜索词猜想补齐等；3）输入观察序列获取概率，从而判断观察序列的合法性。下面介绍的检测方法适用于第三类问题。

（2）URL 参数建模思路

常见的基于 get 请求的 SQL 注入、攻击载荷主要集中在请求参数中。以黑样本为例：

```
'/**/union/**/select/**/1,2,1331909424,4--
200607' union select 1,674790948,1,1,1,1,1,1,1,1--
-1' union select 0,348320449,0,0,0,0,0--
'union/**/select/**/0,0,763560836,0,0,0,0,0,0,0,0,0,0,0,0,0,0,0,0,0,0,0--
1' union select 1,2,'calendarix_id_sql_injection.nasl',4,5,6,7,8,9,10,11,12,13--
'/**/union/**/select/**/1,2,1331909424,4--
1' union select 1,2,'calendarix_id_sql_injection.nasl',4,5,6,7,8,9,10,11,12,13--
9999/**/union/**/select/**/1332008332,1,1,1,1,1,1,1--
-1 union select null,null,'mdpro_topicid_sql_injection.nasl-1331923197',null,null,null,null --
'union select '1','2','pixelpost_category_sql_injection.nasl','1331904457','5'--
-99999/**/union/**/select/**/0,1,concat(1331919200,0x3a,512612977),3,4,5,6,7,8,9,10,11,12,13,14,15,16,17
-1' union select 0,929714876,0,0,0,0,0--
200607' union select 1,1425852379,1,1,1,1,1,1,1,1--
-1 union select null,null,'mdpro_topicid_sql_injection.nasl-1332010395',null,null,null,null --
```

通过观察可知：SQL 注入的攻击载荷中包括一些 SQL 关键词。可以通过一些方法将关键词切分出来，并转换成特定的向量值，通过 HMM 进行训练学习，对新输入的观察序列进行预测，获取概率，从而判断观察序列的合法性。

（3）URL 参数建模步骤

1）数据处理。提取有效的数据，过滤掉噪声数据，如注释符、URL 解码等。

2）使用基于 SQL 解析的词法分词器对参数进行分词。这里没有使用正则分词，因为在实际中会遇到如下问题：

- 分词不精准，分隔符不固定，为了能尽可能多地覆盖，需要不断完善正则表达式。
- 覆盖范围越广，正则越复杂，效率越低。
- 泛化时，采用单字元的特征提取，弱化了 SQL 关键词的影响，字符串长度对预测结果的影响大于 SQL 关键词。

而词法分析器对比正则分词具有以下优势：

- 不需要单独泛化，分词器在切词的同时直接返回对应的状态值，便于机器学习使用。
- 针对复杂字符串切词速度快，日志请求越长，效果越明显。
- 比简单正则覆盖范围广，比复杂正则速度快。
- 分词精准度高，具有针对性，SQL 解析器识别的关键词能重点标记。

（4）词法分词器处理步骤

词法分词器采用 SQL 解析的词法分词逻辑，模仿 SQL 解析器进行分词，逐个扫描字符串，遇到符号即返回，遇到字符即继续，并判断解析出的字符串是否是关键词。具体操作步骤如下：

1）定义 SQL 解析器可以识别的符号、运算符、关键词并设置默认状态值：

```
TK_DROP = 105
TK_UNION = 106
TK_ALL = 107
TK_EXCEPT = 108
TK_INTERSECT = 109
TK_SELECT = 110
TK_DISTINCT = 111
TK_DOT = 112
TK_FROM = 113
TK_JOIN = 114
TK_INDEXED = 115
TK_BY = 116
TK_USING = 117
TK_ORDER = 118
TK_GROUP = 119
TK_HAVING = 120
TK_LIMIT = 121
TK_WHERE = 122
```

2）扫描字符串，如果字符是合法的 SQL 运算符，则返回对应的状态值，如果字符是字母、数字，则继续扫描，直到指针越界或者 IdChar 为 False。当扫描到的字符串是 SQL 的关键词时，返回对应的状态值。IdChar 字符验证函数用于判断字符是否可以被 SQL 标识器识别。对于 ASCII 字符集，高位 bit 集合的字母都能被 SQL 标识器识别，对于 7bit 的字符，则 sqlIsEbcdicIdChar 必须为 1。

```
sqlIsEbcdicIdChar = [0, 0, 0, 0, 1, 0, 0, 0, 0, 0, 0, 0, 0, 0, 0, 0,1, 1, 1, 1, 1, 1, 1, 1, 1, 1, 0, 0, 0, 0,
    0, 0,0, 1, 1, 1, 1, 1, 1, 1, 1, 1, 1, 1, 1, 1, 1,1, 1, 1, 1, 1, 1, 1, 1, 1, 1, 1, 0, 0, 0, 0, 1,0, 1,
    1, 1, 1, 1, 1, 1, 1, 1, 1, 1, 1, 1, 1, 1,1, 1, 1, 1, 1, 1, 1, 1, 1, 1, 1, 0, 0, 0, 0, 0,]
def IdChar(self, c):
    vc = ord(c)
    sv = vc - 32

    if sv < 0: #\n 特殊处理
        return False
    return (vc >= 66 or sqlIsEbcdicIdChar[sv] or vc == 45)
```

其中关于函数 IdChar，可参考 sqlite3 源码中的字符串识别函数，如下所示：

```
/*
** If X is a character that can be used in an identifier then
** IdChar(X) will be true.  Otherwise it is false.
**
** For ASCII, any character with the high-order bit set is
** allowed in an identifier.  For 7-bit characters,
** sqlite3IsIdChar[X] must be 1.
**
** For EBCDIC, the rules are more complex but have the same
** end result.
**
** Ticket #1066.  the SQL standard does not allow '$' in the
** middle of identifiers.  But many SQL implementations do.
** SQLite will allow '$' in identifiers for compatibility.
** But the feature is undocumented.
*/
```

```
#ifdef SQLITE_ASCII
#define IdChar(C)  ((sqlite3CtypeMap[(unsigned char)C]&0x46)!=0)
#endif
#ifdef SQLITE_EBCDIC
SQLITE_PRIVATE const char sqlite3IsEbcdicIdChar[] = {
/* x0 x1 x2 x3 x4 x5 x6 x7 x8 x9 xA xB xC xD xE xF */
    0, 0, 1, 1, 1, 1, 1, 1, 1, 1, 0, 0, 0, 0, 0, 0,  /* 4x */
    0, 1, 1, 1, 1, 1, 1, 1, 1, 1, 0, 1, 0, 0, 0, 0,  /* 5x */
    0, 0, 1, 1, 1, 1, 1, 1, 1, 1, 0, 0, 0, 1, 0, 0,  /* 6x */
    0, 1, 1, 1, 1, 1, 1, 1, 1, 0, 0, 0, 0, 0, 0, 0,  /* 7x */
    0, 1, 1, 1, 1, 1, 1, 1, 1, 1, 0, 0, 1, 1, 1, 0,  /* 8x */
    0, 1, 1, 1, 1, 1, 1, 1, 1, 1, 0, 0, 1, 0, 1, 0,  /* 9x */
    1, 0, 1, 1, 1, 1, 1, 1, 1, 1, 1, 0, 1, 1, 1, 0,  /* Ax */
    0, 0, 0, 0, 0, 0, 0, 0, 0, 0, 0, 0, 0, 0, 0, 0,  /* Bx */
    0, 1, 1, 1, 1, 1, 1, 1, 1, 1, 0, 1, 1, 1, 1, 1,  /* Cx */
    0, 1, 1, 1, 1, 1, 1, 1, 1, 1, 0, 1, 1, 1, 1, 1,  /* Dx */
    0, 0, 1, 1, 1, 1, 1, 1, 1, 1, 0, 1, 1, 1, 1, 1,  /* Ex */
    1, 1, 1, 1, 1, 1, 1, 1, 1, 1, 0, 1, 1, 1, 1, 0,  /* Fx */
};
#define IdChar(C)  (((c=C)>=0x42 && sqlite3IsEbcdicIdChar[c-0x40]))
#endif
```

keywordCode 函数用于识别 SQL 关键词：

```
def keywordCode(self, z, n):
    h = 0
    i = 0
    if n < 2:
        return TK_ID
    h = ((self.charMap(z[0]) * 4) ^ (self.charMap(z[n - 1]) * 3) ^ n) % 127
    if isinstance(aHash[h], list):
        for m in aHash[h]:
            i =  m - 1
            while (i >= 0):
                if(aLen[i] == n and self.sqlStrNICmp(zText[aOffset[i]:len(zText)],z,n) == 0):
                    self.keywords.append(z[:n])
                    return aCode[i] + weight

                i = (aNext[i]) - 1

    else:
        i = (aHash[h]) - 1
        while (i >= 0):
            if(aLen[i] == n and self.sqlStrNICmp(zText[aOffset[i]:len(zText)],z,n) == 0):
                self.keywords.append(z[:n])
                return aCode[i]

            i = (aNext[i]) - 1
    return TK_ID
```

其中 zText 是 SQL 关键词组成的字符串，默认内容为：

```
zText = "REINDEXEDESCAPEACHECKEYBEFOREIGNOREGEXPLAINSTEADDATABASELECTABLEFTHENDEFERRABLELSEXCEPTRANSACTIONATURALT
ERAISEXCLUSIVEXISTSCONSTRAINTERSECTRIGGEREFERENCESUNIQUERYATTACHAVINGROUPDATEMPORARYBEGINNERENAMEBETWEENOTNULLIKE
CASCADELETECASECOLLATECREATECURRENT_DATEDETACHIMMEDIATEJOINSERTMATCHPLANALYZEPRAGMABORTVALUESVIRTUALIMITWHENWHERE
PLACEAFTERESTRICTANDEFAULTAUTOINCREMENTCASTCOLUMNCOMMITCONFLICTCROSSCURRENT_TIMESTAMPRIMARYDEFERREDISTINCTDROPFAI
LFROMFULLGLOBYIFINTOFFSETISNULLORDERIGHTOUTEROLLBACKROWUNIONUSINGVACUUMVIEWINITIALLYSLEEPSYSDATECONSTRAINT_SCHEMA
EXECUTEARRAYLENSIMPLETEXTCOMPRESSROUTINE_CATALOGCONSTRAINT_NAMENOARCHIVELOGCURRENT_ROLEFORCEIMPLEMENTATIONQUOTANU
MERICSPECIFIC_NAMEPERFORMTRANSLATIONMD5AUDITFULLPARAMATER_ORDINAL_POSITIONOCTET_LENGTHDISPATCHCURRENTVERSIONGOSEG
MENTSIMILARROWNUMMINUTEMAPINSTANTIABLEMAXSUBCLASS_ORIGININSTANCEONLYCOBOLUSER_DEFINED_TYPE_NAMEASCIILOOPEXPNORMAL
```

aLen 的内容为对应关键词的长度数组：

```
aLen = [7, 7, 5, 4, 6, 4, 5, 3, 6, 7, 3, 6, 6, 7, 7, 3, 8, 2, 6, 5, 4, 4, 3, 10, 4, 6, 11, 2, 7, 5, 5, 9, 6, 10,
    9, 7, 10, 6, 5, 6, 6, 5, 6, 4, 9, 2, 5, 5, 6, 7, 7, 3, 4, 4, 7, 3, 6, 4, 7, 6, 12, 6, 9, 4, 6, 5, 4, 7, 6, 5,
     6, 7, 5, 4, 5, 7, 5, 8, 3, 7, 13, 2, 2, 4, 6, 6, 8, 5, 17, 12, 7, 8, 8, 2, 4, 4, 4, 4, 4, 2, 2, 4, 6, 2, 3,
    6, 5, 5, 5, 8, 3, 5, 5, 6, 4, 9, 3, 5, 7, 17, 7, 8, 6, 4, 8, 15, 15, 12, 12, 5, 14, 5, 7, 13, 7, 11, 3, 5, 4,
     26, 12, 8, 7, 7, 2, 7, 7, 6, 6, 3, 12, 3, 15, 8, 4, 5, 22, 5, 4, 3, 6, 4, 17, 4, 8, 27, 7, 8, 6, 8, 8, 8, 8,
     11, 6, 7, 5, 9, 8, 10, 6, 7, 13, 6, 25, 12, 9, 10, 5, 4, 8, 8, 5, 10, 7, 7, 3, 10, 10, 12, 17, 4, 4, 6, 7, 8
    , 4, 3, 5, 10, 4, 8, 12, 9, 3, 11, 9, 7, 3, 7, 7, 7, 5, 7, 5, 4, 7, 14, 5, 8, 10, 4, 8, 10, 3, 9, 4, 9, 4, 8,
```

aOffset 为关键词在 zText 中的位置索引：

```
aOffset = [0, 2, 2, 8, 9, 14, 16, 20, 23, 25, 25, 29, 33, 36, 41, 46, 48, 53, 54, 59, 62, 65, 67, 69, 78, 81, 86,
     95, 96, 101, 105, 109, 117, 123, 130, 138, 144, 154, 157, 162, 167, 172, 175, 179, 179, 183, 188, 191, 195,
    201, 207, 207, 210, 213, 217, 218, 222, 228, 232, 239, 245, 257, 263, 272, 274, 280, 285, 287, 294, 299, 304,
     310, 316, 321, 325, 328, 335, 339, 347, 349, 356, 358, 360, 369, 373, 379, 385, 393, 398, 398, 414, 421, 428
    , 429, 436, 440, 444, 448, 452, 455, 457, 459, 462, 462, 465, 468, 474, 478, 483, 487, 495, 498, 503, 508,
    514, 518, 523, 527, 532, 539, 556, 563, 571, 577, 581, 589, 604, 619, 631, 643, 648, 662, 667, 674, 687, 694,
     705, 708, 713, 717, 743, 755, 763, 770, 777, 779, 786, 793, 799, 805, 808, 820, 823, 838, 846, 850, 855, 877
```

aLen、aOffset 这些数组都是提前计算出来的，目的是提高检索效率。

例如，对于字符串：str =“INDEX”

- 首字母大写，为 I。
- 长度：5（aLen）
- 索引位置：2（aOffset）

如果 zText[aOffset[2]:aOffset[2]+5] =INDEX 为 True，则代表此字符串为关键词，否则为普通字符串。

以如下样本数据为例：

```
99999 union select 0,1,concat(1331919200,0x3a,1131566153),3,4,5,6,7,8,9,10,11,12,13,14,15,16
```

分词后结果为：

```
{'99999': 125, '0x3a': 145, 'select': 110, ' ': 146, '1131566153': 125, ')': 20, '(': 19, '-': 79, ',': 22, '1': 125, '0': 125, '3
': 125, '5': 125, '4': 125, '7': 125, '6': 125, '9': 125, '8': 125, 'concat': 23, '11': 125, '10': 125, '13': 125, '12': 125, '15'
: 125, '14': 125, '16': 125, 'union': 106, '1331919200': 125}
```

从结果可以看出，切出的字符串都有对应的状态值，可以进行 HMM 模型训练了。

3）进行 HMM 模型训练。代码如下：

```
def train():
    X_LENS = [1.]
    X = [[0.]]

    with open("data/badqueries.txt") as f:
        for line in f:
            line = clean(line)
            parser = SQLTokenizer()
            parser.sqlRunParser(line)
            # print parser.words,parser.keywords
            vecs = genvec(parser.token_types,
                          parser.words, parser.keywords)
            # print [line], vecs
```

```
            X = np.concatenate([X, vecs])  # 每一个参数value作为一个特征向量
            # X = np.vstack((X, vecs))
            # print X,111
            # 通过np.concatenate整合成了一个1D长向量，同时需要额外传入len list来标明每个序列的长度边界
            X_LENS.append(len(vecs))  # 长度
            # sys.exit(0)

    # X = np.vstack(tuple(data))
    hmodel = hmm.GaussianHMM(
        n_components=3, covariance_type="full", n_iter=100)
    X = X[1:, :]
    X_LENS = X_LENS[1:]
    hmodel.fit(X, X_LENS)
    joblib.dump(hmodel, "hmm.pkl")
```

训练样本得分如下：

```
200607 union select 1,501184215,1,1,1,1,1,1,1,1   115.021750116
-1 union select 1376526276   115.021750116
union select 0,0,1369222205,0,0,0,0,0,0,0,0,0,0,0,0,0,0,0,0,0,0,0   115.021750116
9999 union select 1331905182,1,1,1,1,1,1,1   115.021750116
-99 union select 2020390524,2,880987929,4,5,6,7,8,9,0,1,2,3   115.021750116
-1 union select 1164366855   115.021750116
200607 union select 1,1265182078,1,1,1,1,1,1,1,1   115.021750116
-1 union select null,null,mdpro_topicid_sql_injection.nasl-1332009305,null,null,null,null   120.772837622
pligg_url_sql_injection.nasl union select 1331908736,1948616015   115.021750116
union select 0,0,1647791366,0,0,0,0,0,0,0,0,0,0,0,0,0,0,0,0,0,0,0   115.021750116
-1 union select 412834017   115.021750116
200607 union select 1,1200541698,1,1,1,1,1,1,1,1   115.021750116
 union select 1,2,1331919224,4   115.021750116
-1 union select null,null,mdpro_topicid_sql_injection.nasl-1331918993,null,null,null,null   120.772837622
200607 union select 1,1192121872,1,1,1,1,1,1,1,1   115.021750116
union select 1,2,pixelpost_category_sql_injection.nasl,1331904240,5   115.021750116
union select 0,0,521532225,0,0,0,0,0,0,0,0,0,0,0,0,0,0,0,0,0,0,0   115.021750116
-1 union select null,null,mdpro_topicid_sql_injection.nasl-1331905123,null,null,null,null   120.772837622
200607 union select 1,1128524552,1,1,1,1,1,1,1,1   115.021750116
200607 union select 1,1100287420,1,1,1,1,1,1,1,1   115.021750116
1 union select 1,1331919202   115.021750116
1 and 123=123 57.5108750581
```

定义 T 为阈值，概率大于 T 的参数识别为异常，通常会把 T 定义得比训练集最小值略小，在此例中可以取 57。

（5）小结

不能过于依赖 SQL 关键词进行未知的 SQL 注入攻击检测。由于缺乏语义层面的异常检测，因此有一定的误报率。但是结合规则检测，可以起到相辅相成的作用。当然模型还有优化空间，例如，添加一些语义分析的方法来提高预测精度，降低误报率。

8.4 ATT&CK

前文曾经提到过，ATT&CK 是 2019 年下半年安全领域比较火的一个话题，下面笔者聊聊自己的观点。

1. 概述

ATT&CK（Adversarial Tactics, Techniques and Common Knowledge）是一个站在攻击者的视角来描述攻击中各阶段用到的技术的模型，分为 PRE-ATT&CK、Enterprise 以及 Mobile 三个矩阵。

PRE-ATT&CK 覆盖攻击链模型的前两个阶段（侦察跟踪、武器构建），Enterprise 覆盖攻击链的后五个阶段（载荷传递、漏洞利用、安装植入、命令与控制、目标达成），Mobile 主要针对移动平台，如图 8-10 所示。

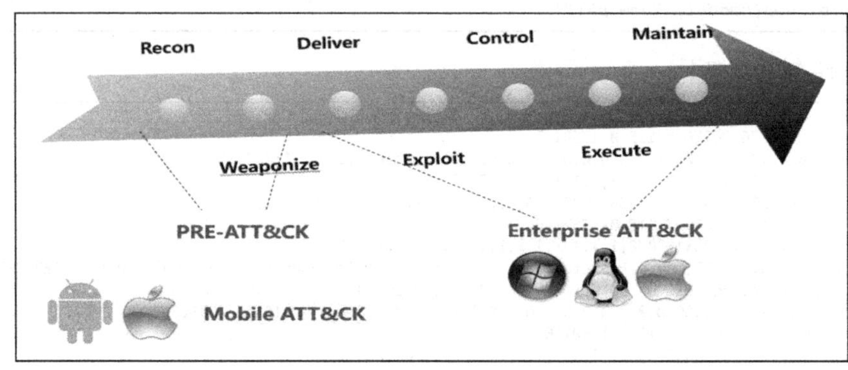

图 8-10　ATT&CK 架构

PRE-ATT&CK 的战术有：定义优先级、选择目标、收集信息、发现脆弱点、攻击性利用开发平台、建立和维护基础设施、人员的开发、建立能力、测试能力、分段能力。

Enterprise 包括的战术有：访问初始化、执行、常驻、提权、防御规避、访问凭证、发现、横向移动、收集、命令和控制、数据采集、影响，如图 8-11 所示。

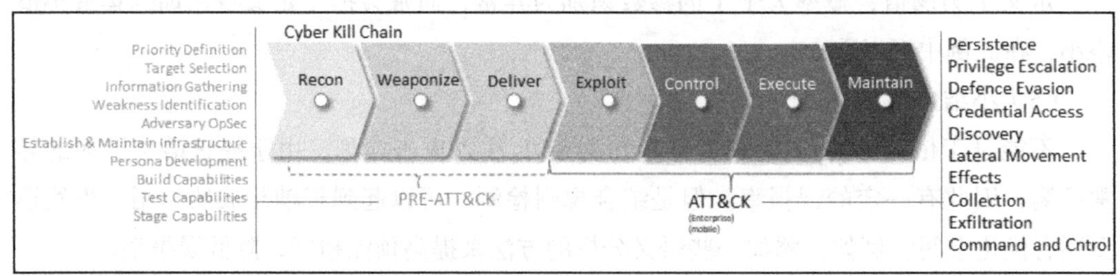

图 8-11　PRE-ATT&CK 战术与 Enterprise 战术

Enterprise 战术将攻击策略（表头）与技术（每一列）作为框架。攻击策略从左到右地表示攻击的过渡（生命周期）。要了解更多内容，可以去官网（https://attack.mitre.org/）查看。MITRE 组织在设计 ATT&CK 时定义了一些关键对象：

- ❑ 攻击策略（Tactic）：通过使用的技术实现的目标。
- ❑ 技术（Technique）：用于攻击的技术。
- ❑ 黑客组织（Group）：攻击者，例如 ATP1、APT28、Lazarus 等。
- ❑ 软件（Software）：使用的攻击软件、工具。

这些对象之间的关系如图 8-12 所示。

以 APT28 用 Mimikatz（一款 Windows 密码抓取神器）和 Credential Dumping（凭据获取）技术完成 Credential Access（凭据访问）的关系模型如图 8-13 所示。

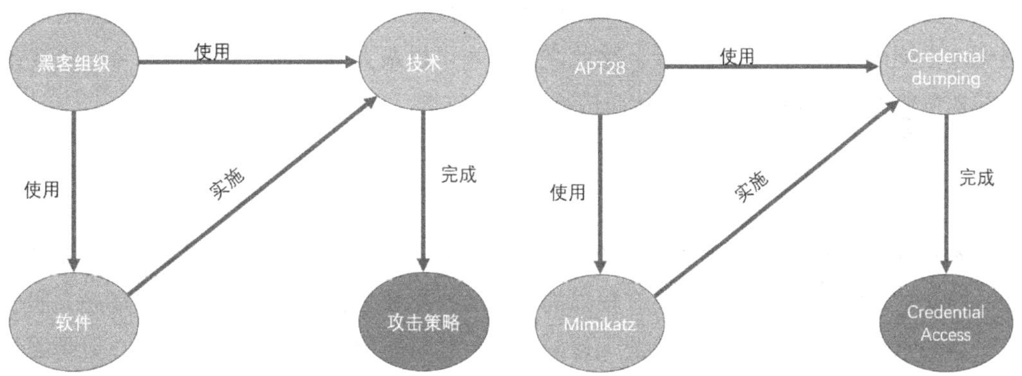

图 8-12　ATT&CK 关键对象之间的关系图　　　　图 8-13　ATT&CK 示例

2. ATT&CK 的作用

ATT&CK 矩阵在攻击方与防守方有着不同的含义，对于防守方来说，主要有以下作用：

1）了解攻击的方式与方法。ATT&CK 很全面地将各种攻击方式汇聚起来，并提供了一些攻击工具、方法，以及缓解措施、检测方法，防守方了解这些，可以有针对性地进行防御与监控。

2）检测防守方的防御覆盖范围（横向）。这也是笔者看到 ATT&CK 矩阵图时的第一反应：我们的监控可以检测到多少攻击，又可以防御多少攻击。这里可以使用 ATT&CK 提供的相关工具对可以检测的攻击进行评估，也可以针对特定攻击场景，结合 ATT&CK 中提到的技术或软件进行防御评估。

3）对于防守方进行防御差距评估（纵向）。每种不同的攻击技术都有多种攻击方式，利用 ATT&CK 可以明确现有安全措施与实际攻击方法之间的差距，是否可以识别多种攻击方式，并针对存在的差距引入新的可以弥补的技术方案。

4）评定监控系统的成熟度。评定攻击技术检测监控系统的检测能力，以及防御人员发现攻击者入侵的响应速度。

5）对于威胁情报的补充与扩展。ATT & CK组织并提供攻击者团体针对这些网络威胁情报使用的工具、技术和操作。ATT & CK可以用于加深对攻击者团体的了解。例如，APT3会使用哪些战术进行攻击？对于这个问题，分析人员可以使用ATT & CK的信息来确定APT3所使用的具体技术手段和战术，这将指导分析人员完成针对具体威胁的应对措施，并且可以在创建威胁报告时作为信息进行补充和扩展。

尽管ATT & CK为我们提供了非常详尽的矩阵，但是笔者认为，我们面对的攻击者都是可以独立思考的人类，攻击的方式不会根据矩阵设置的方法循规蹈矩地进行，很可能是千变万化的。因此，防守人员也不能墨守成规，应该讲究在防御基础建立好的同时遇到攻击能随机应变，灵活处置。除此之外，也可以最大限度地进行换位思考，以攻击者的视角猜测攻击路线及手法，从而进行监控和防御。

8.5　本章小结

本章介绍了笔者对于安全监控的认识，对于安全监控，最重要的是可以及时发现问题，因此，最需要的是监控人员有很强的责任心，对于任何告警都要产生怀疑并大胆假设，小心求证。笔者见过很多过被入侵的案例，尽管告警系统已经有了提示，但是因为没有人去处理而导致安全事件发生，令人惋惜。

当然，也需要对监控策略进行一定的优化与处理，毕竟海量告警便等于没有告警，这就要求设置策略的人员对攻击有一定的了解，可以优化规则或定义准确的规则。而监控的目的也应该遵循5W1H（WHAT、WHEN、WHO、WHERE、WHY、HOW）法则。

除此之外，安全监控以满足最低要求为出发点，不要好高骛远，先使用简单有效的方式，再循序渐进。同时，基础的防御元素一样很重要，不要顾此失彼，例如，安全意识训练、漏洞管理、最小权限原则、合理的流程制度，等等，都要加以注意。

第9章

隐私与数据安全

近些年来，随着大数据技术的广泛应用与普及，个人数据滥用、信息泄露导致的安全事件层出不穷，用户个人隐私、企业资产、国家安全都面临着巨大挑战，个人数据安全和隐私受到了空前的重视。本章将介绍一些隐私及数据安全方面的内容。

9.1 GDPR介绍

2018年5月25日，《通用数据保护条例》(General Data Protection Regulation，GDPR)生效，这是欧盟的条例，前身是欧盟在1995年制定的《计算机数据保护法》。GDPR创设和引入了若干重要的理念，值得数据保护领域的相关方认真研究和应对。例如，强化了对数据主体的保护，明确数据控制者和处理者的义务、监管方法等。

对于违反GDPR相关规定的责任方，该条例设置了严厉的处罚措施。对于没有取得用户同意而擅自泄露用户信息等行为，处罚高达2000万欧元或者企业上一年度全球营业收入的4%（以较高者为准）。

GDPR定义的个人数据如下所示：

- 个人信息，包括位置数据、移动设备ID以及某些情况下的IP地址（生物特征数据和遗传数据被认为是“敏感的个人数据”）。
- 匿名数据是一种潜在的合规性信息，即经过散列、加密或以某种技术方法进行匿名处理的个人数据。将其与附加数据相结合后重新识别的数据也被视为个人数据。如下类型的隐私数据将受到GDPR保护：
  - 基本的身份信息，如姓名、地址和身份证号码等。
  - 网络数据，如位置、IP地址、Cookie数据和RFID标签等。
  - 医疗保健和遗传数据、生物识别数据，如指纹、虹膜数据等。

○ 种族或民族数据、政治观点等。

同时，GDPR 也定义了个人权利，包括：

- 数据访问：数据主体有权向数据控制方确认企业是否正在处理他们的个人数据。如果是，控制方必须向数据主体提供有关此类处理的信息，包括处理的具体数据、处理目的以及与其共享此类数据的其他方。
- 对象权：在某些情况下，数据主体可以随时反对处理他们的个人数据，特别是如果处理是出于直接营销目的。
- 数据整改：如果数据不准确或不完整，数据主体可要求控制方更正或完善个人数据。
- 处理限制：数据主体可以要求控制方停止访问和修改其个人数据。例如，控制方可以标记或使用技术手段来确保这些数据不会被任何一方进一步处理。
- 数据可移植性：在某些情况下，数据主体有权要求控制方以结构化、常用的和机器可读的格式（例如 CSV 格式）提供其个人数据，以便他们可以将自己的个人数据发送给其他公司。
- 删除权：也称为“被遗忘权”，该权利授权数据主体请求数据控制方在下列情况下删除或移除其个人数据，即当数据不再用于原始目的时，当数据主体撤回数据使用权时，或当数据主体反对处理方式时。

此外，GDPR 还规定了记录保存要求，需要企业设置 DPO，也规定了非常值得关注的关于罚款额度等标准。

9.2 企业针对 GDPR 的主要工作

有面向欧洲业务的企业（或者只是有欧洲的用户），需要遵循 GDPR 开展工作，应围绕着数据主体识别、数据主体的权利以及数据控制者的责任和义务开展工作，如图 9-1 所示。

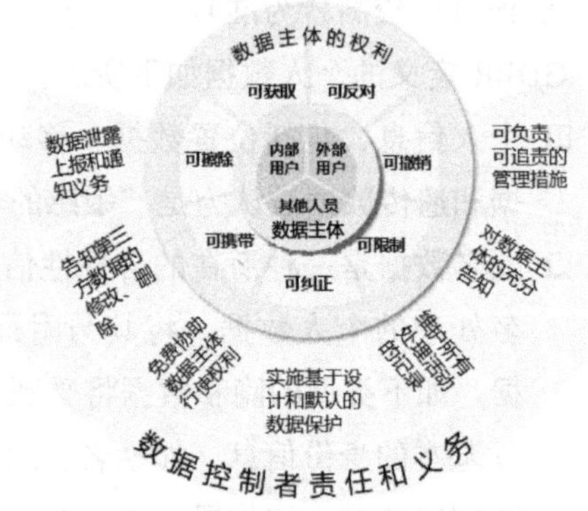

图 9-1　企业针对 GDPR 的主要工作

包括但不限于如下工作：获取的用户同意，数据最小化，进行保护数据生命周期，数据保护影响评估，制定隐私政策，规范 Cookie 的使用，遵守合同约束，确保跨境传输的安全，对数据泄露情况及泄露方的处置，信息系统安全等。

下面介绍笔者参与的一个项目。整个项目大概分为三个阶段：初期评估阶段、整改阶段、培训及知识转移阶段。

1. 初期评估阶段

此阶段的主要工作包括：

- 计划及项目启动：前期需要评估 GDPR 合规业务所需要的人 / 天、资源以及配合情况，成立项目委员会及项目组织架构，并开启项目启动会，让相关人员了解工作内容、配合方式，并可以准备相关资料。
- 资料汇总：将所需要的业务资料、日志、制度等收集汇总。
- 访谈及现场调研：主要针对安全团队、业务团队、法务、HR、市场、大数据等相关业务部门进行访谈，并进行现场调研。例如，针对信息安全团队访谈安全整体状况、建设体系；针对业务团队访谈数据收集、处理的流程，相关数据的主体范围，数据收集的目的、需求以及相应的转移或销毁手段，等等。针对法务部门访谈隐私协议、第三方合同、监管机构等。
- 差距分析：根据访谈及调研结果，对应 GDPR 相关要求评估差距，发现存在的问题，并与业务部门进行确认。

2. 整改阶段

此阶段根据之前差距分析过程发现的问题进行整改，并与业务部门确认整改方案的合理性、整改难度及所需要的成本，相关的整改方案是否可以落地。

3. 培训及知识转移阶段

这是项目的尾声，主要是交接相关文档资料，并针对业务员工进行培训，同时根据整改方案及 GDPR 要求对业务进行开发与运营，因为 GDPR 涉及的业务可达到全审计条件，因此每个环节都需要有记录可供查询。

9.3 国内个人信息数据安全相关规范

我国政府针对个人信息数据安全也相继给出了很多规范及意见稿，如图 9-2 所示。

随着越来越多的侵害用户个人隐私的企业被曝光查处，我国的法律法规越来越严格，相信国内的个人隐私数据管理也会越来越合规。

图 9-2　国内的个人信息数据安全规范及意见稿

9.4　数据安全

数据安全是网络空间安全的一个重点。数据是信息的基础，数据经过加工处理后就成为信息，而信息需要经过数字化转变成数据才能存储和传输。数据安全就是保护数据的机密性、完整性、可用性。

下面简单介绍一下数据安全的要点。

1. 数据资产识别

与第 8 章的资产识别类似，将公司中散落在各条业务线的数据通过系统上报、访谈、调研等形式进行统一识别，明确数据资产的类型、范围，为下一步进行数据分级做准备，这是一项比较复杂而且需要很强的技术能力与沟通能力的工作。

2. 数据分级

确保数据安全，首先要做的就是对数据进行分级。可以按照重要性、涉密性、泄密风险性三个维度划分数据安全等级：

- 第一级，数据重要性维度。按照数据资产价值进行分类，根据数据性质、数据价值、敏感度、使用范围区分数据的重要性。
- 第二级，数据涉密维度。根据数据的涉密级别、接触范围区分数据涉密程度，结合数据重要性维度制定不同涉密级别、不同数据重要性的数据安全等级保护措施。

- 第三级，数据泄密风险维度。根据泄密所造成的损失的因素来进行划分，结合数据涉密性更好地确定数据安全人员的保密责任。

三个维度的评判主题参见表 9-1。

表 9-1 数据安全等级评判主题

数据安全维度	评判主题
数据涉密性	数据是否涉及企业经营机密或核心技术 数据是否涉及客户 / 合作方 / 员工 / 部门的隐私信息 数据是否仅限于特定部门及岗位获得获取
数据重要性	数据是否是企业生产建设中产生的重要数据或企业生产建设的重要支撑 数据是否是企业整体经营、市场拓展、客户发展、客户维系等经营活动中产生的重要数据或重要支撑 数据在企业内部应用的范围 数据是否具有较高的经市场验证的外部变观现价值
数据泄密风险性	数据失密或泄露是否可能产生外部法律风险，引发诉讼 数据失密或泄露是否可能引发客户 / 合作方 / 员工 / 部门投诉风险 数据失密或泄露是否可能造成企业信息为竞争对手获取 数据失密或泄露是否可能造成内部信息错置，扩散内部信息的接触范围至非相关部门

更多分级内容可以参考文章“技术干货 | 从 0 到 1 建立企业数据安全评级体系（详细实施步骤)”。

3. 敏感信息处理及访问控制

针对敏感信息，需要考虑在前端显示、传输、存储等方面的处理，针对不同级别的数据采用不同的控制手段。例如，机密级别的数据仅向指定的授权人员或指定的职位授予访问权限，内部级别的数据可以让员工或基于业务需要并授权的第三方人员访问，对公开的数据则不做限制。

4. 数据泄露风险评估

笔者认为，造成数据泄露一般有两种途径：外部黑客攻击与内部泄露。抵御外部黑客攻击，是安全部门的首要责任，本书前 8 章分别从不同维度介绍了一些技术方案，这里不再重复。内部泄露可以分为无意泄露与有意泄露两种：

- 针对无意泄露，应该加强员工的安全意识，并在公司贯彻数据保密意识，以及建立相应的奖惩制度，同时进行必要的监控，例如安装 DLP、行为审计等产品。
- 针对有意泄露，除了完善监控记录、安装监控软件外，还需要对系统日志做好保存，并配置审核策略（例如，查询订单过多则报警）。除此之外，可以在内部进行钓鱼执法：利用几个空白手机号分别注册某几个业务，从而利用泄露的手机号排查数据泄露的源头。

另外，建议数据尽量不要落地，利用系统之间的接口传输是最理想的技术方案。例如，业务部门很多时候需要组织活动，目标用户可能是消费额排前1000位的用户，这时候如果没有系统对接，数据部门就只能将数据导出，造成数据可能丢失的隐患。同样，第三方的短信接口也可能是一个数据泄漏的风险点，这点需要注意。针对数据访问，同样也需要遵循最小权限原则，例如，在客服拨打用户电话时，可以不为客服提供用户的手机号，只做一个按钮，点击便可以拨打电话。

也需要考虑其他风险，类似于聚合攻击。例如，告知甲和乙一共有50元钱，乙知道手里有20元，推算出甲手里有30元。

笔者就遇到过类似的一个案例：虽然已经控制了广场运营人员每次只能查一个广场用户数据的操作，但运营人员仍然可以通过每次查询不同的广场来获取整个业务数据，因此需要针对运营人员进行可查询位置的限制才能保证数据安全。

9.5　数据保护影响评估系统简介

数据保护影响评估（DPIA）系统可以应用到从产品研发到运营等的各个阶段。在产品研发阶段，可使用DPIA系统指导产品设计的埋点工作，帮助进行个人数据收集合规规划与指引，防止收集非必要信息或法律禁止收集的信息，同时指导个人数据安全保护措施的设计与落实。在产品上线阶段，可使用DPIA系统评估个人数据隐私合规情况。在运营阶段，如果发生个人数据安全事件，可以快速对接到产品的隐私负责人，并根据前期的评估工作记录进行追溯，不断迭代流程与产品。

DPIA系统是一款灵活且可扩展的工具，在不断且快速迭代的过程中，目前系统已实现的模块包括：

- 产品基本信息。
- 个人数据影响度评估。
- 个人数据检查表。

1. 产品基本信息

产品基本信息包括：产品的名称、功能、产品隐私负责人以及产品隐私专员等信息。通过对产品基本信息的识别，可以快速定位到产品责任人，初步判断产品可能需要收集、使用、存储的个人数据，是数据收集合理性判断的基础，也是不合规、信息安全事件处理的基础，如图 9-3 所示。

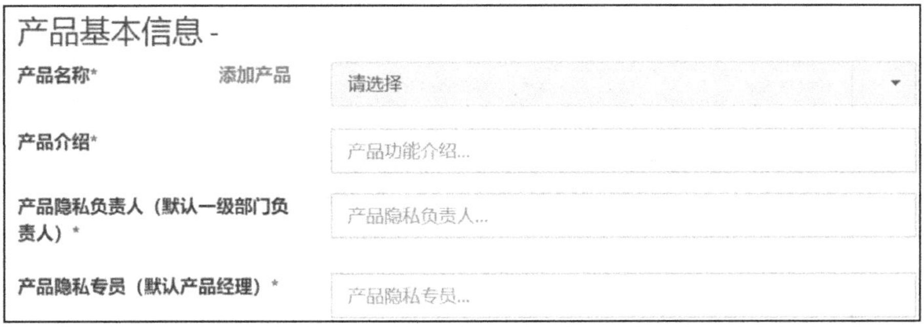

图 9-3　产品基本信息

2. 个人数据影响度评估

需要从以下方面评估个人数据的影响度：

- 检查埋点字段中是否存在禁止收集的个人数据。公司已识别并规定出高风险敏感数据字段，包括禁止收集或禁止处理的数据字段。高风险敏感数据字段默认禁止收集，无特殊情况，收集此信息皆不合规，不能通过合规评审，影响产品上线，如图 9-4 所示。

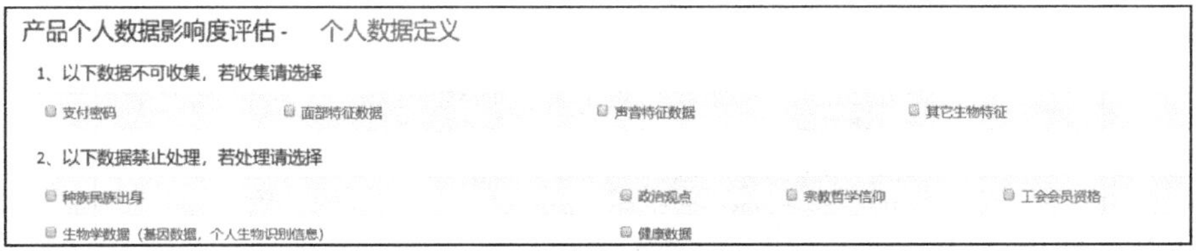

图 9-4　个人数据定义

- 检查埋点字段中包含的个人数据并进行影响度评估。系统中已识别出可能会涉及个人数据，可根据产品收集个人数据的情况进行选择。并对每一个选择的个人数据字段分别进行合规评估，评估的标准来源于 GDPR、《信息安全技术个人信息安全规范》（GB/T 35273—2017）中的合规要求。图 9-5 中已识别的个人数据是依据公司移动部分的产品整理的，针对不同的应用产品会进行相应调整。

3、以下数据为个人数据，请作出影响度评估

手机的品牌，型号，分辨率，CPU型号，内存大小等	Mac address，IMEI，智能硬件的硬件序列号，aid，推送ID（REGID）。	用户应用使用情况（记录）
用户设备中已经安装的应用包名列表	社交功能产品，第三方社交账号：FB，Google，微信，微博等	经纬度，GPS
邮箱	账户名	登录密码
姓名	手机号	电话号码
地址	身份证号	指纹 高风险
面部肖像数据 高风险	安全功能产品，提供保险服务：上报的用户保单信息和保单号	

数据处理过程	数据处理内容	数据处理要求	评估结果
获取关注点	数据收集必要性，是否是业务所需要	如业务所需，可收集，并于隐私政策中说明及征得用户同意	符合 ▼
	获取来源		Nothing selected ▾
使用关注点	使用该数据的显示方式	不登录也可见	符合 ▼
	是否进行用户数据画像		▼
	该字段所关联的操作系统日志是否保留6个月,主要是指字段自主生成的相关日志。例如用户登录，删除，下线的记录	处理日志保留6个月	符合 ▼
传输关注点	该字段是否向第三方进行传输，传输方式是否加密	不可向第三方传输	符合 ▼
	该字段是否向内部传输，传输方式是否加密	加密传输	符合 ▼
存储关注点	用户数据在服务器内的呈现形式	用户授权，系统自动生成	符合 ▼
	该数据是存储在公司服务器，还是通过系统接口调用	可在服务器端存储	符合 ▼
	存储的数据是否采用加密算法，是否为明文，还是不存储	可明文存储（无法推导自然人）	符合 ▼
	关联该字段的服务器的日志记录，主要是指公司后台对于该字段的运维操作日志。例如后台运维人员核查该用户一些账户行为所产生的记录	N/A	符合 ▼
删除关注点	字段删除（一般关联账户一体化删除）	完全删除，不可恢复，并通知第三方删除	符合 ▼
埋点字段 半角分号(;)分隔			
备注信息 不超过250字			

Close

图 9-5 个人数据影响度评估

3. 个人数据检查表

除了对收集的每条个人数据进行评估之外，还需要对其他安全合规要求进行差距分析，确保个人数据保护工作落实到位，如图 9-6 所示。

产品个人数据检查checklist -

猎豹移动个人数据字段评估*	完成第二部分产品个人数据影响度评估	符合
数据传输*	检查是否使用HTTPS进行传输	符合
后台数据库管理*	是否启动数据库敏感字段加密	符合
用户同意*	若收集敏感个人数据，用户弹窗功能是否在记录用户同意过程	符合
隐私策略*	产品隐私策略是否更新在最新产品中，内容是否结合产品功能和数据进行了更新	符合
投诉反馈机制*	用户投诉处理流程是否建立，相关客户人员是否接受了培训	符合
第三方使用个人数据*	是否有第三方使用本产品的个人数据	未使用
checklist备注信息 不适用的项请在此处填写说明信息		
数据跨境*		Nothing selected
用户所在国家*		Nothing selected
数据保存位置（国家）*		Nothing selected

图 9-6　产品个人数据检查表

DPIA 系统仍在不断迭代与完善，希望这里的简单介绍可以给更多隐私安全建设工作者提供思路，也希望读者提出宝贵的意见，为隐私合规贡献力量。目前该系统已经作为开源的安全项目存放在 https://github.com/cmcmsec/dpia，有需要的读者可以使用或进行二次开发。

9.6　本章小结

本章介绍了个人隐私与数据安全相关的工作，想要做好这方面的工作并不是一朝一夕就能实现的，除了要有过硬的技术，还需要公司有完善的流程、制度，另外，还需要其他部门的理解并配合，平心而论是一项非常辛苦的工作。但相信随着国家对数据安全与隐私的重视，隐私与安全工作也会在企业中越来越被关注，这条路也会越来越平坦。

第 10 章

业务安全

对于甲方互联网企业来说，如果没有业务，安全也就没有存在的价值，因此可以说安全服务于业务。本章将介绍一些常见业务场景的安全问题，如账号安全、支付安全、内容安全等，以及应对这些问题的方法。

10.1 账号安全

互联网时代产生了虚拟资产的概念（最开始主要是游戏装备、Q 币等），用户的账号有了实际的价值，黑客发现了这个价值，而且有了变现的可能，于是在账号领域便有了攻防之间的对抗。本节介绍在账号安全方面出现的安全问题以及相应措施。

10.1.1 账号安全问题

1. 盗号

笔者所经历过的最早的盗号事件是 QQ 账号被盗，也许在此之前还有其他盗号行为。盗号的手段有很多，例如将密码设置为弱口令，被黑客使用扫描软件扫到；使用键盘记录器木马或利用黑客程序等。盗号的目的只有一个——将用户的虚拟资产变现。典型的木马盗号产业链如图 10-1 所示。

盗号团伙呈金字塔型，越接近塔尖的人获得的利益越多，而且越安全，当然，他们有着资源或技术，而塔底的人数众多，只能分得很少的利润，被抓获的风险却很大。

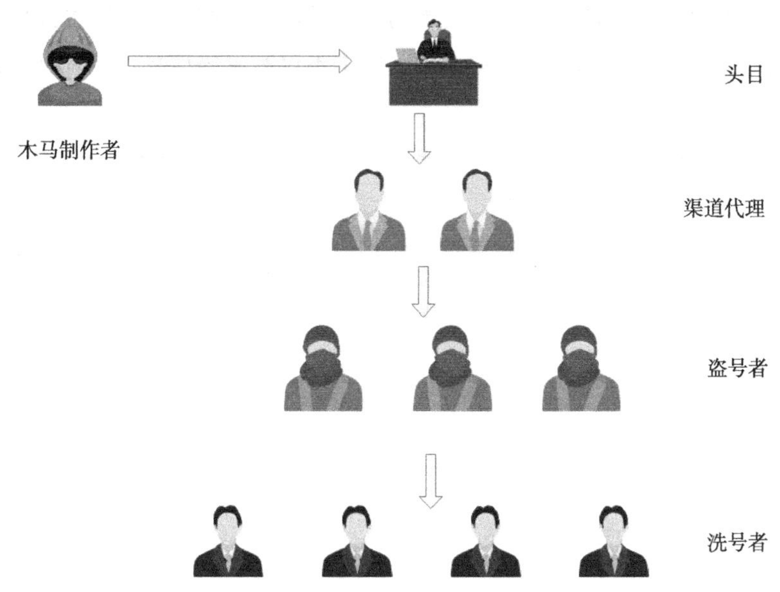

图 10-1　盗号团伙组成

2. 撞库

由于越来越多的网站需要用户注册后才提供服务，因此用户不得不注册大量网站。但对于大部分用户来说，为每一个网站单独设置一个密码是一个非常苛刻的要求，因此很多人便养成了“一套密码走天下”的习惯。但互联网企业的安全水平却参差不齐，黑客很可能先攻击有安全漏洞或安全技术比较薄弱的网站，获取用户的信息，再利用用户的密码去其他网站尝试登录相同用户的账户，这种行为称为“撞库”。

更加可怕的是，随着 2002 年某网站数据库泄露开始，大量的网站也或多或少地出现了信息泄露事件，而有心人将这些泄露的信息组织在一起，形成了社工库，如图 10-2 所示。

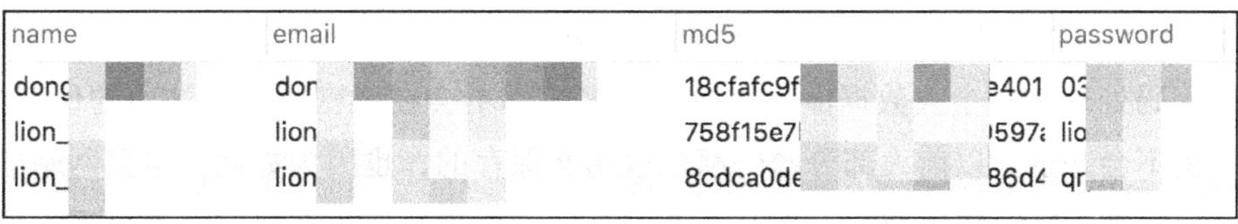

name	email	md5	password
dong	dor	18cfafc9f … e401	03
lion_	lion	758f15e7 … 0597	lio
lion_	lion	8cdca0de … 86d4	qr

图 10-2　社工库 1

这是笔者用自己的常用账号和一位同事的账号搜出来的结果，可以看到里边记录了笔者注册时的邮箱及密码的 md5。当然，社工库中不仅有密码信息，还有身份证号、手机号等，如图 10-3 所示。

关键字:（姓名/证件号） 张 点击查询

姓名	性别	年龄	生日	身份证号码	手机号码	E-MAIL	家庭地址	登记时间	操作
张	男	48	1967 25	3101 252414	1381	year	-	2-	
张	男	49	196 23	6123 23553x	1381		陕西	20 3:52:38	
张	男	31	198 01	1201 010833	1382		天津	20 3:55:17	
张	男	39	197 09	3426 061	1894	xzb	-	3-11 58	
张	男	35	198 30	1201 30041X	1582 8	ana… ahoo.com.cn	-		
张	男	34	198 11	3101 111719	1391 6	unc… com.cn	-		
张	男	42	197 05	3101 051619	1391	zhan… 63.com	上海 3	13 4	
张	男	46	196 21	3201 21003X	1391	lina_	-	20 9:39:18	
张	男	41	197 05	3408 052451	1385	army… m	-	-12-14 23:48	
张	男	35	198 30	3101 361	1381	tianf… n	-		
张	男	39	197 21	3101 211611	1865 2	ron… ahoo.com.cn	上海 23	11-15 :05	
张	男	32	198 21	1201 215812	1382 7	aim… a.com	-	21	
张	男	50	196 30	3101 301617	1590	yudo… 26.com	浦东 9弄11号 102		
张	男	38	197 07	3205 070233	1380	jump… 3.com	-	20 -24 1 5	

图 10-3 社工库 2

这是笔者之前在网上找到的另一类型的社工库，可以看到，个人信息等数据都可以查到，黑产可以将这些信息卖给商家做精准营销，这牵涉到另一个问题——信息泄露，这类问题在第 8 章有说明。

3. 密码问题

密码问题可以分为三个部分：密码处理、密码传输及密码相关功能。

- 密码处理：在个人数据泄露之前，很多人都不会在意密码在网站中的保存方式，更不会知道，以前大部分密码都是以明文保存的，也因为如此，很多网站的用户信息数据库被黑客获取（业内称“脱库”）。后来经历过多次安全事件后，网站才开始将密码加密存储，但大部分网站使用了一种不可逆算法 md5 进行所谓的“加密”，虽然 md5 算法本身是不可逆的，但依靠现在计算机强大的计算能力及存储能力，先将各种组合的 md5（甚至其他不可逆算法）值预先计算出来，再根据给出的值反向查找原文，破解密码便成为可能。现在，如果一个网站仍保存密码的 md5 值，那基本上与明文保存无异。图 10-4 便是某网站可以破解的部分密码种类，可以看到基本上常见的加密方式都存在被破解的可能。

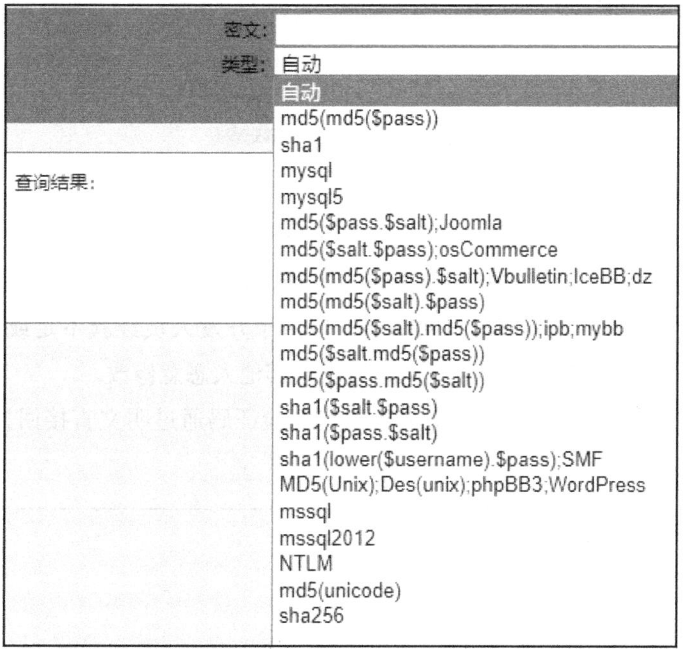

密文：
类型：自动
自动
md5(md5($pass))
sha1
mysql
mysql5
md5($pass.$salt);Joomla
md5($salt.$pass);osCommerce
md5(md5($pass).$salt);Vbulletin;IceBB;dz
md5(md5($salt).$pass)
md5(md5($salt).md5($pass));ipb;mybb
md5($salt.md5($pass))
md5($pass.md5($salt))
sha1($salt.$pass)
sha1($pass.$salt)
sha1(lower($username).$pass);SMF
MD5(Unix);Des(unix);phpBB3;WordPress
mssql
mssql2012
NTLM
md5(unicode)
sha256
查询结果：

图 10-4　某网站可以破解密码的种类

- 密码传输：得益于谷歌和苹果两大公司的积极推动，目前大部分网站完成了全站 HTTPS 的部署，至少在登录、注册等重要功能中使用了 HTTPS 传输，因此在 Internet 上进行密码传输比较安全了，但有一种场景是很容易被忽略的，如图 10-5 所示。

当用户数据经过 Internet，到了网站卸载 SSL 的设备后，便被还原成了明文进行传输，这时，如果服务器日志记录了用户请求的内容，那日志中一定会有用户的密码信息。当然密码信息也会在后续整个数据处理流程中明文传输，任何一个有权限可以访问到数据处理流程的人都可以获得用户的密码。

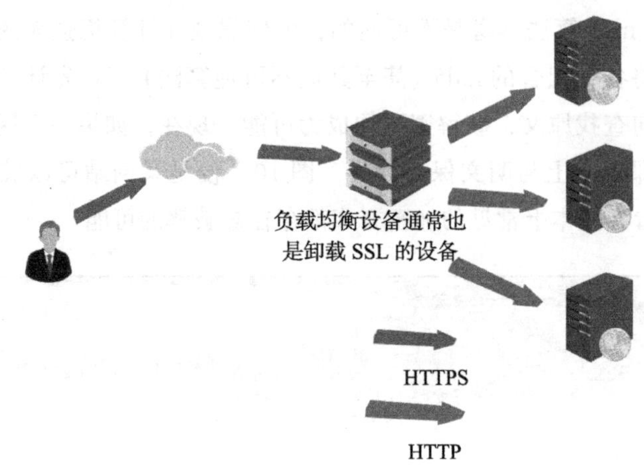

图 10-5　一种比较容易忽略的密码传输场景

- 密码相关功能：这里主要是指密码的找回功能，为了便于用户自助找回密码，绝大多数网站都设置了密码找回功能，但由于开发人员经验不足或安全意识薄弱，使得找回密码这个功能存在漏洞，可能被其他人恶意修改。

常见的经验不足的情况是把本来需要保密的验证码通过明文直接回显给客户端，如图 10-6 所示。

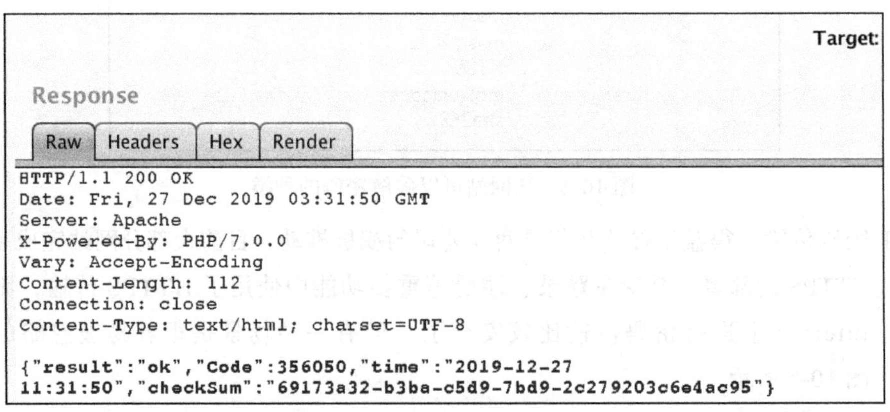

图 10-6　验证码直接回显给客户端

有了验证码，便可以发起找回密码流程了，或直接在客户端显示用户的密码，如图 10-7 所示。

图 10-7　客户端直接显示密码

还有一个漏洞是逻辑验证不严谨，可以通过拦截数据包，将修改密码数据包中的手机号码修改成任意手机号，完成修改他人密码的操作，如图 10-8 所示，通过修改方框内的手机号即可修改获取短信验证码的手机。

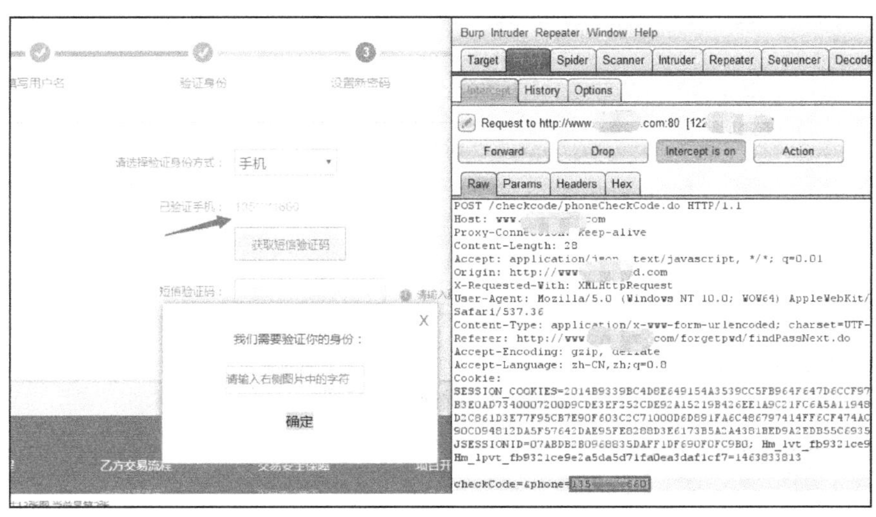

图 10-8　修改任意手机号重置密码

关于密码重置的例子实在太多，在 FreeBuf 网站有人专门写了一个议题，参见网址 https://www.freebuf.com/author/yangyangwithgnu。

图 10-9 是找回密码的脑图，基本上覆盖了所有密码找回的相关问题。

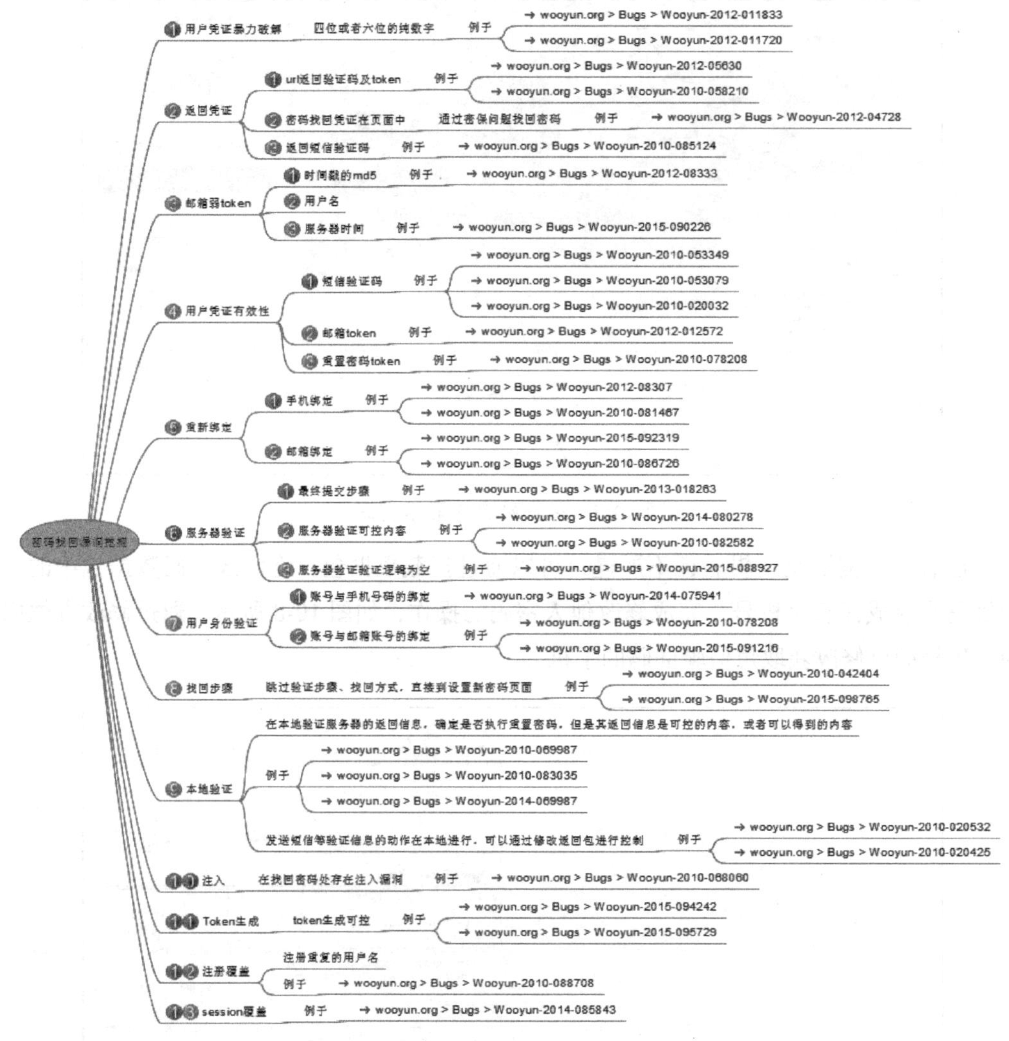

来源：drops.wooyun.org。

图 10-9　找回密码脑图

10.1.2　保护账户安全

上面介绍了账号安全常见的问题，下面针对以上问题，结合笔者的经验简单介绍一些保护账号安全的方式。

1. 设备指纹

笔者认为设备指纹是一个比较有效的保护账户的技术手段，根据设备指纹可以了解用户是否在常用设备上进行登录，也可以让用户自主选择常用设备。关于设备指纹，将在第 11 章介绍。

2. 二次验证机制

在没有设备指纹的情况下，如果发现用户异地登录的情况，或有其他异常登录情况，建议开启二次验证，但要确保用户接受验证的环境是可信的。例如，在用户手机丢失的情况下，再往该手机发送验证码便不是特别有效的方式。当然，也可以邀请用户开启二步认证方式，利用双因素来保证用户账户的安全。

3. 记录历史登录情况

很多网站都提供了上一次登录的 IP 或历史登录详情功能，如果遇到异常登录的情况，也可以对用户进行相关提示，供用户查看，示例如图 10-10 所示。

图 10-10　历史登录详情

4. 撞库 / 爆破检测

做好应急机制，当发现有撞库或者爆破检测时，可以启用图像验证码、短信验证等进行二次确认，同时需要对登录频率进行限制，或对 IP、UA 等设置黑名单进行拦截。

5. 密码加密

针对上面的密码问题，除了使用更强的加密算法对密码加密存储外，还建议在客户端预埋公钥，将密码加密传输至服务端，在使用密码处用密钥进行解密，这样可以保证密码在整个链路中均为加密状态，加上使用 HTTPS 进行传输，除有可能被重放攻击外，基本不会有其他安全隐患。当然，需要考虑密钥对升级、新老密钥处理及密钥保护问题。除使用证书方法外，也可以使用 HMAC 技术实现同样功能。

6. 加强找回密码功能

提高开发人员及产品经理的安全意识，注册时针对密码强度进行校验，第一次使用默认密码登录后强制更改密码，另外针对密码找回这个功能需要尽可能详尽地考虑周全。图 10-11 为一个找回密码功能逻辑示例。

主体	目的	条件1	条件2	条件3	条件4		通过本人手机	通过本人密保问题答案	通过本人备用手机
	找回本人密码	无本人密码	有本人手机	有本人密保问题答案	有本人备用手机		√	√	√
					无本人备用手机		√	√	不成立
				无本人密保问题答案	有本人备用手机		√	不成立	√
					无本人备用手机		√	不成立	不成立
			无本人手机	有本人密保问题答案	有本人备用手机		不成立	√	√
					无本人备用手机		不成立	√	不成立
				无本人密保问题答案	有本人备用手机		不成立	不成立	×

a)

1	主体	目的	条件1	条件2	条件3	条件4		通过本人手机	通过本人密保问题答案	通过本人备用手机
114	别人	修改本人手机号	有本人密码	有本人手机	有本人密保问题答案	有本人备用手机		√	√	√
115						无本人备用手机		√	√	不成立
116					无本人密保问题答案	有本人备用手机		√	不成立	√
117						无本人备用手机		√	不成立	不成立
118				无本人手机	有本人密保问题答案	有本人备用手机		不成立	√	√
119						无本人备用手机		不成立	√	不成立
120					无本人密保问题答案	有本人备用手机		不成立	不成立	√
121						无本人备用手机		不成立	不成立	不成立
122			无本人密码	有本人手机	有本人密保问题答案	有本人备用手机		√	√	√
123						无本人备用手机		√	√	不成立
124					无本人密保问题答案	有本人备用手机		√	不成立	√
125						无本人备用手机		√	不成立	不成立
126				无本人手机	有本人密保问题答案	有本人备用手机		不成立	√	√
127						无本人备用手机		不成立	√	不成立
128					无本人密保问题答案	有本人备用手机		不成立	不成立	×
129						无本人备用手机		不成立	不成立	不成立

b)

图 10-11　找回密码逻辑示例（部分）

以上仅介绍了账号安全的相关问题，当然还有针对促销活动时的批量注册等行为的应对方法，将在第 11 章介绍。

10.2 支付安全

在第三方支付带来便捷性的同时，也带了支付方面的安全问题。对于支付安全，最权威的标准是 PCI-DSS（Payment Card Industry-Data Security Standard），PCI-DSS 是由 PCI 安全标准委员会的创始成员（VISA、Mastercard、American Express、Discover Financial Services、JCB 等）制定的，旨在使国际上采用一致的数据安全措施。关于 PCI-DSS 的介绍，读者可以自行参考互联网资料，这里主要介绍两方面的问题：支付系统问题与支付风险。

1. 支付系统问题

支付系统通常都是一个独立系统，这样符合系统建设中高内聚、低耦合的设计特点，但是，如果在设计中支付系统与其他系统（例如交易系统）的通信环节存在缺陷，便可能出现一分钱支付这个漏洞。这个漏洞的形成非常容易理解，即支付系统并没有严格（或正确）验证交易金额，仅仅验证是否支付成功，属于验证功能缺失问题。笔者曾经遇到几个案例。

1）修改订单金额

修改订单这个漏洞几乎所有的电商都出现过。笔者刚入职某网时处理的第一个案例也是这个漏洞，通过修改客户端的 POST 数据包，将原来的付款金额改成 1 分钱并支付，骗过支付系统完成交易。

2）利用差值（负数）

当不能修改交易金额的时候，攻击者可能通过修改单价、数量的方式（主要是修改为负数）来影响交易金额，完成支付流程（例如买一个 100 元产品，再买一个负 99 元产品，结果变成了花 1 元钱买了两个产品）。

3）溢出

在购买数量中，故意填写非常庞大的数字，例如 99999999999，这样会造成变量溢出，出现问题。

4）慢速网络

一般来说，无论是开发人员还是测试人员，都不太会考虑慢速网络情况，但是，笔者之前看到过一个案例，当网速不好时，用户点击了两次退款按钮，收到了同一笔款项的两次退款。

2. 支付风险

支付风险往往是因盗号产生的后续问题，或使用虚假身份进行欺诈、洗钱或进行其他金融业务的活动（例如套现、违禁品销售、清算等），此类问题需要非常专业的风控团队对支付交易进行分析，牵涉到用户画像甚至机器学习等技术。

10.3 内容安全

随着互联网业务的发展，国家对于黄、赌、毒及反动言论的监管越来越严格，对于内容安全的要求也逐渐增多，因此内容安全便成了安全领域中一门新的课题。

内容安全主要涉及以下几个环节：

- 文字识别：比较普遍的方式是敏感词识别，包括识别各类变种。但这还不够，现在在内容安全方面大多提供了情感倾向分析的工具。通过测试发现，一些比较明确的倾向比较好判断，但对于模糊的倾向，AI 接口还是较难判断的，所以需要定制化的训练过程。
- 语义识别：这其实是常规敏感字审计策略在 AI 技术帮助下的一个升级，语义识别从严格意义上说是很复杂的一个工程，尤其是在博大精深的中文语境中。但这不影响我们对该技术的使用，从目前 BAT 开放的技术来看，对情感倾向（正面或负面）的判断还是比较准确的。同时也可以针对一些具体需求，利用已有样本进行定制化的训练。
- 图片识别：这是近年来 AI 领域非常火的应用。我们测试过多家公司的识别接口，总体来说效果排名为对低俗图片的识别、对暴力恐怖图片的识别、对涉及政治敏感问题的图片的识别。我们目前使用的就是这几类接口，但实际上还有很多识别接口可以使用，甚至有定制化训练的接口，从上面的排名我们能发现一些规律，排名靠前的都是识别规则没有变化，或者变化很小的。至于识别规则频繁变化的场景，还需要继续摸索。
- 视频识别：从目前笔者了解的情况看，视频识别在图片识别之前加上了视频流处理、关键帧提取等视频处理技术，这部分技术比较复杂，也比较专业，建议有兴趣的读者参考网上资料或咨询专业公司。
- 论坛新闻等发布系统保护：对这类系统既要进行安全保护，防止外部黑客入侵，也要从内容及操作上进行审核、监控，防止发出违规内容。

- 信息爬取：互联网中存在着大量的爬虫，这些爬虫有可能短期内发出大量请求，耗费目标网站资源，影响用户访问，更重要的是一些网站的核心信息被爬取，例如价格信息或者用户等，造成信息泄露，因此反爬虫也是内容安全方面的一个重要部分。

10.4 其他业务安全

除上述介绍的业务安全场景外，笔者再介绍几个业务方面的安全问题。

1. 验证码

笔者将验证码分为两种：一种是上述找回密码所使用的短信验证码，关于这方面的安全问题，上文已经简单介绍过；另一种是图形验证码，其本身是用于防止机器行为的一种防御手段，但道高一尺魔高一丈，图形验证码识别这个领域也是攻防对抗非常激烈的一个战场。例如防守方逐渐采用了文字验证码、点选式验证码、滑块验证码等，而在机器学习领域，识别图形验证码的技术已经非常成熟，黑产也在使用该技术对验证码进行识别，而即使机器无法识别，也可以使用“云识别”进行破解。

2. 链路劫持

链路劫持是指对通信链路进行劫持，替换活动内容，进行活动时一定要注意有可能存在链路劫持，这种情况在三四线城市及偏远地区较为常见。笔者曾经遇到过活动期间链路被劫持的事件当时的页面效果是非正常页面覆盖了正常页面。

当然，除了链路劫持外还可以针对 DNS 进行劫持，针对这个问题的防御措施除了使用 HTTPS 外，也应该与公司法务进行联动，以便出现问题时可以及时处理。

10.5 本章小结

本章主要介绍了常见的业务安全及解决方案，但是互联网公司的业务种类繁多，不能一一涉及，本章只提供了一些防御思路。针对互联网中的活动安全，将在第 11 章中详细说明。

第 11 章

风控体系建设

随着“互联网 +”的兴起，越来越多的公司开始上线互联网业务，为了吸引客户或引来更多的流量，企业就需要进行各种促销与补贴活动，但这些原本应该给真实用户带来优惠的活动，却被互联网上的另一群团体——黄牛、羊毛党盯上。笔者曾经以损失近 1000 台小米手机的惨痛代价认识了这个群体，在后续的工作中也组建了风控团队，在“6.18”“双 11”活动中与这群人多次交手。在本章中，笔者将介绍对付羊毛党、黄牛的一些经验。

11.1 羊毛党和黄牛

最早的“黄牛”是指在医院里抢挂号或者节假日抢火车票的一群团伙，对于稀缺资源，这些人利用人数优势占领资源，再将这些资源高价卖给真正需要的人，进而从中获利。随着互联网业务的兴起，这些人仿佛又看到了另一座“矿山”，通过注册大量虚假账号或在论坛发布活动等方式，将原本企业用于推广自身业务的资金纳入怀中。笔者把这群人比喻为蝗虫，所到之处，寸草不生，不吸干最后一点利润，绝不罢休。很多没有互联网风控经验的公司，或对运营配置不当的公司，都会被这群团伙盯上。下面举两个例子。

1. 某公司新会员送咖啡券活动

2018 年，某公司举办拉新活动，只要在 App 上登录注册新用户，就可以免费领一杯咖啡兑换券，没有任何门槛，也没有任何拦截措施，仅仅凭一个手机号一条短信，便可以领取咖啡券。

羊毛党发现后，便利用打码平台与自动化工具疯狂注册（见图 11-1），仅仅用了不到几分钱的成本，就获取了价值 37 元的兑换券，并通过朋友圈、论坛等渠道贩卖变现，而该公司当天中午便停止了该活动。

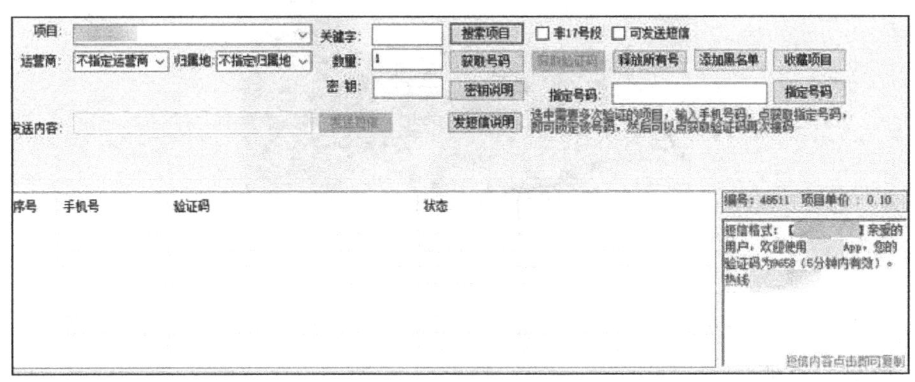

图 11-1 活动注册机

2. 某拼购平台配置失误领百元话费

2019 年 1 月 20 日凌晨，有人发现在某拼购平台只需支付 4 角，便可以充值 100 元话费，于是，大量羊毛党开始行动，尽管该漏洞于早上 9 点左右被关闭，但已造成近千万元损失。

从上述两个案例可以看出，一旦羊毛党发现有机可乘，便会利用各种通信工具进行传播，企业损失会迅速扩大，而羊毛党们可能通过这样的机会一夜暴富，因此加入这个群体的人越来越多，随着群体的扩大，羊毛党也越来越有组织性，分工也越来越明确，从之前的单兵作战，变成了信息情报收集、工具软件制作、推广运营，甚至控制供应链中的某些环节等，形成一条黑色产业链，简称“黑产”。

11.1.1 工具和角色

黑产的工具种类、资源众多，同时大的黑产也有着团队化管理方式，下面就介绍一些工具和角色。

1. 工具

1）卡商贩卖的各种卡：卡商属于黑产上游人群，掌握着核心资源，例如各种手机卡、银行卡、身份证等，有些卡商也通过猫池提供打码平台服务。

2）猫池：猫池是一种集成了多路短信收发模块的高性能工业级短信猫设备，支持多路并发，进而满足大量短信收发的应用需求，如图 11-2 所示。

图 11-2 猫池

3）设备农场：由大量廉价手机组成的设备池，并依赖“群控”软件对设备进行批量操作，如图 11-3 所示。

图 11-3 设备农场

4）群控软件：可以批量操作手机、计算机等设备的软件，黑产利用群控软件完成批量注册、刷单等操作。

5）打码平台：这里的打码平台指利用猫池或工具自动发送和接收短信验证码并可以自动填写验证码，而一些难以识别的验证码，可以通过图形识别甚至由后台人工识别后填写，也叫“云”打码平台，如图 11-4 所示。

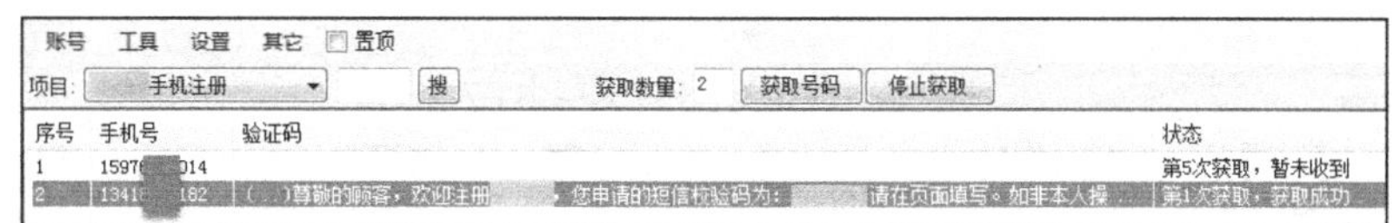

图 11-4　打码平台

6）手机模拟器、刷机软件：手机模拟器的产生本身是为了方便开发人员在没有手机的情况下，使用模拟器对程序进行开发和调试，但黑产也注意到模拟器可以模拟手机进行操作，有时候可以省下手机成本。而刷机软件则可以瞬间改变手机的各种信息，制造虚假的手机信息，用于逃避一些风控策略的检测，如图 11-5 和图 11-6 所示。

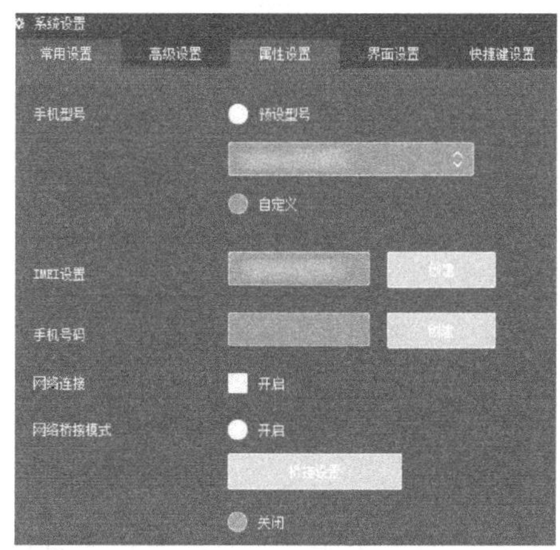

图 11-5　手机模拟器

图 11-6　刷机软件

7）IP 代理池：为了逃避一些风控规则，黑产选择代理 IP 进行联网，而这些 IP 几乎遍布于世界各地。对于手机号和 IP 这类资源，几乎可以认为对方的资源是无限的，如图 11-7 所示。

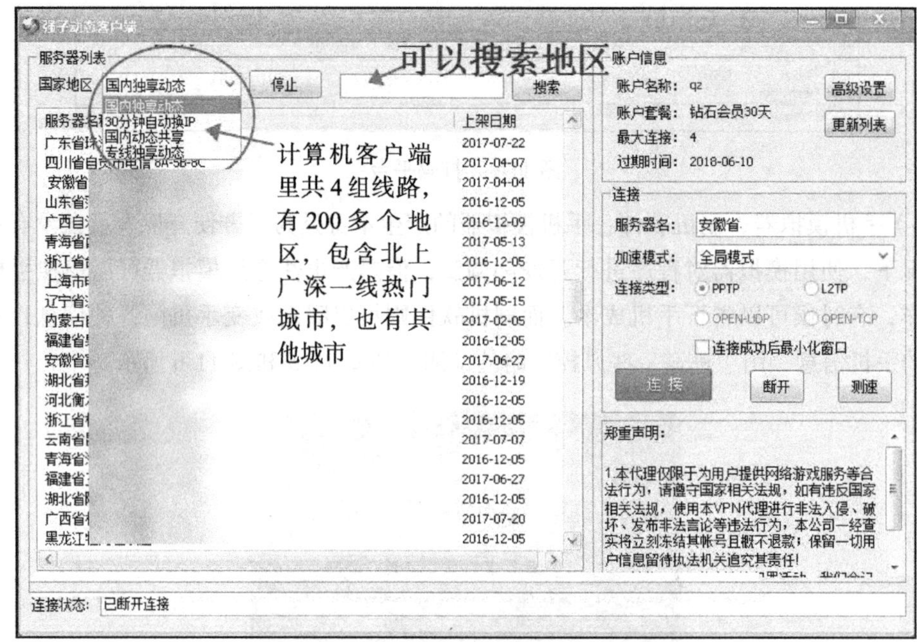

图 11-7　IP 代理池

2. 角色

在黑产中，一般有如下角色：

1）黑产个体刷单者：可能是有多个账号，有一定技术的专门刷单者，或只是为了占便宜的普通用户。

2）黑产消息提供者：在各大刷单网站或从企业内部获取活动情报或漏洞信息，并将信息发布给同伙用于制作刷单工具的用户。

3）黑产软件开发者：刷单团伙中的技术人员，使用的开发语言一般为易语言，可以快速将刷单流程写为软件，使刷单自动化。

4）黑产培训人员：通过网站发布任务，招揽个体刷单者，并对这些刷单人员进行培训。

5）黑产团长：可以认为是 P2P 行业的产物，负责与平台内部人员进行谈判，或威胁运营人员或与运营人员合作。

可以用一张图表示各种角色相互之间的关系，如图 11-8 所示。

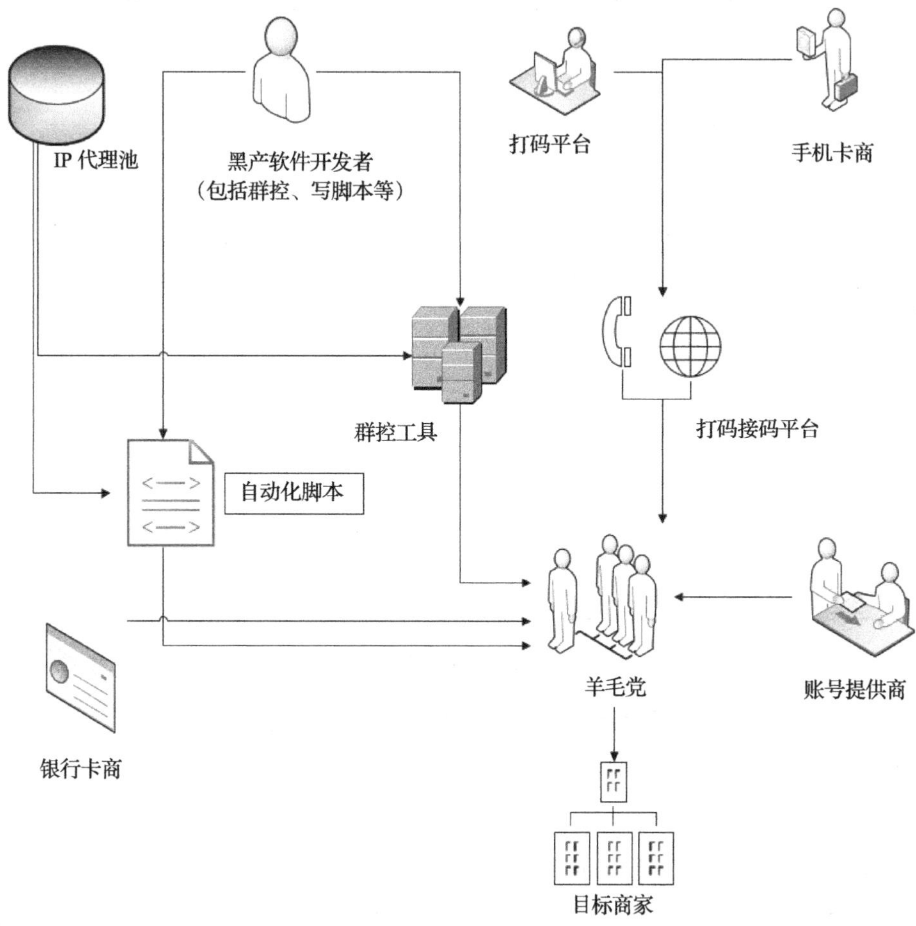

图 11-8　黑产工具和角色

11.1.2　刷单类型

一般来说，有利益甚至直接套利的地方，都会受到羊毛党的关注，而拉新返利、红包活动以及无门槛券，是羊毛党最喜欢的。下面介绍几种常见的容易刷单的场景。

1. 任务类型

当平台发布一些促销活动时，例如完成注册、问卷调查任务后可以获得奖励，羊毛党就可以利用无限的手机号资源及群控软件轻松完成任务，得到奖励，从监控系统可以看到类似情景，如图 11-9 所示。

August 9th 2017, 15:38:29.560	/ffan/v5/member/login	1529 7114	-	118. 137. 124	android	Android18
August 9th 2017, 16:39:54.268	/ffan/v5/member/login	1383 3895	fc7296a3b39f41c0826d6877115ed168	118. 137. 124	android	Android22
August 9th 2017, 17:59:37.876	/ffan/v5/member/login	1820 4157	-	118. 137. 124	android	Android17
August 9th 2017, 20:07:46.485	/ffan/v5/member/login	1473 2195	-	118. 137. 124	android	Android11
August 9th 2017, 10:55:43.265	/ffan/v5/member/login	1505 0126	-	118. 137. 124	android	Android16
August 9th 2017, 12:40:06.269	/ffan/v5/member/login	1899 2144	-	118. 137. 124	android	Android21
August 9th 2017, 09:23:43.731	/ffan/v5/member/login	1513 5684	-	118. 137. 124	android	Android12
August 9th 2017, 12:04:14.478	/ffan/v5/member/login	1347 4990	-	118. 137. 124	android	Android6
August 9th 2017, 12:18:58.123	/ffan/v5/member/login	1828 9371	-	118. 137. 124	android	Android13
August 9th 2017, 12:46:09.405	/ffan/v5/member/login	1517 9786	-	118. 137. 124	android	Android21
August 9th 2017, 16:43:56.742	/ffan/v5/member/login	1833 2051	-	118. 137. 124	android	Android10
August 9th 2017, 16:52:37.434	/ffan/v5/member/login	1587 0249	-	118. 137. 124	android	Android15

图 11-9　刷单监控结果

另外，黑产也可能会在一些论坛发布的活动任务中充当代理，让利一小部分收益（实际也是平台奖励），召集更多人完成任务。

2. 资源抢占

与传统黄牛党类似，通过人数及设备优势，抢占明星产品或热卖产品，例如每次 iPhone 手机刚推出时，几乎都会被黄牛抢占进而高价卖出。奶粉等紧俏产品也曾经被恶意霸占，如图 11-10 所示。

订单ID	下单时间	下单IP	收货手机	收货区域	收货地址	付款金额	优惠金额	会员ID
6117007	2015/11/3 0:57	230.62	1324	浙江省	号101单元101	15	50	9409258
6117395	2015/11/3 0:58	230.62	1334	浙江省	号101单元101	15	50	9409297
6117278	2015/11/3 0:58	230.62	1356	浙江省	号101单元101	15	50	9409285
6117661	2015/11/3 0:59	230.62	1367	浙江省	号101单元101	15	50	9409315
6117660	2015/11/3 0:59	230.62	1354	浙江省	号101单元101	15	50	9409325
6117865	2015/11/3 1:00	230.62	1330	浙江省	号101单元101	15	50	9409345
6117883	2015/11/3 1:00	230.62	1371	浙江省	号101单元101	15	50	9409370
6118199	2015/11/3 1:01	230.62	1314	浙江省	号101单元101	15	50	9409390
6118195	2015/11/3 1:01	230.62	1346	浙江省	号101单元101	15	50	9409383
6118595	2015/11/3 1:03	230.62	1384	浙江省	号101单元101	15	50	9409407
6118460	2015/11/3 1:02	230.62	1316	浙江省	号101单元101	15	50	9409417
6118802	2015/11/3 1:03	230.62	1314	浙江省	号101单元101	15	50	9409431
6118785	2015/11/3 1:03	230.62	1347	浙江省	号101单元101	15	50	9409471
6118958	2015/11/3 1:04	230.62	1376	浙江省	号101单元101	15	50	9409497
6119142	2015/11/3 1:05	230.62	1309	浙江省	号101单元101	15	50	9409517

图 11-10　电商平台中紧俏产品被恶意霸占

3. 配置错误类

上面介绍的某拼购平台的例子中，运营部门在配置活动中可能错误地配置了活动内容，例如价格标错，或本应该有一定资格的人才能参与活动或获取奖励，但配置成所有用户都可以参与，等等，这也是电商网站中最常见到的错误类型。

4. 平台漏洞

利用平台活动中存在的一些漏洞进行获利，例如著名的“余额大法”：在随机减活动中，可能将物品价格降低至类似只需支付 1 分钱，于是羊毛党将账户里只存 1 分钱，反复购买，直到 1 分钱可以支付为止。

另外，笔者遇到的另一种刷单活动也让人警觉：有两个活动，分别为“1 元红包”及“1 元夺宝”，黑客利用得到的 1 元红包参加 1 元夺宝活动，利用多个账号“合围”，最后获得奖励。

5. 黑客攻击

通过黑客手段，绕过平台的各种防御机制，直接获得利益或奖励。比如通过修改中奖参数直接获得奖励。

6. 内外勾结

这里说的“内”，不仅指公司内部员工，也可能是公司的供应商、代理商等合作伙伴。在活动开展前，有些人会提前将活动内容、方式甚至风控策略告知黑产，或参与核销，骗取平台奖励，更有甚者，会互相约好，提前或者在人少的时间（例如凌晨 2 点以后）开始活动，从而避免让用户发现，让自己的人参加活动而从中获益。

当然也不乏商户为了完成平台奖励，自己刷单伪造销售量等行为。

11.2 设备指纹系统

作为风控系统的前哨站，设备指纹在识别用户设备方面起着比较重要的作用，本节将介绍设备指纹方面的一些经验。

1. 设备指纹

早先，在一些对安全要求比较高的线上场景中，例如网银支付，往往靠 U 盾或令牌等硬件方式确保交易的安全性以及验证用户的真实性，但这种方式也有一些弊端：

- 操作烦琐，对用户的计算机水平有一定的要求，用户体验较差。
- 用户需要随身携带设备，否则无法进行操作。
- 无法满足移动互联网的要求，控件对 iOS、Android 几乎不支持。
- 病毒木马有可能伪装为控件驱动，使用户被钓鱼或被劫持。

鉴于以上问题，设备指纹产品应运而生，设备指纹通过收集设备上的各种信息，为设备产生一个唯一 ID，用于标识该设备，而且在正常情况下，只要设备信息（一般为硬件信息）不发生变化，这个 ID 就会保持不变（例如卸载 App、刷机、重装系统等）。

以安卓系统为例，设备指纹收集的信息如下：

- IMEI：International Mobile Equipment Identity，国际移动设备标识号，这个号码是存储在手机里的。
- UDID：Unique Device Identifier，唯一设备标识码。
- MEID：Mobile Equipment Identifier，移动设备识别码。是 CDMA 手机的身份识别码，也是每台 CDMA 手机或通信平板唯一的识别码。通过这个识别码，网络端可以对该手机进行跟踪和监管，但只适用于 CDMA 制式的手机。
- CPU 信息：包括蓝牙地址、制造商信息、厂商信息、WiFi 信息、内存信息、位置信息、系统版本，等等。

以下为一个设备指纹厂商收集系统信息的例子：


```
{"platform":"1","nonceStr":"","signature":"0811ca9ca62343ff8ec38d6f95
4a9e4fd77e0704","partnerCode":"123","packageStr":"IMEI=161020834212116&IM
SI=260065807658568&activeTime=5217451&applicationVersion=4.9.0.0&basestation
=&battery=[4,100]&bluetoothAddress=&board=&brand=LENOVO&brightness=102&cellu
lar=10.0.4.15&cpuABI=X86&cpuNumber=27864693E5110F50&displayRom=JRO03C&freeMe
mory=1489715228&freeSDCard=33358650&freeSystem=247001&hardware=PLACEHOLDER&i
sRooted=1&isSimulator=1&macAddress=iO:MH:Du:M2:N1:2KGgbf&machineNumber1=0000
11&machineNumber2=11&manufacturer=LENOVO&musicHash=&nbasestaion=&networkType
=WIFI&packageName=COM.WANDA.APP.WANHUI&partnerCode=123&photoHash=8DD39B88CCE003
B8&product=A788T&resolution=[2.0,720,1280,2.0,72.0,72.0]&sdkVersion=3.2.1&senso
rs=[1,MPU6515+ACCELEROMETER,1,INVENSENSE,19.6133,5000,0.57,0.009576807#3,ORIENT
AION,1,QUALCOMM,360.0,5000,9.7,1.0]&startupTime=1489715228837&timeZone=[格林尼治
标准时间+0800,ASIA/SHANGHAI]&totalMemory=2071180&totalSDCard=34351316992&totalSy
stem=516500&version=2.2.3&wifi=[D2EBDa3h,36:AE:3A:B7:21:11]&wifiList=[WIREDSSID
,D6:4D:08:00:00:03,]&sign=451738c72a2e9bf725e2614c205419f7bf10133a5a78afe4c7794
35270a5c16a
```


根据上述信息，设备指纹服务器会根据算法算出一串 ID，而这串 ID 即为设备的唯一标识，也叫设备指纹，如图 11-11 所示（设备指纹内码为真正的设备指纹，外码可以通过算法解密变成内码）。

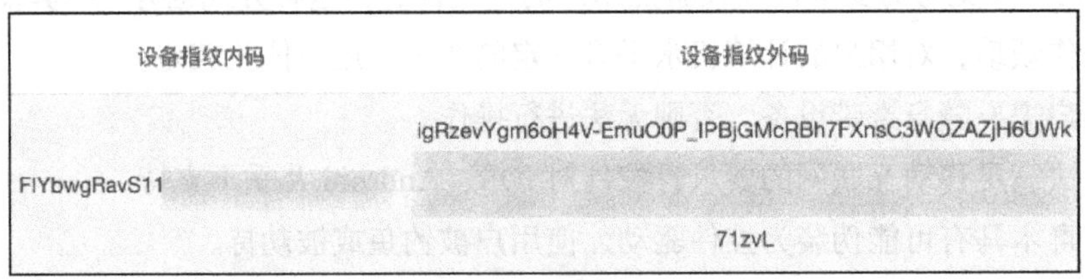

设备指纹内码
设备指纹外码
igRzevYgm6oH4V-EmuO0P_IPBjGMcRBh7FXnsC3WOZAZjH6UWk
FIYbwgRavS11
71zvL

图 11-11　设备指纹

设备指纹的核心在于设备指纹的生成算法，好的设备指纹算法应该具有以下特征：

1）重复率低：保证不同的设备生成的指纹唯一，不会出现两个以上的不同设备产生同一个指纹的情况。

2）不易变化：设备系统升级或发生少量变化时，设备指纹不会发生变更。

3）安全性：设备指纹算法不能被破解，且可以识别指纹在收集及传输途中是否被篡改。

4）支持多平台、多机型：对于任何机型或任何平台都可以生成唯一设备指纹。

2. 设备指纹工作流程

下面介绍设备指纹的工作流程，如图 11-12 所示。

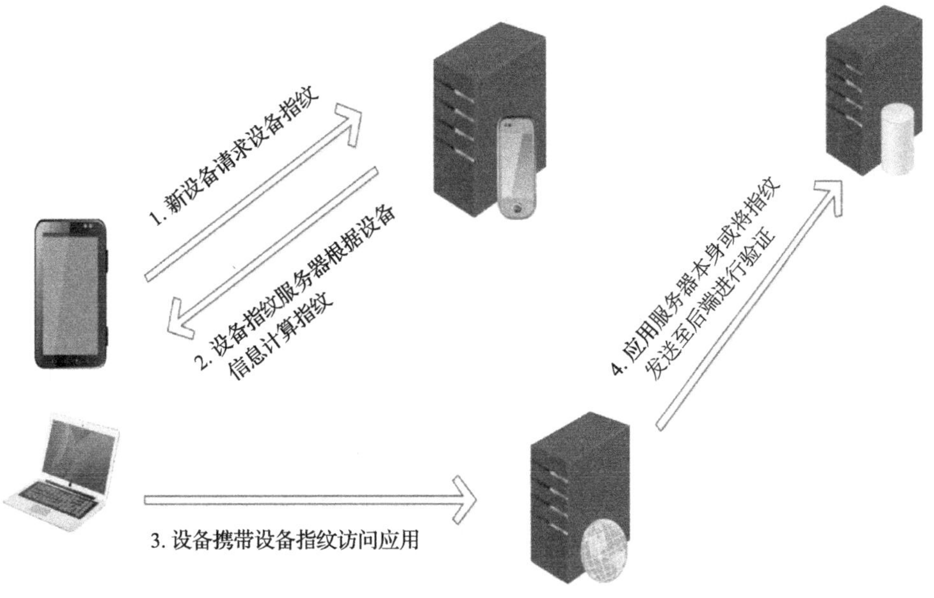

图 11-12 设备指纹工作流程

1）新设备在开启 App 后，内嵌的设备指纹 SDK 会第一时间收集设备信息，并将信息发送至设备指纹服务器请求设备指纹。

2）设备指纹服务器收集到硬件信息后，通过算法算出设备指纹，将指纹信息返给客户端。

3）设备访问 App 时将会携带设备指纹。

4）应用服务器会验证指纹是否合法，生成时间是否在有效期内，并根据结果进行后续处理。

3. 设备指纹使用场景

设备指纹业务的应用场景主要为防垃圾注册、防撞库、防薅羊毛、反刷单、精准营销、支付反欺诈、授信反欺诈、用户画像分析、复杂关系网络、异常登录等，涉及的领域包括电商、支付、信贷等，主要针对黑产通过群控手机进行批量薅羊毛行为。下面介绍几个案例。

1）场景一：邀请返利

互联网营销为了吸引用户注册，会推出注册领取礼品、礼券，甚至送注册金等活动，有时也会通过奖励邀请人的方式鼓励推广新会员，这样便给了羊毛党可乘之机，可通过使用设备指纹验证与 IP 地址、Useragent 的推荐关系等识别黑产团体。

图 11-13 为一个设备指纹关联的用户 IP 的情况。

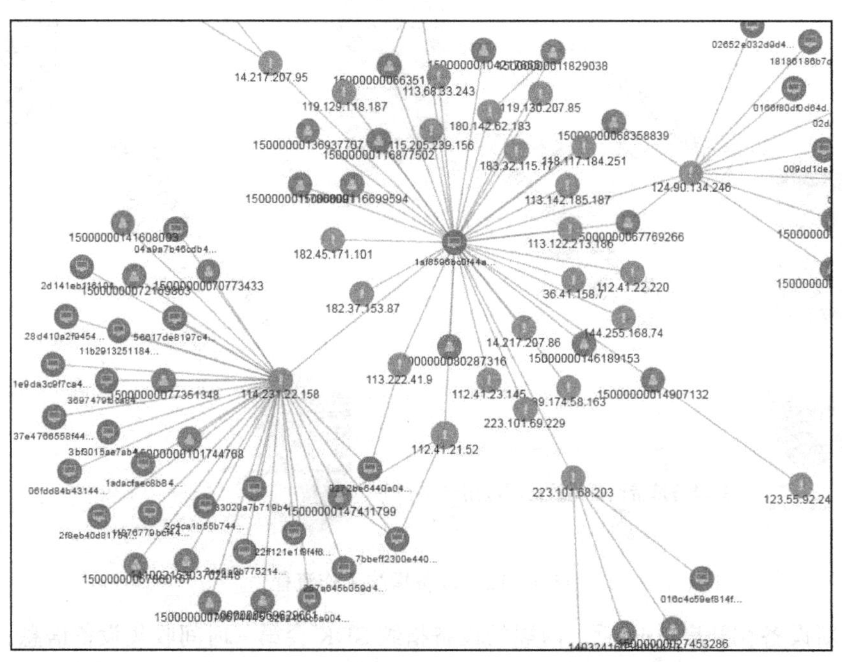

图 11-13　设备指纹关联的用户 IP 情况

2）场景二：异常登录识别

互联网用户的安全意识普遍不高，很多用户喜欢只设一套用户名和密码，因此如果任何一个网站的用户数据泄露，黑客便会利用这些信息去其他网站进行登录尝试（也叫撞库），以对信息收益加以最大化利用。而由于 IP 地址的变化性，仅仅靠 IP 地址判断是否是“真的”用户，局限性会非常大，也存在误判的可能。如果有设备指纹，便可以确定用户的设备是否为常用设备，从而判断当前登录的用户是否为用户本人。

当然也存在用户设备被盗的问题，因此，也需要结合其他条件综合判断。

4. 设备指纹使用建议

笔者在使用设备指纹时候也发生过一些误判，针对设备指纹的使用有如下建议：

- 有了设备指纹系统，在任何重要操作都需要验证设备指纹的情况下，设备指纹系统便成了风控系统的主要前哨站，因此风控策略也可以有一部分前置在设备指纹请求行为上。例如，判断请求指纹的 IP 地址频率、IP 地址的位置，以及根据收集的信息判断是否为模拟器，或是否为 root 机型等，甚至可以监控是否有发生指纹重复等问题。
- 尽量不要在前端（App 端）对指纹进行验证，前端只需要把指纹传到后端即可，因为前端处于用户侧，一旦设备指纹出现问题，很容易会造成客户端更新不及时，出现重大误判等，因此稳妥的方式应为在后端进行判断。
- 如果使用指纹系统，要尽量做出指纹判断开关，且对不同应用均设置开关，以防止因为设备指纹出现问题，风控系统无法读到设备指纹而出现误判。
- 在用户侧，可以设置指纹验证程序，让用户自行操作（或出现问题让客服引导操作）验证设备指纹是否生效，并监控系统，判断是否会出现大量用户验证失败的情况，如图 11-14 所示。当然也要随时注意设备指纹系统的健康状况。

设备指纹虽然在与黑产的对抗中会起到一定的作用，但它不是银弹，黑产也会破解指纹 SDK 算法，提供虚假信息生成设备指纹库，在后续访问中直接使用这些之前已经生成好的设备指纹，因此需要注意设备指纹的有效时间，并不断变换设备信息的签名算法，以及设置一定的策略来识别这种行为。

要注意监控重码的问题，在一些极端情况下可能会出现重码的可能。笔者曾遇到过小厂商生产的机器中 CPU、MAC 地址等信息一致的情况，造成指纹相同，或之前 iOS 因为关闭广告追踪而导致指纹相同的情况。

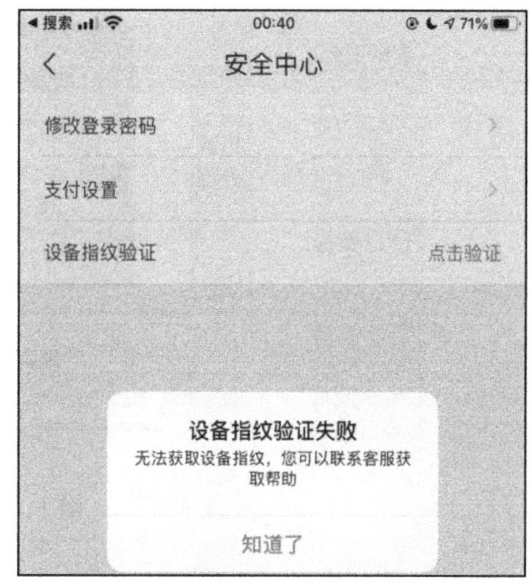

图 11-14 设备指纹有可能会失败

5. 小结

上面简单介绍了移动端设备指纹系统，其实设备指纹不仅仅在移动设备中应用，包括 Web、HTML 5、小程序等中都可以应用，一个好的设备指纹系统应该对这些平台都有良好的支持。理想情况下，同一设备，无论使用什么平台（移动 App、HTML 5、系统自带浏览器、第三方浏览器等），生成的指纹均唯一。另外，本节介绍的指纹生成方式为主动采集方式，业内也有采用从流量信息中收集特征的被动收集方式或两者混合的方式生成设备指纹，这里就不多介绍了。

11.3 风控系统建设

风控系统是一个比较大的概念，笔者认为，在金融领域通过查询客户的各种信息，从而对客户进行风险评级，进而做出的决策系统称为风控系统，而互联网风控系统则是对应黑产刷单而设计的系统，本节将介绍后者的相关内容。

笔者曾经作为风控平台部门的负责人参与设计了两套风控系统，下面就笔者的经验简单介绍风控系统的设计理念。

风控系统的架构大致如图 11-15 所示，应包括五大核心组件：数据平台、规则平台、处理平台、处罚平台、运营平台，当然，除这五大核心组件外，还需要有验证平台、分析平台、输出接口及回放平台等。下面逐一介绍各个平台的构成及作用。

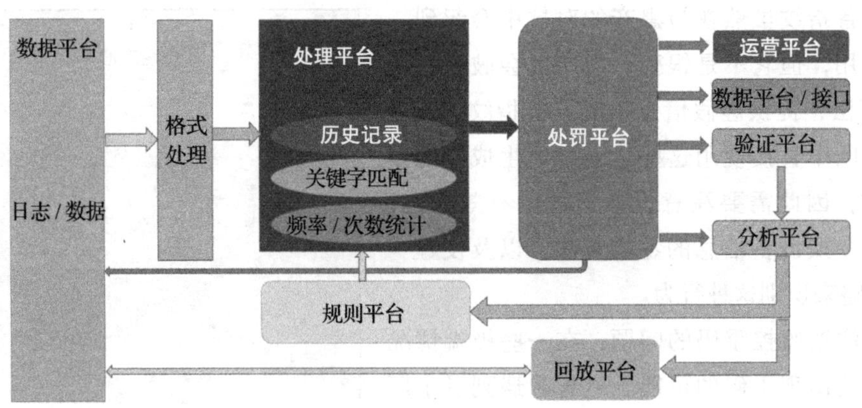

图 11-15 风控系统架构

11.3.1 数据平台

数据平台是接收及存储数据的载体，如图 11-16 所示。数据平台也负责接收业务端传进的数据以供后续处理平台进行分析，收集的数据越多，可以处理的维度便越多，建立的规则也越多，结果也会越准确。

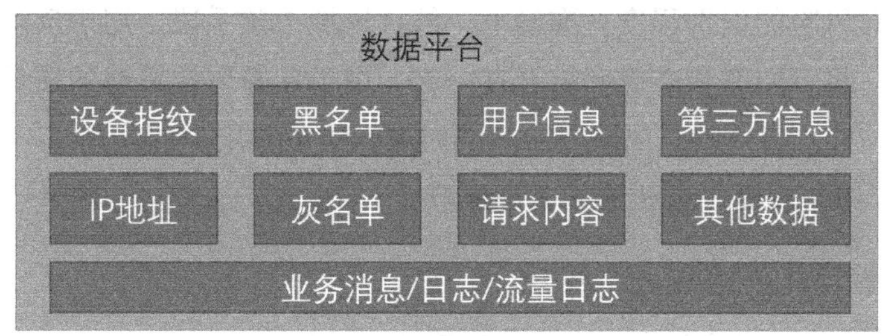

图 11-16 数据平台

数据平台收集的数据主要有以下内容：用户的设备指纹信息、黑白灰名单、用户信息（包括注册时间、历史交易情况、历史登录情况、是否有进入黑灰名单等）、IP 地址信息、请求的内容信息或从第三方发来的信息（例如运营商提供的黑名单库）。

当然，数据平台也可以作为接口，接收业务消息或日志，也可以在理想的网络环境下，通过第 1 章介绍的流量镜像方式收集请求流量。上述两种方式各有优缺点：

- 接收业务消息或日志：优点为不用考虑数据丢失的问题；缺点是如果开发标准不统一，则需要适配各个业务，非常占用时间。
- 收集网络请求流量：因为均为标准的 HTTP（已经卸载 SSL），所以可以统一适配；缺点也非常明显，如果网络性能不佳，出现关键数据包丢失，则可能出现误判或漏判的情况。

11.3.2 规则平台

风控策略在规则平台上进行配置和运行，用于实现从风险识别到风控干预的全流程可控。规则平台的核心指标包括：

- 覆盖率：指接入的风控场景覆盖情况，如是否可以覆盖所有风险场景，是否可以满足企业风险控制要求。例如涉及客户端用户的登录、注册、用户信息、IM、营销、交易、支付、浏览、信息发布等各环节。其中，如营销类活动，是否可以根据企业营销计划和活动上线情况进行全覆盖；再如登录覆盖，是否可以针对企业内所有登录方式，如账密登录、短信验证码登录、扫码登录、第三方登录、互通登录、一键登录等全产品形态进行覆盖。除去对面向客户端用户的风控场景进行覆盖，还可以对企业内部场景进行覆盖，如敏感平台、接口、数据的使用情况，内部员工行为等。

- 风控策略准召率：指风控策略召回量、召回率、准确率等指标。召回率，代表风控策略对风险的识别程度；准确率，结合风控干预手段，用于反映策略识别的准确程度。将召回率和准确率结合在一起，用于判断风控策略的质量，是否可以识别风险，并且有效阻止风险发生，同时减少对正常用户的误伤。

下面分别介绍与规则平台相关的关键环节。

1. 监控预警与数据抽样

风险最初的发生可以通过流量的变化来感知，异常流量包括：

- 普通异常：实际流量较预测流量有一定的波动。
- 严重异常：实际流量较预测流量持续有较大差别。
- 陡变异常：实际流量陡增或陡降，与预测流量严重不符。

针对异常流量，按特定方法进行抽样，转由专业风控人员进行核实，用于风险攻击确认，了解风险在风控场景的分布、端分布、风险量级、风险特征、风控效果等。针对风控已经覆盖但是风控效果不佳的场景进行策略优化、新策略开发等，针对风控未覆盖场景、及时告知风险、及时采用力所能及的止损措施。

2. 风控策略的评估，上下线流程

风控策略基于风险特征，利用风控基础能力进行风险识别，并通过处理方式的配置实现风控干预。风控策略大致类型分为名单词库类、频控类、参数合法性检测类、设备指纹类、攻击特征类、安全画像、算法模型等。需要建立完整的策略评估和上下线流程，在对风险数据进行特征提取，风控策略开发和配置完成后，需要针对风控策略的准召情况进行评估，根据评估结果进行策略上线，对运行中的策略需要进行例行巡检对于不符合标准的策略，需要进行下线和优化，以待重新上线。

3. 策略配置管理

策略配置是指可以按照产品线、端（App、PC、WAP)、检测阶段（事前、事中、事后)、规则描述、前端话术、检测模块（单个或多个风控工具或风控因子）配置风控策略。

4. 策略的运行

单条风控策略可以由多个风控因子共同组成，可对风控因子进行参数设置、权重设置。安全画像、特征统计等服务均可封装为风控因子，在风控策略中进行配置。

权重设置，如采用分值表示，策略触发条件为达到某一分值，例如，命中任一风控

因子：

```
RULE1: A=2; B=2; C=2; D=2. WHEN SCORE>=2 THEN RULE1 is ACTIVED
```

命中某些风控因子：

```
RULE2: A=2; B=2; C=2; D=2. WHEN SCORE>2 THEN RULE2 is ACTIVED
```

命中全部风控因子：

```
RULE3: A=2; B=2; C=2; D=2. WHEN SCORE=8 THEN RULE3 is ACTIVED
```

必命中其中某个风控因子并命中其他任一因子：

```
RULE4: A=8; B=2; C=2; D=2. WHEN SCORE>=10 THEN RULE4 is ACTIVED
```

还有其他可能的组合。

接收到风控请求数据后，风控引擎中所有策略并行执行，并输出各策略命中结果和风控因子命中结果，风控系统最终按照配置处理方式优先级进行返回。

```
Request-→{RULE1; RULE2; RULE3; ...;RULEN; }
Response-→{RISKCODE:10001,RULE1:HIT(D:HIT),RULE4:HIT(A:HIT;C:HIT)}
```

策略的运行状态，应包括试运行、上线、下线等。

11.3.3 处理平台

处理平台会依据规则平台建立的规则及收集的数据产生结果。而风控系统对接各个业务，需要很高的实时性要求，如果风控系统无法完成毫秒级的响应速度，或无法满足规则的设定，那么整套平台便是失败的。因此处理平台也要检测系统设计的合理性，考验数据处理的准确性、实时性，检验算法是否为最优。处理平台主要完成以下几个功能：统计数字、实时计算、离线计算。

1. 统计数字

统计数字包括如下信息：

- 次数统计：如设定时间内某账号的登录次数，可以用来分析盗号情况等。
- 频数统计：如设定在某段时间内某 IP 上出现的账号数量，可以用来分析是否是刷单行为等。
- 最大统计：如用户交易金额比历史交易都大，可能有风险。
- 最近统计：如最近一次交易才过数秒，很可能是机器下单。
- 相似度计算：如计算特定时间内订单的地址是否相同或相似，以判断是否是刷单行为。

- 行为习惯：如用户常用登录地址、用户经常登录时间段，可以用来分析盗号等。

一般来说，使用 Redis 集群及 Kafka 集群来完成相关功能。

笔者团队设计的风控系统曾经记录过一个数据，如图 11-17 所示，同一 ID 一分钟下单成功超过 30 次，则标记该 ID 有风险（Level 为 5001）并进行记录（LogOnly）。

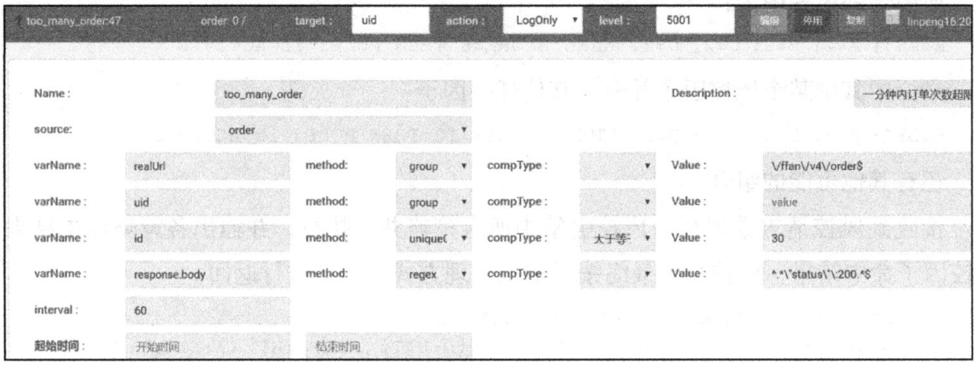

图 11-17　同一 ID 一分钟下单成功超过 30 次

其中，Name 为规则名字，Description 为规则描述，source 表示数据源选取为 order（订单源）；varName 每行代表一个子规则，所有子规则组成一个规则，interval 表示时间为 60 秒。一个场景可以由多个规则组成，最后可以通过场景、规则综合评定风险。

2. 实时计算

当从数据平台收集的数据符合某种特征时，可以实时计算出风险问题，例如，规则设定刷单用户的 User-agent 中都含有特殊字符 shuadan（当然是不可能的），可以使用 Storm、Spark 实现实时计算功能。

3. 离线计算

在不需要实时产生结果的情况下，将历史数据进行归集汇总，并运行相关规则，用于捕获漏网之鱼。例如，统计 7 天内登录次数超过 1000 次的用户等。可以使用 Hadoop、Hive 或 Spark 实现。

11.3.4　处罚平台

当处理平台产生结果后（一般是判断用户本次请求为恶意请求），便会对用户（也可以是其他维度，例如设备、IP 等）进行标记（例如图 11-20 标记的 5001），并将结果通过数据平台或风控输入接口返回业务接口，同时，会将结果及原因发送至验证平台、数据平台、运营平台、分析平台等以供后续使用。

11.3.5 运营平台

运营平台为整套风控系统提供直观的数据展示，以供运营人员对数据进行分析、统计、生成报表等，另外，运营平台也可以附带权限功能，限制人员的访问与权限。

11.3.6 回放平台

除了以上几个核心平台外，这里想专门介绍一下回放平台，回放平台的主要功能有两点：

- 再次校验处理平台的准确性，保证用户不会被误判、漏判。
- 如果启用了新规则，但是对新规则运行的结果有所顾虑，便可以通过回放平台调用历史数据对规则进行模拟，这样便可以了解新规则是否存在问题。

11.4 安全画像服务

前面介绍了，风控系统建设按照风控场景，进行事前、事中、事后防控，但是对于单一风控场景获取的风险数据，都可以作为其他场景的事前风险数据，将各风控场景进行互联，实现所有风控场景的联防联控及威胁感知。将风险数据进行服务化封装，提供安全画像服务。

根据企业风控安全涉及的数据，定义安全画像的数据维度，如下所示：

手机号	账号	IP	设备

根据威胁数据的风险定级，定义一定的评分标准，如下所示：

低危	中危	高危

对各风险数据维度再进行类型细分，如对数据各类标签的定义。

1. 手机号风控标签定义

网络属性：

运营商
虚商
物联网

地域属性：

国家 省份 城市

恶意属性（根据历史召回记录可追加定义）：

恶意注册 猫池 僵尸 养号 机器登录 撞库 业务违规 敏感操作行为异常 模型挖掘 黑因子关联

业务属性（根据历史统计可追加定义）：

实名化 绑定 银行卡预留

2. 账号风控标签定义

风险属性：

恶意注册 僵尸 养号 机器登录 撞库 猫池注册 暴力破解

业务违规 虚假认证 黑因子关联 作弊模型

3. IP 风险标签定义

地域属性：

国家 省份 城市

网络属性（以实际数据为准）：

代理（proxy）	proxyLevel 等级 proxyPort 端口 proxyStyle 类型 proxyTime 检查时间 robot 机器人 spider 爬虫 abuse 刷量 spam 垃圾邮件 fraud 欺诈 malware 恶意软件 p2p 僵尸网络 P2P 节点 hijacked 劫持 exploit 漏洞利用 attacks 网络攻击 compromised 失陷主机 c2 远控 blackDNS 黑 DNS phishing 钓鱼 netType 网络类型

	latitude 纬度
	longitude 经度
运营商	IP 运营商，例：中国电信 / 中国联通 / 中国移动
云 IP	云 IP，例如阿里云 / 腾讯云

恶意属性（根据离线挖掘进行分类）：

恶意属性
恶意注册
机器登录
撞库
爆破
养号

4. 设备风险标签定义

基础属性：

App	操作系统
	系统版本
	设备类型
H5	浏览器信息

恶意属性：

恶意属性
恶意注册
机器登录
撞库
爆破
养号
设备农场
是否模拟器
是否 ROOT

关联关系能力，基于某数据维度，根据风险因子进行关联传染，输出更多的风险数据。风险因子区分不同的风险等级，对于强风险因子，可以扩充标签数据，对于其他风险因子，可以输出的准确率可能不足，但是数量级较大的风险数据，可以用于与其他风

控因子组合判断的策略。

关联因子的确定，对所有可用于关联关系的因子进行评估，如 UID、设备 ID/IMEI、绑定手机、实名化手机、身份证号、银行卡号、绑定邮箱、IP、UA、WIFI 等。

关联关系的层级，实现不只一层的关联关系，例如：

- UID →设备 ID → UID
- UID →设备 ID → UID →设备 ID → UID

关联条件可以组合，例如：

- UID →设备 ID-IP → UID

11.5 风控案例

本节介绍笔者之前与羊毛党对抗的案例，使读者了解在业务过程中可能出现的各种被薅羊毛的情景。

11.5.1 签到获月卡

飞 ×× 公司曾经在某年 3 月 16 日至 3 月 26 日举办签到获月卡的活动，连续 8 天签到即可获得某视频平台的月卡，如图 11-18 所示。

图 11-18 飞 ×× 公司活动

这类活动特别容易引来黑产，黑产利用群控软件坚持 8 天便可以套利，因此从 3 月 16 日开始，便出现批量签到行为，到 23 日零点出现峰值，经分析发现 UA 特征主要以 Windows NT 和 iOS 8、9 等老版本为主，如图 11-19 和图 11-20 所示。

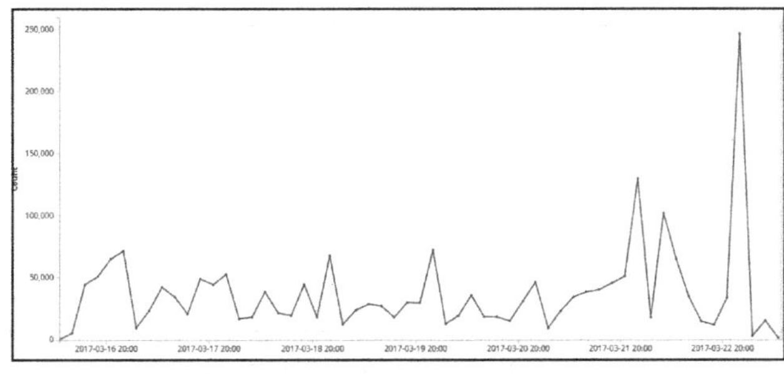

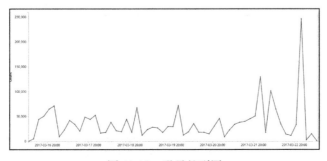

图 11-19 登录签到图

filters ⇕	Count ⇕	Unique count of realIP ⇕	Unique count of siedc.keyword ⇕	Unique count of fp.keyword ⇕	Unique count of uid.keyword ⇕	Unique count of request.user-agent.keyword ⇕
ZZQ UA IOS10	86,507	50,016	23,462	21,535	24,202	23,980
ZZQ UA IOS7	767	356	195	141	163	155
ZZQ UA IOS8	557,579	62,042	159,693	160,529	112,661	161,833
ZZQ UA IOS9	580,105	24,995	85,459	62,570	62,949	86,192
ZZQ UA8_0_2	530,386	56,449	155,408	156,838	108,419	158,376
ZZQ UA9_2_1	548,947	9,647	76,768	54,359	53,877	77,435
签到-外部/内部	2,135,363	261,831	491,537	382,728	322,249	409,380

图 11-20　登录签到次数

发现这一问题后，立刻设置部分策略：

1）浏览器类型为特定字符，则拉入黑名单。

2）设备为 iOS 8 或 9 等老版本，则拉入黑名单。

3）一定时间内，对于同一 IP，如果发现超过 10 个以上老版本的设备，则将账号拉黑。

4）登录 / 注册处同样适用以上规则。

11.5.2　领取奖励后退款

2017 年飞 ×× 举办支付即可抽奖活动，用户抽奖后有可能获取某视频平台的月卡以及满 100 元送 20 元电影代金券等奖品。

羊毛党通过 App 下单，用飞 ×× 支付获取抽奖机会，或获得电影代金券。但因在业务上未限制退款行为与赠品的关系，造成用户获取赠品后发起退款，相当于无偿获取赠品。后续运营部分设置规则，只有购买产品超过退款日期后，才可以获取奖品，从而阻止了继续损失。

11.5.3　通过废弃接口注册 / 登录

2016 年“双 11”前，笔者统计接口登录信息，发现一个废弃接口被大量访问，如图 11-21 所示。

filters ⇕	Count ⇕
V1	117,838
V2	270,067
V3	14
V4	1,250
V5	308,831

图 11-21　通过 V1 登录的数量

找出集中 IP 并分析其行为，发现为绕过正常登录接口，用软件模拟登录、下单、支付，以此进行刷单，如图 11-22 所示。

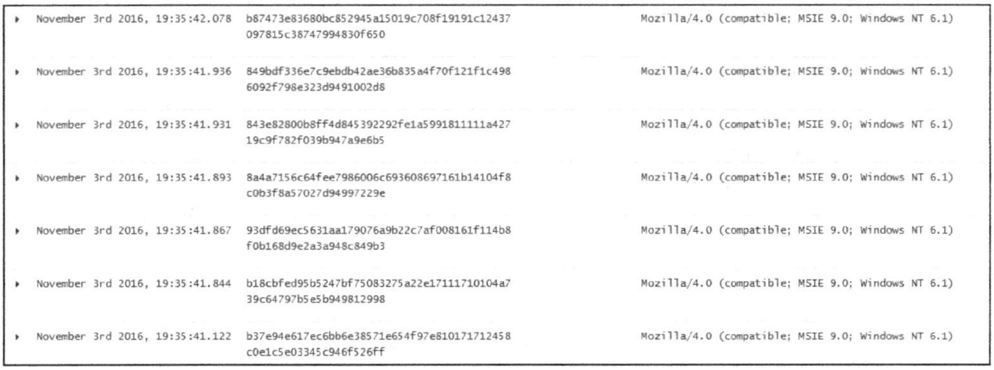

```
▸ November 3rd 2016, 19:35:42.078  b87473e83680bc852945a15019c708f19191c12437      Mozilla/4.0 (compatible; MSIE 9.0; Windows NT 6.1)
                                   097815c38747994830f650

▸ November 3rd 2016, 19:35:41.936  849bdf336e7c9ebdb42ae36b835a4f70f121f1c498      Mozilla/4.0 (compatible; MSIE 9.0; Windows NT 6.1)
                                   6092f798e323d9491002d8

▸ November 3rd 2016, 19:35:41.931  843e82800b8ff4d845392292fe1a5991811111a427      Mozilla/4.0 (compatible; MSIE 9.0; Windows NT 6.1)
                                   19c9f782f039b947a9e6b5

▸ November 3rd 2016, 19:35:41.893  8a4a7156c64fee7986006c693608697161b14104f8      Mozilla/4.0 (compatible; MSIE 9.0; Windows NT 6.1)
                                   c0b3f8a57027d94997229e

▸ November 3rd 2016, 19:35:41.867  93dfd69ec5631aa179076a9b22c7af008161f114b8      Mozilla/4.0 (compatible; MSIE 9.0; Windows NT 6.1)
                                   f0b168d9e2a3a948c849b3

▸ November 3rd 2016, 19:35:41.844  b18cbfed95b5247bf75083275a22e17111710104a7      Mozilla/4.0 (compatible; MSIE 9.0; Windows NT 6.1)
                                   39c64797b5e5b949812998

▸ November 3rd 2016, 19:35:41.122  b37e94e617ec6bb6e38571e654f97e810171712458      Mozilla/4.0 (compatible; MSIE 9.0; Windows NT 6.1)
                                   c0e1c5e03345c946f526ff
```

图 11-22　软件模拟登录

因此在接口下线前，设置了部分策略，如下：

1）将所有访问老接口的 UID 标记为黑名单用户（正常情况下，用户无法访问老接口）。

2）将符合 UA 特征的用户标记为黑名单用户。

3）注册策略同上。

11.5.4　HTML 5 页面刷单

移动端的一些安全措施，如加固、HTTPS 安全协议、密码及敏感信息加密、密码键盘、风控字段、设备指纹等，在 HTML 5 端的产品中可能无法完全适用，因此存在安全降级风险。HTML 5 端的产品本身因为无法获取控制信息字段，如风控字段等，管控效果较差。页面信息存在安全风险，如用户敏感信息泄露、密码泄露（密码控件）、支付指令安全性存在问题等。接口也存在安全风险，如接口参数被任意或越权修改。此外：还存在业务安全等级降级风险，如将 App 端业务移植到 HTML 5 端，因 HTML 5 安全性低，会成为攻击入口。

对接发码平台后，即可自动批量完成签到。因此需要在 HTML 5 界面中设置设备指纹，并在有条件的情况下对接第三方号码平台及自有黑名单系统，确保安全。

11.5.5　商户刷单

商户为赚取补贴，有时会自己进行虚假交易等。笔者在活动中发现出现同一批 UID 在不同门店进行交易，且交易金额低（例如 1、2 分钱，如图 11-23 所示）。

```
10048602 JACK&JONES (xx店)
9d885ca9e7ee99cadc10abd6f69dcd60a9799114370937b7a68245894750d715 15000000107571498
95b6661ae05f4f206871b254b46d10e01949a184e76816351717868643038972 15000000099785327
bf992392369e9d971003dc3d8f037850c9e9e11467f942735014977241182134 15000000101813333
93efc6913c334ab89c55df40d81d6e318999a104d77934082846b07945f83251 15000000034347864
be8a946c5b18bafd148780a8a1b5be11395931b4a7a867e557e5021946c215d9 15000000101997625

10048605 gxg.kids (xx店)
9d885ca9e7ee99cadc10abd6f69dcd60a9799114370937b7a68245a894750d715 150000001075714
95b6661ae05f4f206871b254b46d10e01949a184e76816351717868643038972 15000000099785327
bf992392369e9d971003dc3d8f037850c9e9e11467f942735014977241182134 15000000101813333
93efc6913c334ab89c55df40d81d6e318999a104d77934082846b07945f83251 15000000034347864
be8a946c5b18bafd148780a8a1b5be11395931b4a7a867e557e5021946c215d9 15000000101997625

10038694 VQ鲜榨果汁 (xx店)
9d885ca9e7ee99cadc10abd6f69dcd60a9799114370937b7a68245894750d715 15000000107571498
95b6661ae05f4f206871b254b46d10e01949a184e76816351717868643038972 15000000099785327
bf992392369e9d971003dc3d8f037850c9e9e11467f942735014977241182134 15000000101813333
93efc6913c334ab89c55df40d81d6e318999a104d77934082846b07945f83251 15000000034347864
be8a946c5b18bafd148780a8a1b5be11395931b4a7a867e557e5021946c215d9 15000000101997625

10086514 KIKC(xx店)
9d885ca9e7ee99cadc10abd6f69dcd60a9799114370937b7a68245894750d715 15000000107571498
95b6661ae05f4f206871b254b46d10e01949a184e76816351717868643038972 15000000099785327
bf992392369e9d971003dc3d8f037850c9e9e11467f942735014977241182134 15000000101813333
be8a946c5b18bafd148780a8a1b5be11395931b4a7a867e557e5021946c215d9 15000000101997625
```

图 11-23　相同 UID 在不同门店核销

可以发现有 5 个用户在不同门店进行交易。调查商户核销记录，发现商户核销券码时间间隔短且比较规律，如图 11-24 所示，因此判断这些商户存在刷单嫌疑。

```
Time    siedc   realIP           realUrl          request.user-agent
August 29th 2016, 17:08:00.436    112.101.    /goods/GoodsVerification/useSignOnApp    com.dianshang.feifanbp/1.7.8 (iPhone; iOS 9.3.4; Scale/2.00)
August 29th 2016, 17:07:42.185    112.101.    /goods/GoodsVerification/useSignOnApp    com.dianshang.feifanbp/1.7.8 (iPhone; iOS 9.3.4; Scale/2.00)
August 29th 2016, 17:07:26.896    112.101.    /goods/GoodsVerification/useSignOnApp    com.dianshang.feifanbp/1.7.8 (iPhone; iOS 9.3.4; Scale/2.00)
August 29th 2016, 17:07:09.858    112.101.    /goods/GoodsVerification/useSignOnApp    com.dianshang.feifanbp/1.7.8 (iPhone; iOS 9.3.4; Scale/2.00)
August 29th 2016, 17:06:55.160    112.101.    /goods/GoodsVerification/useSignOnApp    com.dianshang.feifanbp/1.7.8 (iPhone; iOS 9.3.4; Scale/2.00)
August 29th 2016, 17:06:54.754    112.101.    /goods/GoodsVerification/useSignOnApp    com.dianshang.feifanbp/1.7.8 (iPhone; iOS 9.3.4; Scale/2.00)
August 29th 2016, 17:06:39.094    112.101.    /goods/GoodsVerification/useSignOnApp    com.dianshang.feifanbp/1.7.8 (iPhone; iOS 9.3.4; Scale/2.00)
August 29th 2016, 17:06:24.114    112.101.    /goods/GoodsVerification/useSignOnApp    com.dianshang.feifanbp/1.7.8 (iPhone; iOS 9.3.4; Scale/2.00)
August 29th 2016, 17:06:08.043    112.101.    /goods/GoodsVerification/useSignOnApp    com.dianshang.feifanbp/1.7.8 (iPhone; iOS 9.3.4; Scale/2.00)
August 29th 2016, 17:05:43.442    112.101.    /goods/GoodsVerification/useSignOnApp    com.dianshang.feifanbp/1.7.8 (iPhone; iOS 9.3.4; Scale/2.00)
August 29th 2016, 17:05:08.283    112.101.    /goods/GoodsVerification/useSignOnApp    com.dianshang.feifanbp/1.7.8 (iPhone; iOS 9.3.4; Scale/2.00)
August 29th 2016, 16:43:40.801    112.101.    /goods/GoodsVerification/useSignOnApp    com.dianshang.feifanbp/1.7.8 (iPhone; iOS 9.3.4; Scale/2.00)
August 29th 2016, 16:43:23.513    112.101.    /goods/GoodsVerification/useSignOnApp    com.dianshang.feifanbp/1.7.8 (iPhone; iOS 9.3.4; Scale/2.00)
August 29th 2016, 16:43:08.742    112.101.    /goods/GoodsVerification/useSignOnApp    com.dianshang.feifanbp/1.7.8 (iPhone; iOS 9.3.4; Scale/2.00)
August 29th 2016, 16:42:51.628    112.101.    /goods/GoodsVerification/useSignOnApp    com.dianshang.feifanbp/1.7.8 (iPhone; iOS 9.3.4; Scale/2.00)
August 29th 2016, 16:42:34.802    112.101.    /goods/GoodsVerification/useSignOnApp    com.dianshang.feifanbp/1.7.8 (iPhone; iOS 9.3.4; Scale/2.00)
August 29th 2016, 16:42:11.470    112.101.    /goods/GoodsVerification/useSignOnApp    com.dianshang.feifanbp/1.7.8 (iPhone; iOS 9.3.4; Scale/2.00)
August 29th 2016, 16:41:55.615    112.101.    /goods/GoodsVerification/useSignOnApp    com.dianshang.feifanbp/1.7.8 (iPhone; iOS 9.3.4; Scale/2.00)
August 29th 2016, 16:41:18.965    112.101.    /goods/GoodsVerification/useSignOnApp    com.dianshang.feifanbp/1.7.8 (iPhone; iOS 9.3.4; Scale/2.00)
August 29th 2016, 16:40:40.114    112.101.    /goods/GoodsVerification/useSignOnApp    com.dianshang.feifanbp/1.7.8 (iPhone; iOS 9.3.4; Scale/2.00)
August 29th 2016, 16:40:25.059    112.101.    /goods/GoodsVerification/useSignOnApp    com.dianshang.feifanbp/1.7.8 (iPhone; iOS 9.3.4; Scale/2.00)
August 29th 2016, 16:40:04.996    112.101.    /goods/GoodsVerification/useSignOnApp    com.dianshang.feifanbp/1.7.8 (iPhone; iOS 9.3.4; Scale/2.00)
August 29th 2016, 16:39:49.942    112.101.    /goods/GoodsVerification/useSignOnApp    com.dianshang.feifanbp/1.7.8 (iPhone; iOS 9.3.4; Scale/2.00)
August 29th 2016, 16:39:34.888    112.101.    /goods/GoodsVerification/useSignOnApp    com.dianshang.feifanbp/1.7.8 (iPhone; iOS 9.3.4; Scale/2.00)
August 29th 2016, 16:39:17.822    112.101.    /goods/GoodsVerification/useSignOnApp    com.dianshang.feifanbp/1.7.8 (iPhone; iOS 9.3.4; Scale/2.00)
August 29th 2016, 16:38:58.766    112.101.    /goods/GoodsVerification/useSignOnApp    com.dianshang.feifanbp/1.7.8 (iPhone; iOS 9.3.4; Scale/2.00)
```

图 11-24　核销时间非常有规律

针对此种情况，设置了部分规则来限制这样的用户，如下所示：

1）五分钟内，单用户在 2 个以上门店进行券核销。

2）十分钟内，单门店内券核销笔数大于 10 笔。

3）一小时内，单用户在两个不同归属地的门店进行券核销。

11.5.6 异地核销

地区性活动中，以低折扣购买大量折扣券，在本地或异地集中核销或选择目标店铺，勾结收银员进行批量核销。核销手段往往包括：抄核销码，通过商户 App 进行输码核销；将核销码截图或拍照，通过商户 App 扫码进行核销等。

针对以上行为，设置了部分风控规则，如下所示：

1）一小时内，单门店内用户交易 IP 归属地属于不同城市的城市数目大于 3 个。

2）一小时内，单门店内用户 GPS 归属地属于不同城市的城市数目大于 3 个。

3）单笔交易中，用户交易 IP 归属地不等于门店归属地的数量多于总交易量的 20%。

11.5.7　余额大法

在随机减活动中，如果不限制随机减的金额，则可能发生最低支付一分钱或很少费用的情况，羊毛党可以利用这个方法反复取消订单直至利用最低余额付款。

某年 11 月 10 日至 11 月 28 日数据显示，其中存在数个账号数次报余额不足错误的情况，统计最高的 UID 达到了 1060 次，如图 11-25 所示。

```
"Top 20000 uid.raw",Count,"Uniqe count of uid.raw"
15000000084325116,1060,1
15000000110435362,485,1
15000000110455545,473,1
15000000007394110,453,1
15000000110496574,399,1
15000000110096375,399,1
15000000074499180,373,1
```

图 11-25　余额不足的 UID 到达了 1060 次

调查支付日志发现，11 月 14 至 11 月 24 日，日志显示总请求为 13 万，其中成功 9.7 万，因卡余额不足而失败的占到 2.6 万，约占总请求比的 20%，如图 11-26 所示。

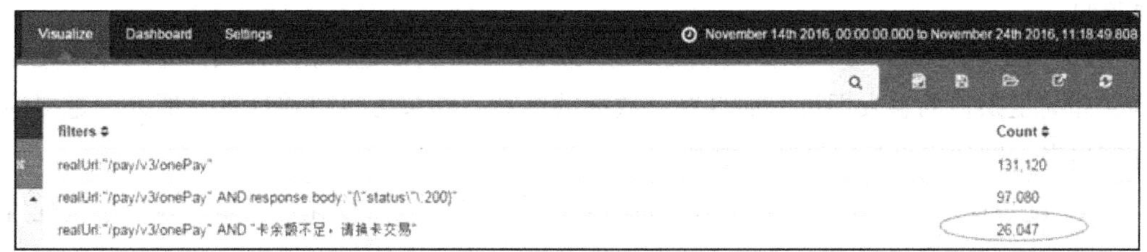

图 11-26　余额不足数量

由此判断，羊毛党利用“余额大法”进行获利。之后业务部分修改逻辑，将随机减少的金额固定或与账号之间进行绑定，无论取消多少次，都会减同样的金额。同时设置部分风控策略，如下：

1）半分钟内，订单错误次数超过一定限额。

2）一分钟内，出现多次卡内余额不足的提示。

11.5.8　小结

以上为笔者遇到的部分案例，除此之外还有内外勾结、倒卖注册小号等手段也应引起注意，由于篇幅有限，不一一列举。

11.6　关于风控系统建设的一些建议

根据笔者的经验，对于风控系统的建设应考虑如下几点：

1）风控系统是一个对系统稳定性、可用性、实时性要求极高的系统，因此需要在事前做好充分的技术调研，与业务部分进行分析，规划进行风险分析要用到的资源时不要吝啬，按业务量 5 ～ 10 倍的标准来评估进行风险分析的资源需求，并在系统建立后进行压测，评估系统的瓶颈与性能，如图 11-27 所示为笔者在系统上线前对系统进行的评估。

业务维度	统计量
接入业务量	121例
规则数量	366
条件组	53
条件	665
指标	1022
日常请求	200万上下
平均耗时	20毫秒以内
数据线上时长	3个月
原始数据	91
业务调整周期	小时级别

图 11-27　风控系统评估

2）与设备指纹一样，要做好充分的预案，如风控系统（或其依赖的相关组件）不可用或超时，则需要开启 bypass 模式，不能因为风控系统影响业务的正常进行。笔者也建议在活动前检查系统的运行情况甚至检查购买的服务是否即将到期，以保证系统可以正常运行。

3）由于风控规则里有很多统计类的规则，所以对于关键数据的存储要采用最小化原则，即满足阈值的触发即可。而且对于数据的运算，如果可以提前计算，那么尽量提前计算出来，例如用户常用设备、IP 等。

4）配置应尽可能灵活，互联网产品功能迭代很快，场景变化也很多，风控系统配置规则可以适应多变的场景。另外，黑产也会主动去试探风控规则的底线，因此可以支持灵活多变的策略规则是检验一个风控系统的重要标准。

5）在实时消息处理系统中，例如 Storm 系统，为了保证消息的可靠性传输，有时候会发生的消息的重发，所以规则引擎要有识别重复消息的设置，否则在一些情况下可能会使系统产生误判。

11.7 风控工作的经验总结

要想做到不被黑产惦记，除了将自身的活动设计得严谨、没有漏洞外，提高收益门槛也是一个比较有效的手段。如果黑产发现需要投入一定的资金，甚至存在被“反薅”的可能，那么被薅的概率便大大降低。例如，消费满 xxx 元才可以使用奖励，等等，但这样的活动的运营效果又不会太好，因此需要进行取舍。除此之外，笔者还有一些其他的经验：

1）针对刷单场景，总体策略为“掐头去尾”。在注册、登录处拦截恶意用户，在支付环节识别恶意订单并加以拦截。

2）风控介入点：理论上应该越早越好，从需求阶段便可以进行分析，看看活动有没有漏洞。

3）有无新注册、登录渠道：如之前的例子，很多活动喜欢自己单独开辟一个渠道进行注册、登录，这好比在戒备森严的城墙上突然开了一个后门，而一旦这个后门被发现，则可能之前所有的工作都要前功尽弃。

4）冻结机制：如果在非实时判断的场景中计算出恶意用户，建议可以设置冻结机制，以保证恶意用户无法完成后续的重要操作，这就需要在进行所有重要操作前都对接风控系统的处罚平台。另外，对于恶意用户的获利部分，也可以同样考虑立即冻结机制。

5）设置兑换流程：可以设置一个兑换流程，其实就是多一些缓冲时间，给风控系统及运营人员额外的时间进行分析，有时候 1 分钟甚至几秒钟的时间，便可以从黑产手里夺回大量资金。

6）活动前的安全验证：有时黑客利用漏洞便可绕过风控机制，因此在上线前进行安全评估是非常有必要的。

7）活动后的账号问题：发放礼品卡（例如影视会员卡、Q 币等）或类似不记名卡后，一定要关注是否有撞库的情况发生，因为有可能出现用户账号被盗，获得的礼品卡也同时被盗走的情况。

8）灰名单机制：在一些抽奖活动中，如果无法判断用户是否为正常用户，可以采用灰名单机制，使之不中奖或降低中奖概率或奖金。

9）关于优惠券 / 现金券：优惠券、现金券等配置错误几乎在每个电商平台都会出现，因此针对运营平台配置的审核及确认机制也非常重要，鉴于人是容易犯错的，而双人（或多人）验证几乎效果不明显，因此更需要优化运营策略或监控策略，笔者认为不要过分依靠风控体系，更重要的是在前期设计出比较合理的运营策略，设置领取资格，还

可以设置当日 / 总计领取上限，并做好相应的熔断策略。

10）关于 App 加固及加密：对 App 进行加固，对 App 中的内容进行加密，也是常见的保护 App 的一种手段。笔者公司在一次活动中也使用第三方厂家对 App 进行了加固，并对提交的参数做了极为复杂的签名处理，但也仅仅过了一天，这套体系便被破解。因此笔者认为在客户端设置的防护只能起到一定的延缓作用，重要的环节一定要在服务器端进行。

11）与客服、一线人员沟通：这点很重要，一定要与客服或一线人员有一个直接的沟通渠道，毕竟他们面对的是真正的用户，从他们口中可以得到真实的反馈，有助于发现一些异常情况。另外，一些黑产用户在账号被封或刷单被识别时也敢进行投诉，作为风控系统开发及运营人员这时要充分发挥作用。

11.8 本章小结

本章介绍了互联网中常见的羊毛党刷单手段，也介绍了设备指纹、风控系统的建设思路，以及笔者和团队与黑产对抗过程中的一些经验。但上述这些内容仅仅是冰山一角，在反黑产的道路上我们还有很长的路要走。但风控是一个非常有挑战性的项目，最终是与人在斗争，它更强调逻辑和预测。攻守双方在一个双方充分了解的环境下（业务逻辑简单到任何人都可以理解，但又可以产生无数的变化和组合）不断博弈，而这正是建设业务风控系统的乐趣所在。机器学习也会逐渐成为风控的利器，可以尝试进行研究，这对识别刷单群体及行为可谓如虎添翼。另外，笔者在以前的会议及其他论坛上发表过一些关于风控方面的演讲，例如《解析 P2P 安全》《电商安全之路》等，有兴趣的读者可以参考。

第 12 章

企业安全体系建设

笔者在第 7 章介绍过，当完成了基础安全、安全制度以及业务安全工作后，再建立安全体系，基本上就是水到渠成的事情，因此在本章，笔者来聊聊关于安全体系建设这方面的内容。

12.1 概述

信息安全体系建设就是安全组织在特定范围内，将涉及安全管理与安全技术的措施、功能、系统等相互关联在一起，为了实现特定的安全建设目标而形成一个整体的过程。

各公司的信息安全的建设目标大同小异，都是为了保护资产，通过评估安全风险，以总体安全策略为指导，制定安全保护措施，为公司信息系统及知识产权提供全面的安全保护，建立适用及高效的信息安全体系，尽可能降低安全风险，从而提高组织的整体安全防护水平，为业务发展提供稳健的信息安全保护。图 12-1 所示为信息安全体系的总体结构。

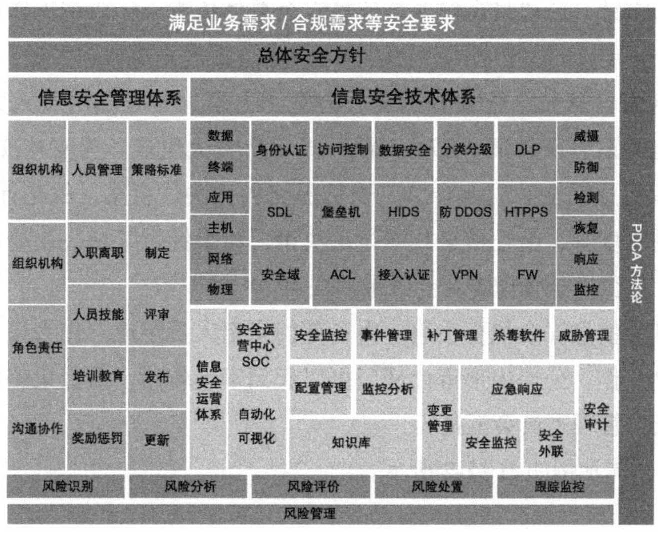

图 12-1 信息安全体系总体结构

12.2 安全体系建设的内容

笔者认为，建立企业安全体系，应该包含以下三个方面：

- 管理体系
- 技术体系
- 运营体系

12.2.1 建立管理体系

建立管理体系主要有以下几部分工作内容：

- 建立组织
- 制定制度
- 制定文档编号
- 确定安全制度文档审批流程

1. 建立组织

安全体系建设是一个公司级的项目，需要全公司的人员参与调度，因此需要以自上而下的方式进行推动，如果获得公司高层领导的支持，效果会比较理想。而采取自下而上的方式则会遇到很多的阻力，不利于项目的推进。因此，可以建立三层组织：

- 最高级别的组织是信息安全管理委员会，由公司高层领导组成，负责确定总体安全目标与方针，公司最高领导是信息安全总体负责人，协调工作由安全部门负责人负责。
- 第二级别为信息安全管理委员会办公室，由信息安全部门及人力资源部、法务部、政府关系以及各事业部的产品、技术负责人组成。为支持安全工作的开展，定期召集信息安全委员会会议，委员提交各种决议草案、战略计划、政策建议、待发布的制度等，由委员会共同讨论决策，如果针对某项决议委员会无法达成共识，则上报至安全管理委员会做最后决策。
- 第三级别为信息安全执行小组，由各部门指定人员组成，作为接口人传达、落实具体安全工作。公司内部审计部门可以起到审计作用，监督策略的执行情况，并向信息安全管理委员会汇报。

建立组织的整体示例如图 12-2 所示。

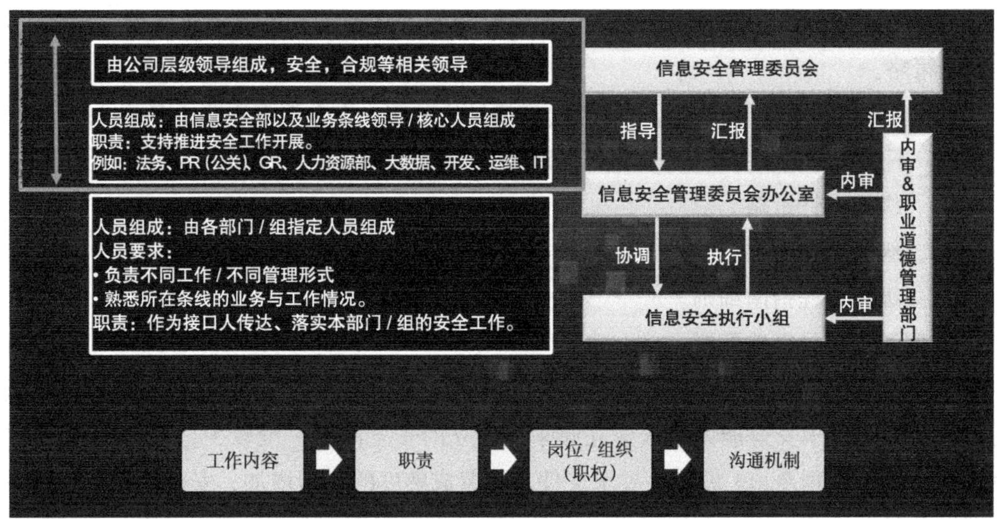

图 12-2　建立组织的示例

2. 制定制度

根据等级保护、ISO 27000、安全行业法律法规等标准，制定出与公司业务相符合的制度标准，例如 ISO 27001 国际认证标准，这是认可度最高的国际认证标准，该标准以 14 个控制域为基础，并在此基础上建立企业的信息安全管理体系，如图 12-3 所示。

<table>
<tr><td colspan="5">安全策略（security policy）</td></tr>
<tr><td colspan="5">组织信息安全（organizing information serurity）</td></tr>
<tr><td rowspan="8">人力资源安全（human resoures security）</td><td colspan="4">资产管理（asset management）</td></tr>
<tr><td colspan="4">密码学（cryptography）</td></tr>
<tr><td colspan="4">物理与环境安全（physical and environmental security）</td></tr>
<tr><td colspan="4">通信安全（communications security）</td></tr>
<tr><td>操作安全（operations security）</td><td>访问控制（access control）</td><td>信息安全事件管理（information security incidend management）</td><td>信息安全方面的业务连续性管理（information security aspects of business continuity management）</td></tr>
<tr><td colspan="4">信息系统获取、开发和维护（information systems acquisition, development and maintenance）</td></tr>
<tr><td colspan="4">供应关系（supplier relationships）</td></tr>
<tr><td colspan="4">符合性（compliance）</td></tr>
</table>

图 12-3　ISO 27001 国际认证标准示例

最后形成以方针、基线、流程、说明等组成的策略制度文件，落地执行，实行有效的安全策略。

信息安全制度体系中的制度呈 4 层金字塔结构分布，由上至下逐渐增多，可操作性逐渐增加，下层文件（级别低）为上层（级别高）的要求细化，示例如图 12-4 所示。其中：

- 一级为方针策略。
- 二级为管理要求。
- 三级为流程指南细则。
- 四级为记录表单配置。

制度体系建设的完备性需要根据各公司具体情况、安全成熟度决定，信息安全成熟度较低的公司由于安全能力尚未建立起来，建立的安全制度一般较少，多为一级（方针策略）、二级（管理要求）原则性要求文件。随着成熟度的逐渐增加，安全能力不断提高，管理以及工作逐渐标准化、流程化，三级（流程指南细则）文件，四级（记录表单配置）文件也会越来越多。每个级别具体涉及哪些内容，一般可参考 ISO 27001、等级保护等安全法规与标准。

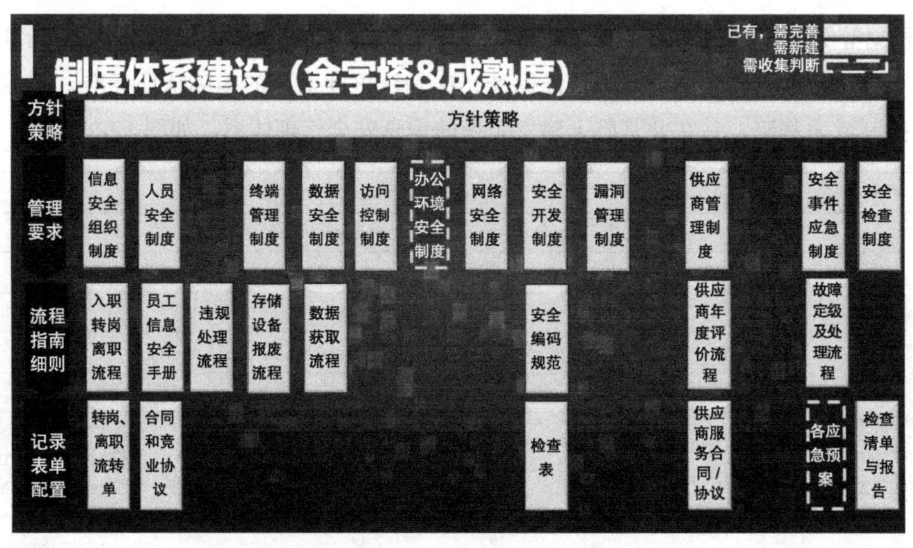

图 12-4 制度制定的示例

3. 制定文档编号

规范信息安全体系各文档的命名方式及规则，从而保证文档的唯一性、可识别性及可控性，如图 12-5 所示。

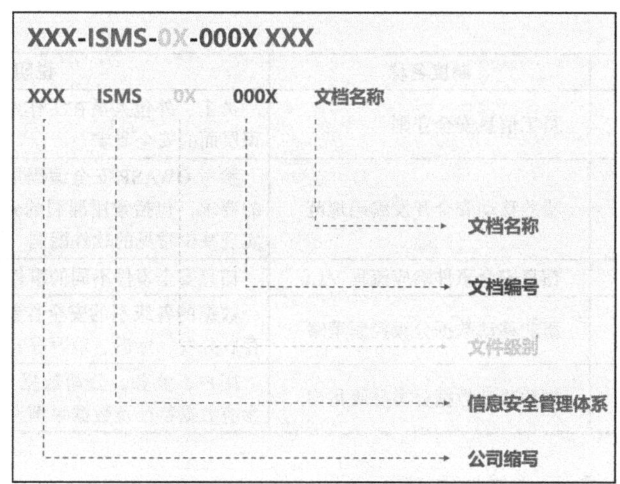

图 12-5 制定文档编号示例

以笔者公司制定的制度（部分）为例，如表 12-1 所示。

表 12-1 档编号制度示例

文件编号	制度名称	说明
CM-ISMS-L2-08	信息资产安全管理制度	信息资产管理要求，包括信息资产的分类、分级、识别、标识、使用、维护、处理等方面的安全要求
CM-ISMS-L2-9	访问控制管理制度	系统账号、口令及权限管理要求，包括账号权限的申请、分配、销毁、定期审核等生命周期要求，口令配置以及日常使用要求
CM-ISMS-L2-10	信息系统运维安全管理制度	运维工作中变更与发布、容量管理、备份管理、操作监控与审计、软件安装以及漏洞管理、业务连续性管理方面的安全要求
CM-ISMS-L2-11	网络安全管理制度	网络架构设计、网络互联与准入、网络运维以及网络运行监控方面的安全管理要求
CM-ISMS-L2-12	办公终端安全管理制度	办公终端的安全基线配置、配发、维修、复用、报废等阶段的安全要求
CM-ISMS-L2-13	信息系统开发安全管理制度	软件开发生命周期的基本的安全控制要求，包括需求、设计、编码、测试、上线等阶段的安全要求
CM-ISMS-L2-14	信息安全事件管理制度	信息安全事件分类分级，根据类型分配不同的事件处理责任部门，根据事件分级确定不同的事件处理流程
CM-ISMS-L2-15	数据安全管理制度	提出数据的分类分级，以及数据收集 / 产生、存储、传输、使用、销毁生命周期的安全要求

（续）

文件编号	制度名称	说明
CM-ISMS-L3-01	员工信息安全守则	员工、外包人员在工作中应遵循的信息安全意识层面的安全要求
CM-ISMS-L3-02	猎豹移动安全开发编码规范	参考 OWASP 安全编码指南，提出对安全编码的要求，包括常用漏洞的介绍与案例分析，从而实现减少常见的软件漏洞
CM-ISMS-L3-03	信息安全事件响应流程 V1.0	信息安全事件不同的事件处理流程
4 级文件表单	猎豹移动数据分级控制策略	数据的各级别的安全控制要求，包括传输、保存、分发、标识、销毁等要求
4 级文件表单	猎豹移动数据分类分级指南	用户、业务、公司数据三类数据的级别划分，参应数据特征及数据举例说明

4. 确定安全制度文档审批流程

根据公司实际情况，将 HR、法务、内审合规部门协调起来，使制度策略落地执行，如图 12-6 所示。

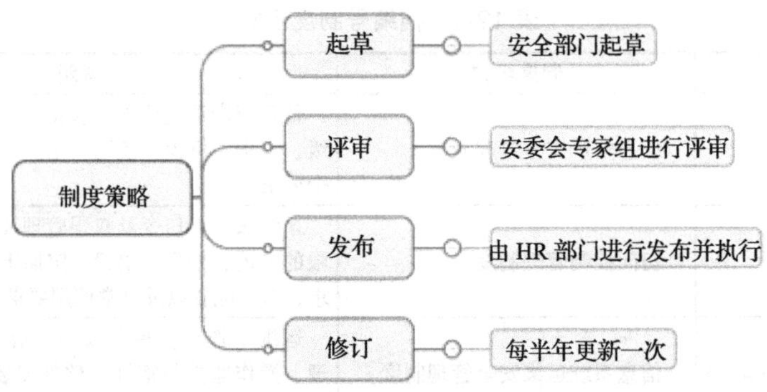

图 12-6　安全制度文档审批流程示例

另外还有人员管理、培训教育等相关内容，不再详述。

12.2.2　建立技术体系

关于安全技术方面的内容，本书已经介绍了很多，这里再放一张图片供读者查漏补缺，如图 12-7 所示。

再次强调，企业安全防御没有什么银弹可言，更没有什么捷径可走，需要建立起层次型防御，尽可能在每个层次考虑周全，层层设防，如图 12-8 所示。

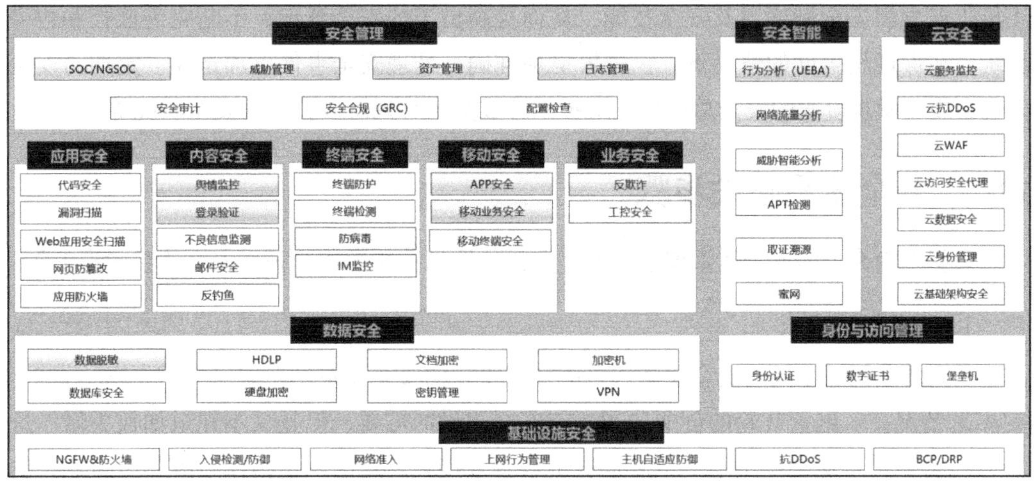

图 12-7　技术体系建立

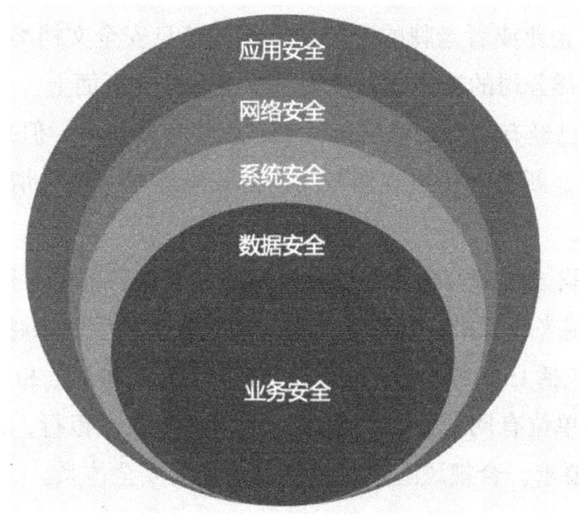

图 12-8　企业安全防御层级

12.2.3　建立运营体系

制定了制度，也有了技术支持，就需要不断运营下去，形成安全体系的整个闭环结构。好的运营关键是需要上层的参与，中层管理者与各部门充分配合，并且针对执行层面做相应的奖惩措施及进行培训与宣传。例如，分发安全周用的安全素材（各种意识宣传小福利），安排安全意识（意识类、针对产品、开发、大数据等部门的专项）课程等，让员工能学习安全制度以及安全技能，从而提高员工的安全意识；不断完善监控和告警系统，在保证覆盖度的情况下，让告警更加准确，处理安全事件更加迅速。定期与安全委员会成员做现阶段的安全总体情况汇报，让成员了解现阶段公司的安全状况等。

12.3 安全体系建设步骤

根据上面介绍的安全体系建设内容，可以按照以下步骤逐步开展安全体系建设工作。

1. 明确安全需求

不同的公司、不同的安全团队，可能对现阶段的安全体系建设需求也不一样：

- 情况一：融资几轮的创业公司，有安全建设的需要，但是又不知道如何去做。这类公司可能会招 1 ～ 2 个安全人员或者直接在运维团队里指派运维员工兼职，就好比那种"一个人的安全部门"，公司的安全能力也基本停留在应急阶段，需要从 0 到 1 建立安全体系。
- 情况二：国有企业或者老牌的公司，有相关信息安全文档类的制度规范，但从未落地执行，这样公司的安全体系建设基本上停留在纸面上。
- 情况三：公司已经有信息安全管理体系，已经落地执行，但是由于公司高速发展，以及因新产品、新技术的出现而产生新的安全需求，这种情况下对体系建设需要逐步进行优化。

近年来，尤其是我国网络安全法的颁布，都凸显政府各部委对信息安全越来越重视，对公司的安全要求也越来越严格，导致公司的合规及政治风险越来越大，惩罚力度也越来越重。相关行业标准包括 ISO 27000 系列、GDPR 欧盟通用准则、SOX404、等级保护等。

需要配合的相关单位有网信办、公安部、工信部、人民银行，此外，还要符合其他国家的行业安全法令要求。合规风险也将迫使公司建立安全体系。

2. 明确体系作用范围，同时获得高层领导的支持

确认体系可控的边界，比如覆盖整个集团、某个公司或某个业务产品。自上而下的方式是最理想的状态，明确获得高层领导的支持，从上至下推动，全员参与，才能很好地开展安全工作。然而在实际情况中，往往是由下至上地进行的，通过事件推动让高层领导了解到信息安全的重要性，一定要让领导对安全体系防护有期待，才可能获得更多的支持。

3. 建立组织，整合现有的资源，梳理并完善相应的安全措施

建立组织，比如筹备小组，然后对现有资源进行整合，比如人力、物力、财力，结

合内外部的专家，对于涉及安全管理以及技术方面的内容，先整理现有的安全文档、流程、规范、策略，对于未形成正式文档的，将其归纳整理并完善缺失文档，形成一个文件化的管理体系。

4. 协作建立奖惩机制以及监管机制，确保落地执行

建立制度审核机制，获得领导的支持，同时与多部门进行协作，如与人力部门、法务部门进行协作，建立合法的奖罚激励机制，合规部门对安全部门的程序进行监督，确保政策执行。

5. 培训宣传

定期开展多样的安全培训和宣传，使员工学习安全制度及安全技能，提高全员的安全意识。

6. 保持策略更新

定期对安全策略进行验证，请内外部专家对策略进行审核，利用 PDCA 过程模式，将这一过程抽象为策划、实施、检查、措施四个阶段，四个阶段为一个循环，通过持续循环，推动信息安全管理持续改进。

要确定安全体系的好与坏，就要了解自己的安全体系处于哪个级别，可以参考图 12-9 和图 12-10。

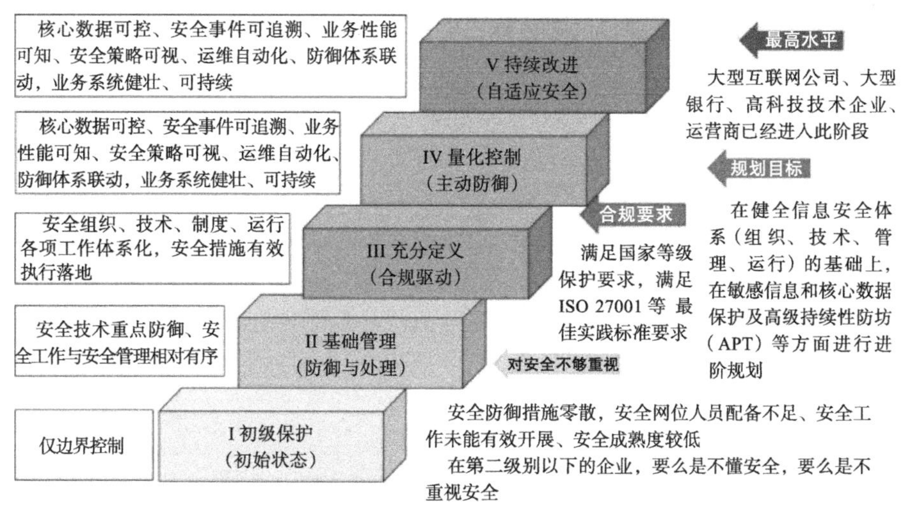

图 12-9 持续改进安全体系 1

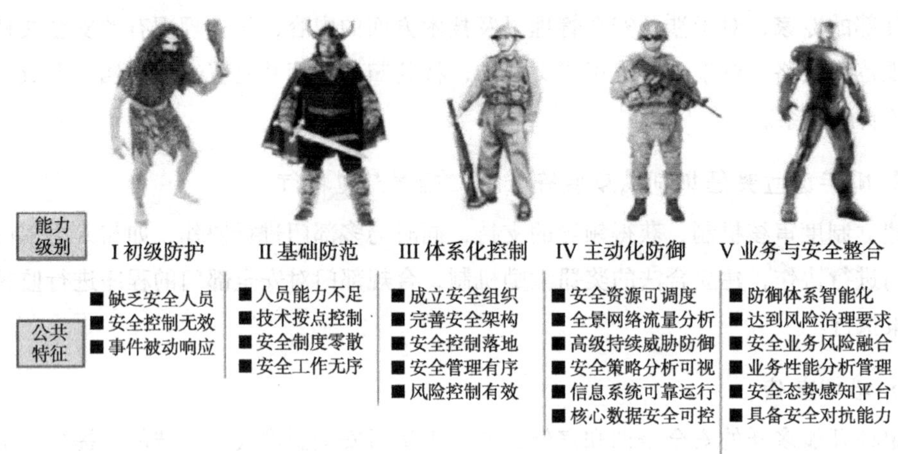

图 12-10　持续改进安全体系 2

12.4　本章小结

本章介绍了安全体系建立的相关内容和建设方案，笔者刚开始时认为安全体系是一个非常虚渺的东西，但随着工作时间的增长，遇到的安全问题越来越多，发现安全工作并不是仅靠安全部门就能完成的，而是要调动整个公司一起完成安全建设，这就需要组织、制度、技术互相配合，相辅相成，让各部门了解安全体系存在的意义。希望读者在工作中也慢慢领会安全体系建设的重要性，完成公司的安全体系建立。

推荐阅读

威胁建模
设计和交付
更安全的软件
THREAT MODELING

安全模式
最佳实践
SECURITY PATTERNS IN PRACTICE

数据驱动安全
数据安全分析、可视化和仪表盘
DATA-DRIVEN SECURITY

网络安全
监控实战
深入理解事件检测与响应
THE PRACTICE OF NETWORK SECURITY MONITORING

网络安全监控
收集、检测和分析
APPLIED NETWORK SECURITY MONITORING

黑客大曝光
无线网络安全
HACKING EXPOSED WIRELESS

Kali Linux
高级渗透测试
MASTERING KALI LINUX FOR ADVANCED PENETRATION TESTING

代码审计
企业级Web代码安全架构
CODE SECURITY

推荐阅读

黑客大曝光：恶意软件和Rootkit安全(原书第2版)
作者：克里斯托弗 C. 埃里森
ISBN：978-7-111-58054-6
定价：79.00元

云安全基础设施构建：从解决方案的视角看云安全
作者：罗古胡. 耶鲁瑞
ISBN：978-7-111-57696-9
定价：49.00元

面向服务器平台的英特尔可信执行技术：更安全的数据中心指南
作者：威廉.普拉尔
ISBN：978-7-111-57937-3
定价：49.00元

Web安全之机器学习入门
作者：刘焱
ISBN：978-7-111-57642-6
定价：79.00元

Web安全之深度学习实战
作者：刘焱
ISBN：978-7-111-58447-6
定价：79.00元

Web安全之强化学习与GAN
作者：刘焱
ISBN：978-7-111-59345-4
定价：79.00元